# N-氧化三嗪含能材料

徐抗震　冯治存　陈苏杭　著

科学出版社

北京

# 内 容 简 介

本书在全面总结 $N$-氧化含能化合物、含能离子化合物和两性含能化合物发展的基础上，结合作者近几年在该方面的研究成果，系统介绍 $N$-氧化三嗪含能化合物的发展现状、研究意义、结构性质关系，并对 $N$-氧化三嗪类有机含能化合物、含能离子盐、含能配合物、含能共晶的合成与机理、晶体结构、热分解行为、应用性能等进行深入研究，阐释两性 $N$-氧化三嗪含能化合物的科学意义和应用价值。

本书可供从事含能材料研发的专业技术人员参考，也可作为高等院校从事材料、航天与国防等相关研究和教学工作的教师及研究生的参考书。

**图书在版编目（CIP）数据**

$N$-氧化三嗪含能材料 / 徐抗震，冯治存，陈苏杭著. —北京：科学出版社，2023.3
　ISBN 978-7-03-074055-7

　Ⅰ. ①$N$… 　Ⅱ. ①徐… ②冯… ③陈… 　Ⅲ. ①功能材料–研究　Ⅳ. ①TB34

中国版本图书馆 CIP 数据核字（2022）第 228843 号

责任编辑：祝　洁　汤宇晨 / 责任校对：崔向琳
责任印制：赵　博 / 封面设计：蓝正设计

**科 学 出 版 社** 出版
北京东黄城根北街 16 号
邮政编码：100717
http://www.sciencep.com

北京华宇信诺印刷有限公司印刷
科学出版社发行　各地新华书店经销

\*

2023 年 3 月第 一 版　开本：720×1000　1/16
2024 年 1 月第二次印刷　印张：15 1/4
字数：305 000

**定价：180.00 元**
（如有印装质量问题，我社负责调换）

# 前　言

含能材料作为一类特种能源材料，包括炸药、推进剂和烟火剂等，广泛应用于武器弹药和民用爆破等多个领域。现代含能材料发展从 TNT 到 RDX、HMX、TATB，再到 NTO、CL-20、FOX-7、LLM-105、TKX-50，以及近几年报道的含能共晶、$N_5^-$ 阴离子盐及其配合物、ICM-101、ICM-102 等，层出不穷、日新月异。高能量密度和低感度是含能材料追求的性能目标，但往往相互矛盾，如何平衡二者关系，设计高能钝感又具应用价值的新型含能化合物成为该领域科研工作者重要的努力方向。

新型含能材料的研发不仅需要关注性能的提高，也需要重视原料的廉价易得和合成路径的简捷性，获得有望替代传统经典含能材料的新型含能材料。富氮含能化合物的 N-氧化和离子化是改善其性能和提升研发效率的重要方法，目前对 N-氧化三嗪类富氮含能化合物和三嗪类含能离子化合物的合成和性质研究还很少，能提高离子型含能材料研发效率的两性含能化合物也鲜有报道。本书在系统总结富氮化合物的 N-氧化方法、含能化合物的离子化形式和已有两性含能化合物两性性质的基础上，详细论述两性 N-氧化三嗪含能化合物的合成、结构和性能等，为两性含能化合物的发展和应用奠定理论基础，对寻找低成本、高效率的新含能材料研发路径进行探索，拓展含能材料研究范围和思路。作者对 N-氧化三嗪含能化合物进行了多年的研究，相关成果发表于 *Crystal Growth & Design*、*CrystEngComm*、*Journal of Thermal Analysis and Calorimetry*、*Propellants Explosives Pyrotechnics*、*ChemPlusChem*、*Journal of Molecular Structure* 及 *FirePhysChem* 等期刊上，同时获得发明专利授权 4 件，以期对含能材料的发展作出贡献。

全书共 5 章。第 1 章全面综述含能材料的发展现状、富氮化合物的 N-氧化、含能化合物的离子化和两性含能化合物。第 2 章系统介绍 N-氧化三嗪含能化合物的合成与机理，讨论氮杂芳环化合物 N-氧化产物的预测方法和结果。第 3 章详细分析 N-氧化三嗪含能化合物的晶体结构特点。第 4 章深入讨论 N-氧化三嗪含能化合物的热行为、热分解动力学、热性质等。第 5 章系统分析 N-氧化三嗪含能化合物的应用性能及相关影响因素。本书主要内容是作者及研究团队的多年研究成果，同时也梳理了国内外同行的相关研究。本书由徐抗震、冯治存、陈苏杭共同撰写。

值此书稿完成之际，衷心感谢恩师宋纪蓉教授将我引入含能材料领域，悉心指导我做研究，无微不至帮助我成长，教我做人做事，无私关照终身难忘，很幸运成为先生的学生。先生与人为善、认真严谨、开拓创新、精益求精的人生态度与工作精神，永远值得学习，指导我前行。谨以此表达对恩师崇高的敬意！

特别感谢西安近代化学研究所火炸药燃烧国防科技重点实验室的赵凤起主任，作为博士后期间的合作导师，从 2008 年至今给予我很多的指导和帮助。赵老师大师风范，引领行业前沿发展。同时，感谢西安近代化学研究所高红旭研究员、徐司雨研究员、仪建华研究员、安亭博士、杨燕京研究员、李辉博士、王伯周研究员、李亚南研究员、翟连杰博士等在研究过程中的协作帮助。感谢西北工业大学严启龙教授对研究工作提出的宝贵建议。感谢中国工程物理研究院化工材料研究所张朝阳研究员、张庆华研究员的支持和帮助。

感谢课题组马海霞教授、黄洁教授、任莹辉教授、郭兆琦副教授、管玉雷副教授等，作为西北大学含能材料军民融合创新中心、西安市特种能源材料重点实验室和陕西省先进含能材料重点科技创新团队的核心成员，大家相互关照、携手共进、荣辱与共、其乐融融。

感谢西北大学科技处、发展规划与学科建设处、研究生院及化工学院等部门领导对本书的关心和支持。

感谢国家自然科学基金委等为本书研究内容提供的资助。感谢西北大学"双一流"学科建设和研究生培养质量提升项目、陕西省普通高校优势学科建设项目提供的出版资助。

由于作者水平有限，书中难免存在疏漏和不足，敬请批评指正。

作　者

2022 年 9 月于西北大学

# 目　　录

# 化合物及术语缩写

DPX-26 ························· 4-氨基-3,7-二硝基三唑-[5,1-*c*][1,2,4]-三嗪

DPX-27 ············· 4-氨基-3,7-二硝基三唑-[5,1-*c*][1,2,4]-三嗪-4-氧化物

DSC ··································· 差示扫描量热分析

DTDO ·································· 1,1′-二羟基-5,5′-联四唑

FOX-7 ································ 1,1-二氨基-2,2-二硝基乙烯

GUA⁺DAOTO⁻ ····································· DAOTO 胍盐

GUA⁺TATDO⁻ ···································· TATDO 胍盐

H₂BAT ······························ 5,5′-双(1*H*-四唑基)胺

HATr ································· 3-肼基-4-氨基-1,2,4-三唑

HBT ··································· 5,5′-肼基双四唑

HMX ···································· 环四亚甲基四硝胺

HNS ······································ 六硝基芪

ICM-101 ···················· [2,2′-双(1,3,4-噁二唑)]-5,5′-二硝酰胺

ICM-102 ················· 2,4,6-三氨基-5-硝基嘧啶-1,3-二氧化物

IR ······································· 红外光谱

LAX-112 ··················· 3,6-二氨基-1,2,4,5-四嗪-1,4-二氧化物

LLM-105 ················· 2,6-二氨基-3,5-二硝基吡嗪-1-氧化物

MDN ··································· 三聚氰胺二硝酸盐

MOF ··································· 金属有机骨架

Na⁺DAOTO⁻ ···································· DAOTO 钠盐

Na⁺TATDO⁻ ···································· TATDO 钠盐

NPA ···································· 自然布居分析

NTO ······························· 3-硝基-1,2,4-三唑-5-酮

NTTZNH₄ ································· 5-硝基四唑铵

NTTZONH₄ ···························· 5-硝基四唑-2*N*-氧铵

ONC ···································· 八硝基立方烷

PAHAPE ········· 1,1,4,10,10-五氨基-2,3,5,6,8,9-六氮杂-1,3,5,7,9-五烯

Pb²⁺(DAMTO⁻)₂ ································· DAMTO 铅盐

Pb²⁺(DAOTO⁻)₂ ································· DAOTO 铅盐

Pb²⁺(TATDO⁻)₂ ································· TATDO 铅盐

PETN ································· 季戊四醇四硝酸酯

RDX ···································· 环三亚甲基三硝胺

TAAT ···················· 4,4′,6,6′-四(叠氮基)偶氮-1,3,5-三嗪

TAHT ···················· 4,4′,6,6′-四(叠氮)肼撑-1,3,5-三嗪

TATB ······················ 1,3,5-三氨基-2,4,6-三硝基苯

# 第1章 绪 论

## 1.1 含能材料进展

含能材料是指在外界刺激下(包括热刺激、机械刺激和光电刺激等)迅速地释放大量化学能的物质,涵盖了火炸药、推进剂和烟火剂等含能药剂[1]。黑火药作为我国古代的四大发明之一,是最早被记载和应用的含能材料[2]。黑火药由硝石($KNO_3$)、硫磺(S)和木炭(C)组成,主要用作枪炮的发射药,元代从中国传入欧洲后迅速发展[3]。19世纪中叶之后,以硝化纤维和硝化甘油(NG)为主要成分的高能无烟火药迅速取代黑火药,并催生了在第一次世界大战中威名赫赫的马克沁重机枪[4]。同期,瑞典化学家诺贝尔发明了雷汞雷管和达纳炸药,并由此引发了在第一次和第二次世界大战中系列经典富硝基类单质猛炸药 2,4,6-三硝基苯酚(苦味酸)、2,4,6-三硝基甲苯(TNT,梯恩梯)、2,4,6-三硝基苯甲硝胺(tetryl,特屈儿)和环三亚甲基三硝胺(RDX,黑索金)等的大规模应用[3]。含能材料作为武器装备的主要动力和毁伤力来源,它的发展与武器装备的演变息息相关,充分反映一个国家的整体国防实力,在建立国家战略威慑、捍卫国家利益和维护国家安全等方面起着重要且不可替代的作用。

在第二次世界大战结束后,世界各国高度重视新型含能材料的设计合成等基础研究工作。20世纪60年代,美国原子能委员会开始资助高能钝感炸药 1,3,5-三氨基-2,4,6-三硝基苯(TATB)的合成和性能研究,以解决核武器事故频发问题[5];1964年,美国海军军械实验室首次报道了耐热炸药六硝基芪(HNS)的合成,其可用于制作柔性导爆索和耐热爆破器材[6,7]。70年代,苏联对二硝酰胺铵(ADN)的合成和性能进行了系统研究,随后俄罗斯将其应用于导弹的推进剂[8,9]。90年代,我国和美国各自独立地合成了六硝基六氮杂异伍兹烷(CL-20,HNIW),它是目前为止实用且威力最大的高能猛炸药[10,11];1999年,瑞典国防研究局首次合成出高能钝感炸药 1,1-二氨基-2,2-二硝基乙烯(FOX-7),并由此引发了"推-拉"硝基烯胺类含能化合物的研究热潮[12]。2000年,美国芝加哥大学首次报道了八硝基立方烷(ONC)的合成,该化合物具有基于 $CO_2$ 的零氧平衡,性能优异,是目前能量水平最高的单质猛炸药[13]。图1.1是经典含能化合物的分子结构。根据文献总结了这些化合物的部分性能参数[14-20],如表 1.1 所示,其中爆压和爆速通过 Kamlet-Jacobs 方程计算得到[21]。

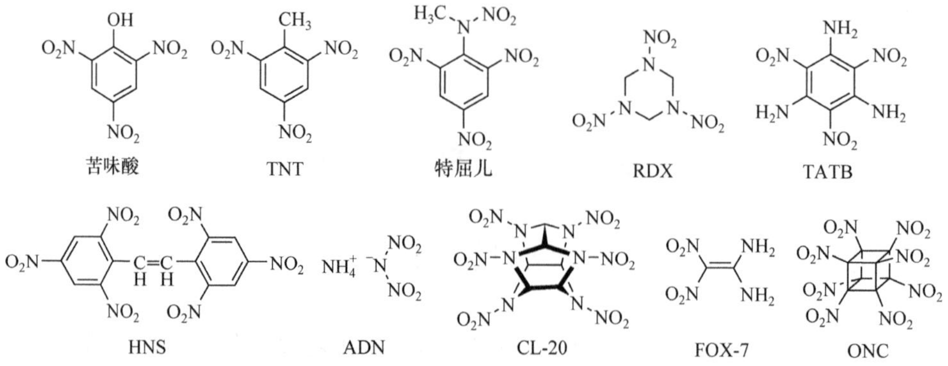

图 1.1　经典含能化合物的分子结构

**表 1.1　经典含能化合物的部分性能参数**

| 化合物 | $\rho/(g \cdot cm^{-3})$ | $T_d/℃$ | IS/J | FS/N | $\Delta_f H_m$ /(kJ·$mol^{-1}$) | P/GPa | $D/(m \cdot s^{-1})$ |
|---|---|---|---|---|---|---|---|
| 苦味酸 | 1.76 | 237 | >24.0 | >353 | −217.9 | 24.9 | 7547 |
| TNT | 1.65 | 224 | 15.0 | >353 | −59.3 | 20.7 | 7014 |
| 特屈儿 | 1.73 | 190 | 14.0 | >353 | 19.5 | 26.2 | 7778 |
| RDX | 1.82 | 208 | 7.4 | 120 | 66.9 | 35.1 | 8864 |
| TATB | 1.94 | 360 | 50.0 | >353 | −140.0 | 29.3 | 7957 |
| HNS | 1.72 | 320 | 11.5 | >360 | 78.2 | 22.5 | 7221 |
| ADN | 1.80 | 190 | 4.8 | 64 | −148.2 | 25.8 | 7624 |
| $\varepsilon$-CL-20 | 2.04 | 232 | 4.0 | 54 | 365.0 | 44.0 | 9614 |
| FOX-7 | 1.89 | 207 | 25.2 | >360 | −133.9 | 34.0 | 8627 |
| ONC | 2.06 | — | — | — | 339.1 | 45.1 | 9698 |

注：$\rho$ 为密度；$T_d$ 为分解温度；IS 为撞击感度；FS 为摩擦感度；$\Delta_f H_m$ 为生成热；P 为爆压；D 为爆速。

进入 21 世纪后,含能材料研究者逐渐将目光从传统的富硝基碳骨架含能化合物转移到富氮含能化合物,以寻求含能材料结构的多样性并拓展含能材料范围[22-36]。富氮含能化合物主要是以三唑类、四唑类、三嗪类和四嗪类有机杂环为主体骨架的化合物,相比传统的富硝基类碳骨架含能化合物,富氮含能化合物呈现出更丰富的功能。例如,4,4′,6,6′-四(叠氮基)偶氮-1,3,5-三嗪(TAAT)有望用作绿色起爆药[37],3,6-二(叠氮基)-1,2,4,5-四嗪可用作制备碳纳米球和氮化碳的前驱体[38],3,6-双(1H-1,2,3,4-四唑-5-氨基)-s-四嗪(BTAATA)可用作微推进系统的固体燃料[39],5,5′-双(1H-四唑基)胺(H₂BAT)是一种绿色钝感的高能量密度材料[40],四嗪类高氮化合物与二价铁和高氯酸根离子形成的配合物可用作激光敏感炸药[41]。使用全球学术信息数据库 Web of Science 对 2000～2021 年标题中涉及三唑类、四唑类、三嗪类和四嗪含能化合物的论文分别进行检索，发现标题中涉及三唑类、四唑类和四嗪类含能化合物的文章有 100～200 篇，而标题中涉及三嗪类含能化合物(排除 RDX)的文章只有 50 篇。因此，相比三唑类、四唑类和四嗪类含能化合物，目前对三嗪类含能化合物的研究和关注还相对较少。现有的绝大部分均三嗪类含能化合物是以三聚氯氰为起始原料合成的，利用三聚氯氰的氯原子容易被亲核取代的特性来实现含能基团的引入，图 1.2(a)所示的均三嗪类含能化合物都是这种合成思路的例子[37,42-46]。此外，图 1.2(b)所示的少数均三嗪类含能化合物是以三聚氰胺或其他三嗪类化合物为原料合成的[47,48]。三聚氯氰和三聚氰胺都是廉价的三嗪类化工原料，这是选取它们作为合成均三嗪类含能化合物起始原料的重要原因之一。目前还需寻找新的能将它们改造为含能化合物的化学修饰方法，以充分挖掘它们在含能材料领域的应用潜力。如图 1.3 所示，偏三嗪类和稠环三嗪类含能化合物都是通过环化反应得到的[49-54]，虽然这些三嗪类含能化合物很多也具有较好的性能，但合成复杂、成本陡增。

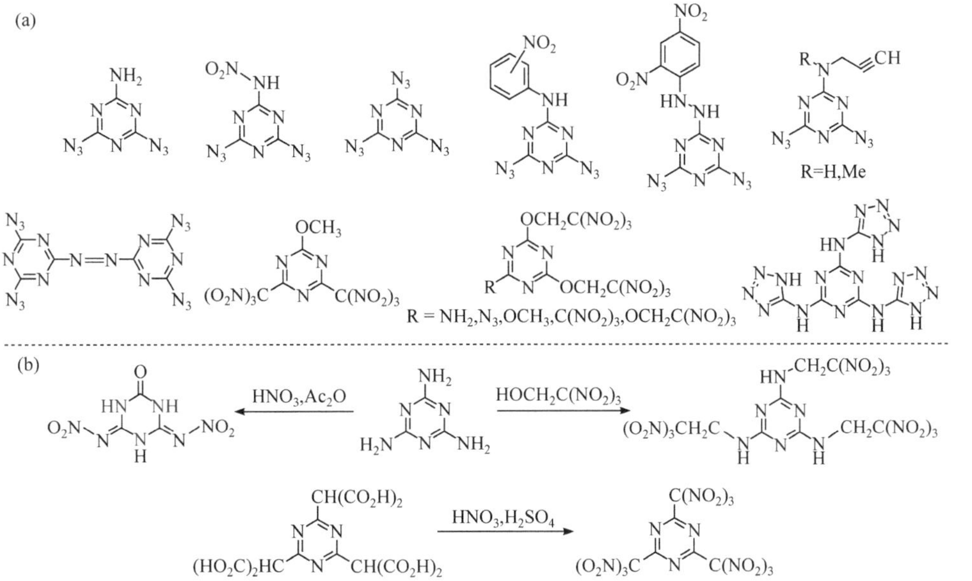

图 1.2 以三聚氯氰、三聚氰胺和其他三嗪类化合物为起始原料合成的均三嗪类含能化合物
(a) 以三聚氯氰为起始原料；(b) 以三聚氰胺和其他三嗪类化合物为起始原料

尽管世界多国对新型含能材料的研发工作从未间断，依然投入着巨大的人力、物力、财力，但新型含能材料的研发和应用进程比一般被认为进展缓慢的新型药物的研发和应用进程还要慢很多。专利检索数据库 Derwent Innovations Index 的查询结果显示，1970～2019 年的 50 年间全球有关含能材料合成的专利约有 7 万件，而有关药物合成的专利则高达 68 万件。图 1.4 给出了有关含能材料和药物研发的专利数量及其增长率对比。不管是从数量方面还是从增长率方面，含能材料的研

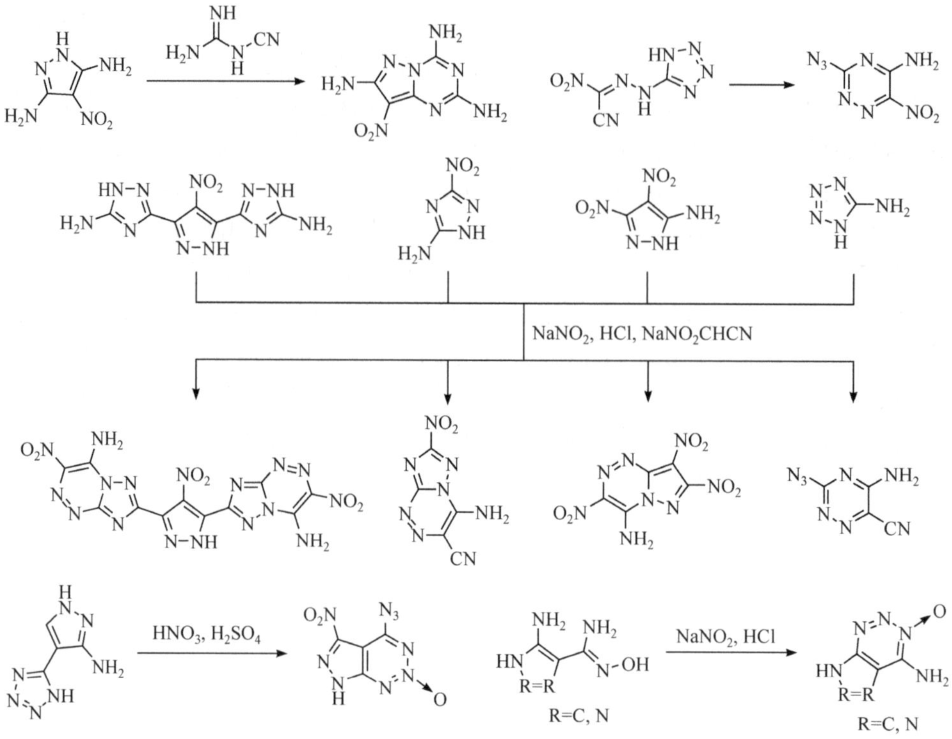

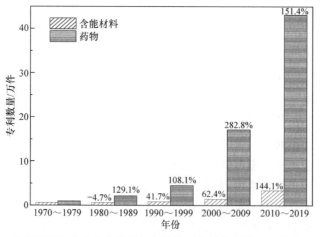

图 1.3　偏三嗪类和稠环三嗪类含能化合物的合成

发总是大幅落后于药物的研发。事实上，一些早期经典含能化合物，比如 NG、TNT 和 RDX，现在依然是熔铸炸药、导弹战斗部和固体推进剂中难以被完全替代的重要组分[55,56]。

图 1.4　全球不同年代有关含能材料和药物研发的专利数量及其增长率对比

具有高应用价值和应用可能性的新型含能化合物，往往需要在可制造性和成本等方面拥有比现役含能材料更突出的优点。现有的很多含能化合物因为合成困难和成本较高而难以实现大规模应用。例如，CL-20 和 FOX-7 是 20 世纪末出现的最有应用价值的含能化合物，但它们的主要生产工艺涉及多步反应，所用合成原料六苄基六氮杂异伍兹烷和 2-甲基-4,6-嘧啶二酮本身的价格较高，早期国外每千克产品售价均在万元人民币级别，这种高合成成本到现在依然限制着它们的大规模应用[57-60]。对于极高能量密度的 ONC，高昂的立方烷甲酸原料成本、−130℃的苛刻反应条件和繁琐的反应步骤，更是导致其目前只具有在实验室进行科学研究的价值[13]。此外，大多四嗪类和四唑类含能化合物也同样面临原料成本高和反应步骤复杂的问题。例如，$H_2BAT$ 的合成涉及在酸性条件下处理剧毒且有爆炸性的叠氮化钠[40]；即使对于最简单的四嗪化合物 3,6-二氨基-1,2,4,5-四嗪(DATZ)而言，它的合成从昂贵的原料三氨基胍盐酸盐起，需经历三步化学反应和两个反应中间体的合成，且涉及液氨或氨气的操作和处理[61,62]。尽管很多三嗪类含能化合物的合成可利用便宜的三嗪类化工原料，但其中一些化合物具有合成路线长的缺点。例如，TAAT 的合成从原料三聚氯氰起，涉及四步化学反应和三个反应中间体的合成[37,63]，这些都成为制约它们推广应用的关键因素。

含能材料作为一种能量来源，无论是应用于武器装备还是民用爆破，其可制造性及生成成本都是必须考量的关键因素。复杂且昂贵的含能材料合成路线往往会导致产品制备困难和成本高，并最终导致实际应用价值下降。随着我国火箭和武器型号的升级换代和民用炸药的发展，航空航天、国防和民爆等行业对具有更高性能和更多样化功能含能材料的需求日益迫切。因此，寻找低成本、高效率的新型含能材料的开发途径，在合成路线简便且丰富的基础上挖掘所需的含能材料，将是促进新型含能材料研发和应用的重要条件。低成本、高效率的新型含能材料研发思路将有助于更多能实用于国防和民生的先进含能材料产生，以及武器弹药、发动机推进剂和民用烟花炸药蓬勃发展，以期最终能推动相关行业的进步和提升国家战略威慑力与硬实力。

## 1.2  N-氧化含能化合物

### 1.2.1  N-氧化含能化合物发展

N-氧化含能化合物是伴随富氮含能化合物发展而出现的一类新型含能化合物，弥补了富氮含能化合物本身的能量缺陷，并具有改善富氮含能材料综合性能的作用[64,65]。图 1.5 和表 1.2 给出了近 20 年典型纯 CNH 类富氮含能化合物的结构、合成年份及性能参数[37,40,66-72]，其中爆压和爆速根据文献报道数据统一通过

Kamlet-Jacobs 方程计算得到[21]。这些数据揭示了纯 CNH 类富氮含能化合物的优缺点。纯 CNH 类富氮含能化合物往往具有高正生成热，在不含叠氮基或更长的氮链结构时，呈现较低的机械感度和较好的热稳定性，同时它们的气体分解产物主要为无污染的氮气。这类含能化合物在生成热显著高于大多数富硝基碳骨架含能化合物生成热的同时，其爆轰性能却没有表现更多优势(表 1.1 和表 1.2)。由于缺乏氧原子，纯 CNH 类富氮含能化合物的氧平衡较差，密度难以提高，从而限制了它们的爆轰性能。由于富氮含能化合物几乎都属于氮杂芳环类化合物，其环上的氮原子容易被氧化并形成 N→O 键或 N—O 键，从而生成 *N*-氧化含能化合物[64]。*N*-氧化含能化合物的出现能较好地解决纯 CNH 类富氮含能化合物的性能问题。

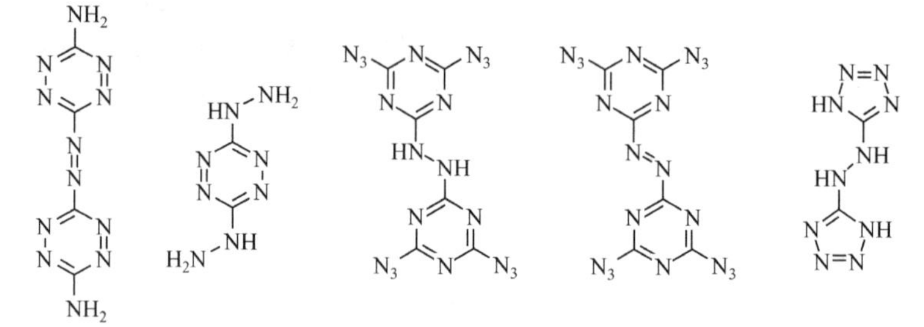

AATT(2000年)　DHT(2004年)　TAHT(2004年)　TAAT(2004年)　HBT(2008年)

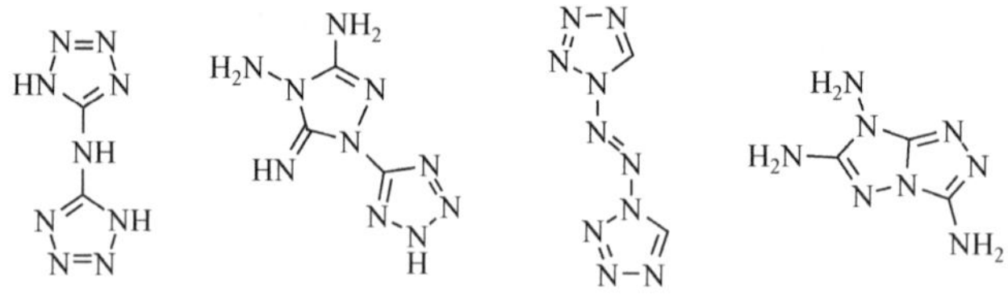

$H_2$BAT(2008年)　TATT(2009年)　ABTe(2011年)　TATOT(2015年)

图 1.5　近 20 年典型纯 CNH 类富氮含能化合物

**表 1.2　典型纯 CNH 类富氮含能化合物的性能参数**

| 化合物 | $\rho$/(g · cm$^{-3}$) | $T_d$/℃ | IS/J | FS/N | $\Delta_f H_m$ /(kJ · mol$^{-1}$) | $P$/GPa | $D$/(m · s$^{-1}$) |
|---|---|---|---|---|---|---|---|
| AATT | 1.78 | 252 | 17.8 | >360 | 862 | 24.1 | 7400 |
| DHT | 1.69 | 161 | 14.0 | >360 | 536 | 27.1 | 7962 |
| TAHT | 1.65 | 202 | 4.6 | 29 | 1753 | 23.0 | 7391 |
| TAAT | 1.72 | 200 | 1.6 | 24 | 2171 | 26.6 | 7853 |
| HBT | 1.84 | 208 | >30.0 | >108 | 414 | 24.2 | 7341 |
| $H_2$BAT | 1.86 | 250 | >30.0 | >360 | 633 | 30.9 | 8259 |
| TATT | 1.69 | 324 | >60.0 | — | 440 | 20.0 | 6847 |
| ABTe | 1.77 | 80 | <1.0 | <5 | 1030 | 33.2 | 8690 |
| TATOT | 1.73 | 245 | 40.0 | 360 | 447 | 22.8 | 7260 |

图 1.6 为引入 N→O 或 N—O 后 $N$-氧化对含能化合物性能的影响[21,73-80]，这些含能化合物与其 $N$-氧化物的结构区别仅仅是有无氧原子。2015 年，美国爱达荷大学 Shreeve 课题组氧化 6-氨基-四唑并[1,5-$b$]-1,2,4,5-四嗪(ATT)，得到了其 $N$-氧化物 6-氨基-四唑并[1,5-$b$]-1,2,4,5-四嗪-7-氧化物(ATTO)[73]。与 ATT 相比，ATTO 的密度升高了 11.3%，爆速和爆压分别提高了 8.9%和 26.7%，同时机械感度也大幅降低(数值增大，机械感度降低)。2017 年，美国洛斯·阿拉莫斯(Los Alamos)国家实验室继续氧化 ATTO，得到了 ATT 的双 $N$-氧化物 6-氨基-四唑并[1,5-$b$]-1,2,4,5-四嗪-2,7-二氧化物(ATTDO)[74]。与 ATTO 相比，ATTDO 的密度又提升了 3.2%，爆速和爆压也分别提高了 5.1%和 12.7%，同时摩擦感度有进一步大幅下降(数值增大，摩擦感度降低)。2010～2013 年，德国慕尼黑大学 Klapötke 课题组对硝基、

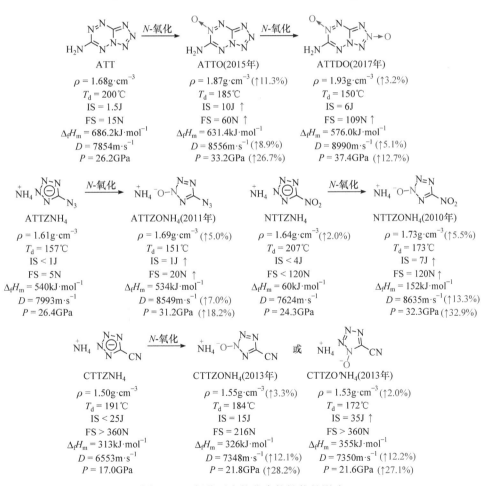

图 1.6 $N$-氧化对含能化合物性能的影响

叠氮基和氰基四唑阴离子进行了 *N*-氧化，得到了相应的 *N*-氧化四唑铵盐[75-77]。与原料四唑铵盐相比，*N*-氧化四唑铵盐的密度普遍提升了 2.0%～5.5%，爆速和爆压也分别提高了 7.0%～13.3%和 18.2%～32.9%，同时机械感度均下降。因此，形成 N→O 或 N—O 在提高富氮含能化合物氧平衡的同时，也能有效提高含能化合物的密度和能量水平，降低含能化合物的感度，是一种功能丰富的新型含能基团，可对含能材料进行有效改性。

### 1.2.2　*N*-氧化含能化合物合成

　　目前，向氮杂芳环类含能化合物中直接引入 N→O 或 N—O 以制备 *N*-氧化含能化合物的主要氧化反应体系有三氟过氧乙酸、过氧乙酸、过氧甲酸、过一硫酸、单过硫酸氢钾复合盐(Oxone)和次氟酸等氧化体系。2004 年，美国 Los Alamos 国家实验室采用三氟过氧乙酸氧化体系对 3,3′-偶氮(6-氨基-1,2,4,5-四嗪)(AATT)进行了 *N*-氧化研究[67]，得到了 AATT 不同程度和位置 *N*-氧化产物的混合物，每个 AATT 分子平均新增了大约 3.5 个氧原子[图 1.7(a)]，以 AATT 的混合 *N*-氧化产物为主要成分的配方有望用作合成微推进器的高性能推进剂。2014 年，美国爱达荷大学 Shreeve 课题组报道了一系列 13 种 6-取代的 3-氨基均四嗪化合物的 *N*-氧化产物[81]，发现三氟过氧乙酸氧化体系可以有效地对这些四嗪类化合物进行 *N*-氧化，

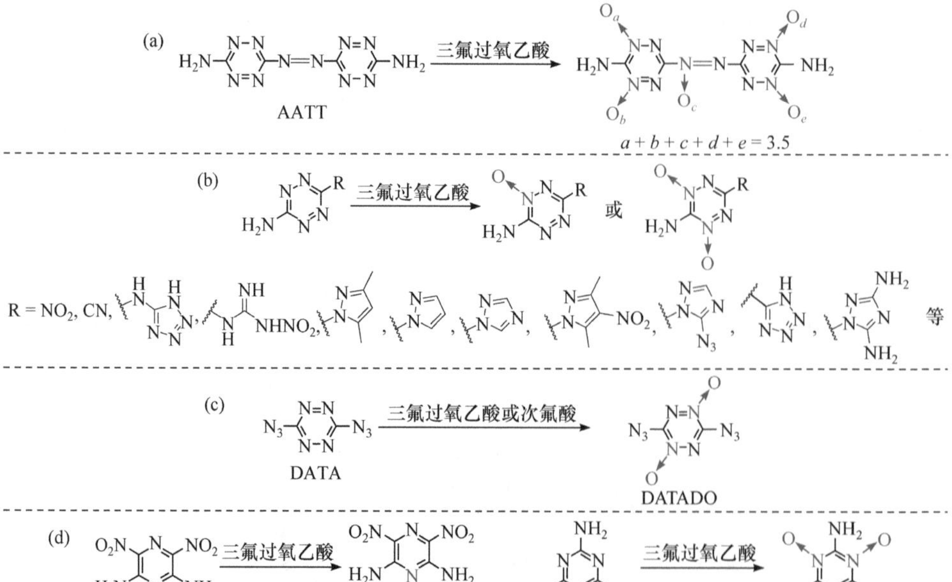

图 1.7　三氟过氧乙酸氧化体系制备 *N*-氧化含能化合物

(a) AATT 的 *N*-氧化反应；(b) 四嗪类化合物的 *N*-氧化反应；(c) DATA 的 *N*-氧化反应；

(d) 吡嗪和嘧啶类含能化合物的 *N*-氧化反应

并可得到对应的单 N-氧化物或 2,4-双 N-氧化物[图 1.7(b)]。这些 N-氧化四嗪含能化合物的密度为 1.76~1.92g·cm⁻³，分解温度为 110~252℃，撞击感度和摩擦感度分别为 3~35J 和 10~360N，使用热化学计算程序 EXPLO5 6.01 计算得到的爆速和爆压分别为 8180~9316m·s⁻¹ 和 23.6~39.4GPa，大多呈现出良好的综合性能。从 3,6-二叠氮基-1,2,4,5-四嗪(DATA)到其 1,4-双 N-氧化物 DATADO[图 1.7(c)]，和前述从 ATT 到 AATO 的 N-氧化反应(图 1.6)都是在三氟过氧乙酸氧化体系中实现的[73,74]。除上述四嗪类含能化合物外，三氟过氧乙酸体系还可用于吡嗪和嘧啶类含能化合物的 N-氧化反应，钝感高能化合物 2,6-二氨基-3,5-二硝基吡嗪-1-氧化物(LLM-105)和 2,4,6-三氨基-5-硝基嘧啶-1,3-二氧化物(ICM-102)的合成即是该类反应的典型例子[图 1.7(d)][82-86]。因此，对于氮杂六元环类含能化合物而言，三氟过氧乙酸氧化体系是一种高效的 N-氧化反应体系，能有效地将氮杂六元环类含能化合物氧化成相应的 N-氧化含能化合物。

过氧乙酸体系是类似于三氟过氧乙酸的氧化体系，由于甲基没有强吸电子效应，过氧乙酸氧化体系的氧化性显著弱于三氟过氧乙酸氧化体系的氧化性。在图 1.7(d) 的 ICM-102 合成中，使用过氧乙酸氧化体系代替三氟过氧乙酸氧化体系会导致 ICM-102 产率下降和大量单 N-氧化物副产物出现[85]。过氧乙酸氧化体系可用于系列吡啶类含能化合物的 N-氧化反应[图 1.8(a)][87]。过氧甲酸的氧化性接近于过氧乙酸的氧化性。对于四嗪类含能化合物的 N-氧化反应，过氧甲酸和过氧乙酸氧化体系目前仅见于将 3,6-二氨基-1,2,4,5-四嗪(DATZ)氧化为 3,6-二氨基-1,2,4,5-四嗪-1,4-二氧化物(LAX-112)的 N-氧化反应[88, 89]。DATZ 的 N-氧化反应提供了一个很好地比较各氧化剂氧化性强弱的途径。Oxone、过氧甲酸、过氧乙酸、三氟过氧乙酸和次氟酸都能对 DATZ 进行 N-氧化[图 1.8(b)]。DATZ 的 N-氧化反应在 Oxone 氧化体系下会生成不少单 N-氧化物副产物(3,6-二氨基-1,2,4,5-四嗪-1-氧化物)；在过氧甲酸或过氧乙酸氧化体系下可以得到纯 LAX-112；在三氟过氧乙酸氧化体系下除了会生成DATZ的 N-氧化产物外，还可生成 3-氨基-6-硝基-1,2,4,5-四嗪-2,4-二氧化物；在次氟酸氧化体系下生成的是 3-氨基-6-硝基-1,2,4,5-四嗪-1,4-二氧化物或 3-氨基-6-硝基-1,2,4,5-四嗪-2,4-二氧化物[90,91]。综上可知，五种氧化体系的氧化性由强到弱的顺序为次氟酸>三氟过氧乙酸>过氧乙酸 ≈ 过氧甲酸>Oxone。

(a)

R¹ = H, NH₂　R² = H, NH₂, CH₃　R³ = H, NH₂

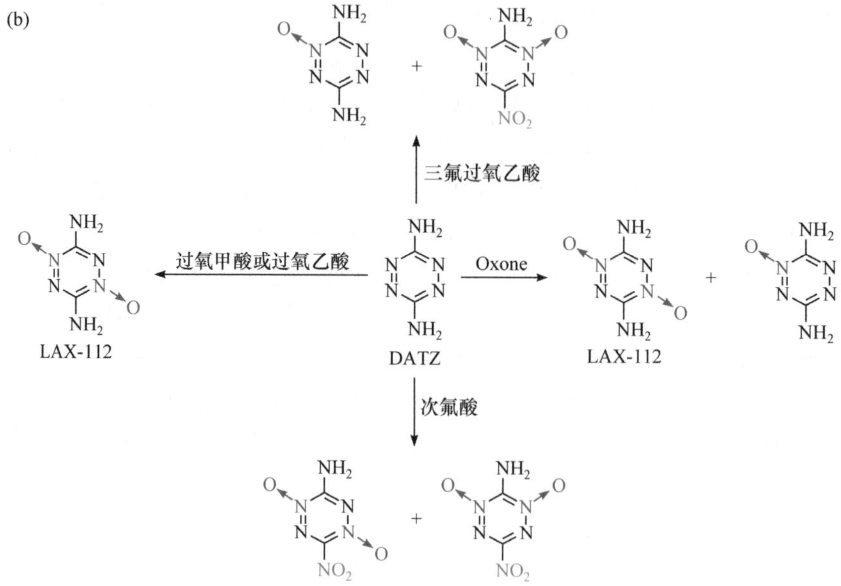

(b)

图 1.8　系列吡啶类含能化合物和 DATZ 的 N-氧化反应

(a) 系列吡啶类含能化合物；(b) DATZ

　　2004 年，美国 Los Alamos 国家实验室在研究中发现，过一硫酸氧化体系可以有效地对四嗪化合物 3,6-二胍基-1,2,4,5-四嗪(DGTZ)和 3,6-双(1H-1,2,3,4-四唑-5-氨基)-s-四嗪(BTAATA)进行 N-氧化，并得到了相应的 1,4-双 N-氧化物[图 1.9(a)][67]。2010~2013 年，德国慕尼黑大学 Klapötke 课题组研究了四唑和三唑阴离子的 N-氧化[图 1.9(b)]，结果发现 Oxone 氧化体系不仅可以有效地对四唑类阴离子硝基四唑、叠氮基四唑、氰基四唑和 5,5′-双四唑的阴离子进行 N-氧化，得到对应的 N-氧化物阴离子[75-77,92]，而且还能对三唑类阴离子 3,3′-二硝基-5,5′-双(1H-1,2,4-三唑)的阴离子进行 N-氧化[93]。2012 年，美国爱达荷大学 Shreeve 课题组研究发现，Oxone 氧化体系还可以对 3,4,5-三硝基吡唑的阴离子进行 N-氧化[图 1.9(b)][94]。这些唑类阴离子 N-氧化反应生成的相应 N-氧化物阴离子，可进一步用于合成众多高能离子盐。2016 年，美国 Los Alamos 国家实验室使用次氟酸氧化体系将 4-氨基-3,7-二硝基三唑-[5,1-c][1,2,4]-三嗪(DPX-26)成功地 N-氧化为 4-氨基-3,7-二硝基三唑-[5,1-c][1,2,4]-三嗪-4-氧化物(DPX-27)[图 1.9(c)]，相比 DPX-26，DPX-27 的密度($1.90\text{g} \cdot \text{cm}^{-3}$)、爆压(35.4GPa)和爆速($8.97\text{km} \cdot \text{s}^{-1}$)分别增加了 2.2%、10.6%和 3.1%[95]。此外，研究发现从 ATT 到 AATO(图 1.6)和从 DATA 到 DATADO[图 1.7(c)]的 N-氧化反应也可以在次氟酸氧化体系中实现，从 AATO 到 ATTDO 的 N-氧化反应(图 1.6)目前只能在次氟酸氧化体系中进行[74]。

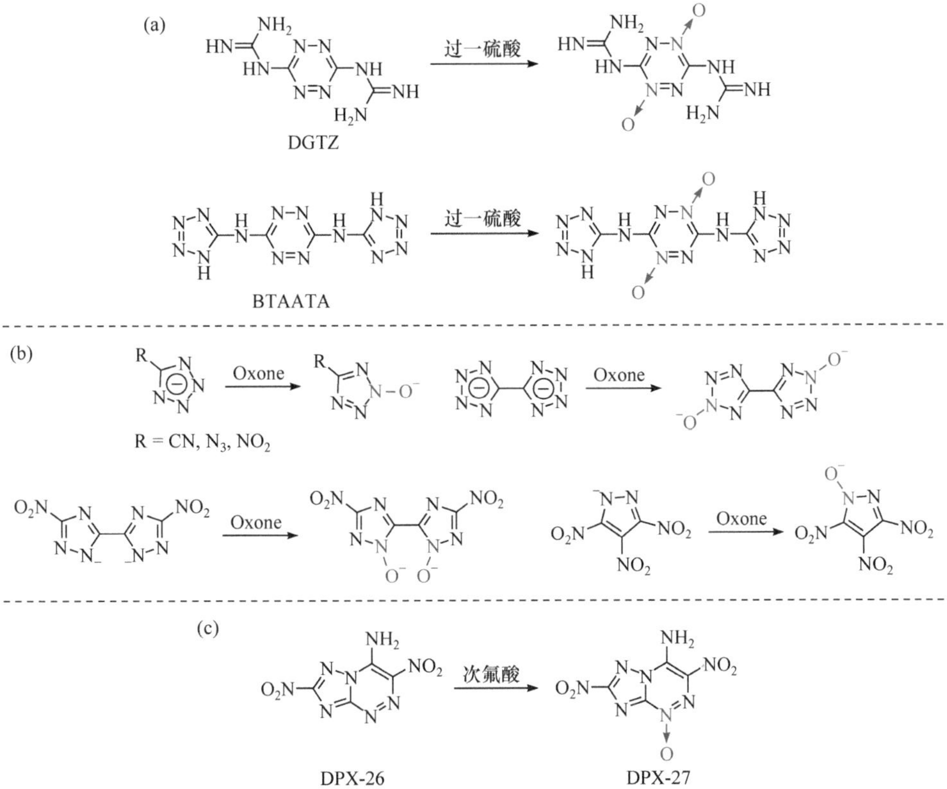

图 1.9 过一硫酸、Oxone 和次氟酸氧化体系制备 *N*-氧化含能化合物
(a) 过一硫酸氧化体系；(b) Oxone 氧化体系；(c) 次氟酸氧化体系

用于制备 *N*-氧化含能化合物的各氧化体系各有优劣。三氟过氧乙酸、过氧乙酸和过氧甲酸氧化体系的配制都比较方便，与过氧乙酸和过氧甲酸相比，三氟过氧乙酸的氧化性更强且适用性更广。过一硫酸氧化体系具有类似于三氟过氧乙酸氧化体系对四嗪类含能化合物的 *N*-氧化能力，但该体系需要使用大量难以处理的浓硫酸，并不常用。尽管 Oxone 氧化体系的氧化性相对较弱，但该氧化体系对酸性唑类含能化合物(唑类含能阴离子)的 *N*-氧化反应具有特异性，其他氧化体系无法对酸性唑类含能化合物(唑类含能阴离子)进行 *N*-氧化。虽然次氟酸氧化体系具有最强的氧化性，能氧化三氟过氧乙酸氧化体系无法氧化的含能化合物，但次氟酸氧化体系需要利用剧毒性氟气，且现配现用，缺乏方便性并具有高危险性。

除了利用氧化剂的强氧化性向氮杂芳环类含能化合物中直接引入 N→O 或 N—O 以制备 *N*-氧化含能化合物的合成反应外，还有一些 *N*-氧化含能化合物可以通过氧化环化的方法制得。例如，氧化呋咱类含能化合物可以通过邻二肟的氧化环化脱氢或氧化腈的二聚成环反应制得[图 1.10(a)][96,97]；芳环并氧化呋咱类含能化合物往往是通过芳环上相邻的叠氮基和硝基之间的环化反应制得的[图 1.10(b)][98,99];2,3-二氨基吡啶类化合物两个相邻氨基之间的硝化环化反应可以生成 1,2,3-三唑-N-氧化物[图 1.10(c)][100];肟类化合物分子内相邻的 C=NOH 基团和叠氮基通过酸催化下的环化反应,可以生成相应的四唑-N-氧化物[图 1.10(d)][101-103],图 1.6 中氰基四唑的 1-氧化物阴离子(CTTZO′NH₄ 的阴离子)是通过 3-氨基-4 叠氮基呋咱的相邻叠氮基和氨基在亚硝酸的作用下发生氧化环化反应制得的[77];分子内相邻氨基和叔丁基氧化偶氮基之间的氧化环化反应可以生成相应的 1,2,3,4-四嗪-N,N′-二氧化物[图 1.10(e)][104-106]。此外,图 1.3 给出了通过氧化环化反应制备

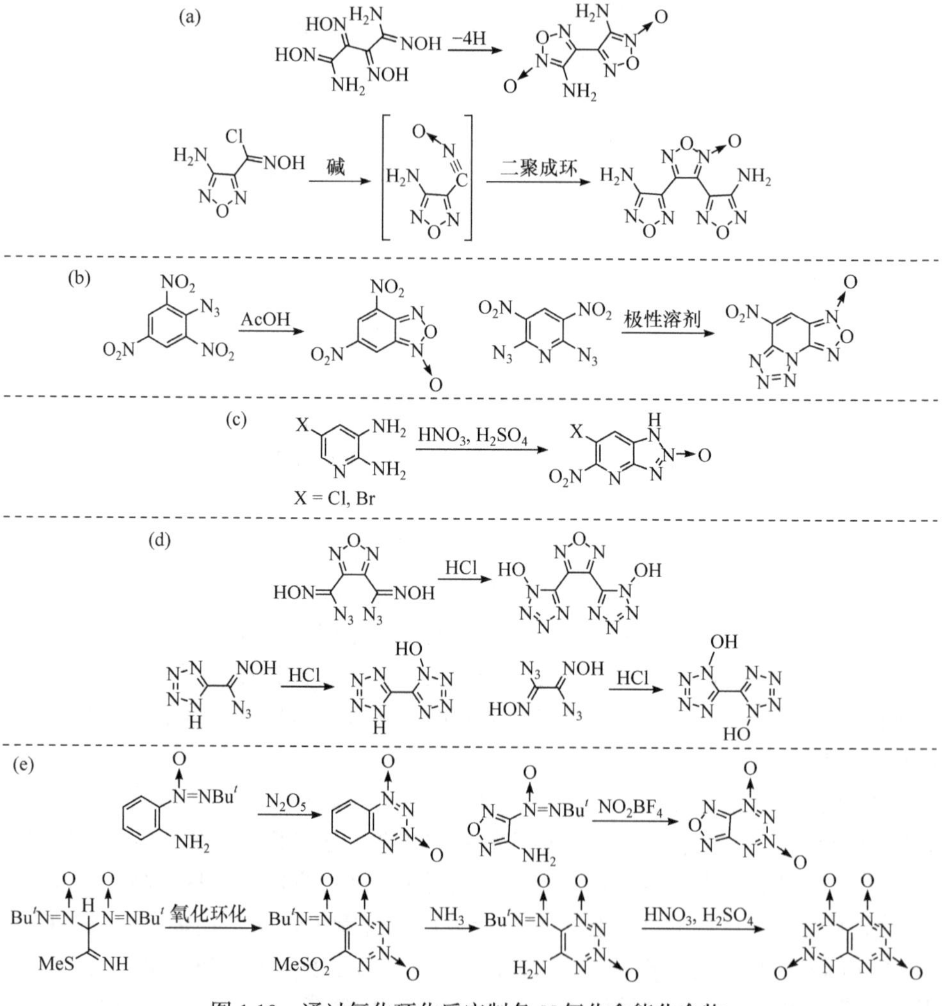

图 1.10  通过氧化环化反应制备 N-氧化含能化合物

(a) 氧化呋咱类含能化合物;(b) 芳环并氧化呋咱类含能化合物;(c) 2,3-二氨基吡啶类化合物;(d) 肟类化合物;
(e) 相邻氨基和叔丁基氧化偶氮基之间的氧化环化反应

的为数不多的 1,2,3-三嗪-N 氧化物[54,57]。上述各种通过氧化环化反应制备 N-氧化含能化合物的方法,是对 N-氧化含能化合物合成方法的重要补充,而且通过这些方法得到的 N-氧化含能化合物一般都难以通过前述直接 N-氧化方法合成出来。此外,通过氧化环化反应制备 N-氧化含能化合物需要母体化合物中具备特定的反应基团,而这些具备特定反应基团的母体化合物又往往需要通过多步复杂的反应来合成。因此,通过氧化环化反应制备 N-氧化含能化合物的方法一般不如利用氧化剂向氮杂芳环类化合物中直接引入 N→O 或 N—O 的制备方法简便。

综上,由于四嗪和四唑类化合物骨架环上的氮含量高,目前对 N-氧化含能化合物的合成研究大部分集中在 N-氧化四嗪和 N-氧化四唑类含能化合物上。三嗪类含能化合物,尤其是均三嗪类含能化合物,同样是一类非常重要的富氮含能化合物[107]。2019 年,中国工程物理研究院化工材料研究所张庆华课题组首次报道了三聚氰胺的双 N-氧化产物合成,并通过其与氧化剂(过氧化氢、硝酸和高氯酸)的自组装合成了三种含能化合物[108,109]。2021 年,西安近代化学研究所王伯周课题组也报道了三聚氰胺双 N-氧化产物的单阴离子盐(硝酸盐、高氯酸盐和二硝酰胺盐)的合成[110]。然而,目前关于 N-氧化三嗪类含能化合物合成和应用的报道依然非常少。N-氧化三嗪类含能化合物的合成和性质研究可扩展 N-氧化含能化合物的研究范围,并为寻找新型性能优异的 N-氧化含能材料提供新途径。

## 1.3 含能离子化合物

### 1.3.1 含能离子化合物发展

含能离子化合物是在富氮含能化合物广泛出现的基础上迅速发展起来的。富氮含能化合物不仅可以直接应用于燃气发生剂和推进剂,而且由于含氮基团往往具有酸性或碱性,易得失质子,还经常用作合成含能离子化合物的离子前驱体。相比传统的中性含能化合物,离子型含能材料具有设计性强和功能多样化的显著优势。通过将离子化的含能化合物与不同离子组合,可以批量地获得众多性能迥异的新型含能化合物,从而极大地提高了含能材料的开发效率,以满足含能材料的多样化应用需求。将富氮含能阳离子与硝酸根 ($NO_3^-$)、高氯酸根 ($ClO_4^-$) 和二硝酰胺根 $[N(NO_2)_2^-]$ 等含能阴离子组合,可以显著提高富氮含能化合物的爆轰性能[111]。阴、阳离子都是富氮离子的富氮含能盐,可用于低特征信号战术导弹、低火焰温度(低枪管腐蚀)弹药和低烟火药等[111]。富氮含能阴离子容易与金属离子形成含能配合物,含有具有催化作用金属离子的含能配合物在起爆药、点火药和固体推进剂的含能燃烧催化剂等方面具有重要用途[112]。熔点低于 100℃的含能离子化合物也被称为含能离子液体,具有蒸汽压极低、不易挥发、无腐蚀、低毒性和环境友好等特点，有望替代传统熔铸炸药的熔融介质 TNT，以及取代剧毒且易挥发的肼类推进剂燃料，以推动推进剂燃料的"无毒化"进程[113]。含能离子化合物的出现拓展了含能材料的种类和功能，为含能材料的基础研究提供了丰富的研究样本，同时也有效地缩短了含能材料的研发周期，为研发人员提供一种高效的新含能材料开发手段。

### 1.3.2　含能化合物去质子化

去质子化的含能化合物会转变为相应的含能阴离子，将它们与不同阳离子组合可以获得众多新含能离子化合物。图 1.11 为常用与去质子化含能化合物配对的阳离子。2008～2013 年，德国慕尼黑大学 Klapötke 课题组研究了硝基、叠氮基、氰基四唑及其对应的 *N*-氧化四唑的去质子化能力，发现四唑环上的—NH—基团和 *N*-氧化四唑 N—OH 基团的氢原子容易失去，从而会生成相应四唑阴离子和 *N*-氧化四唑阴离子[图 1.12(a)]，并将这些阴离子与金属离子、铵离子、肼离子、羟胺离子、氨基脲离子和胍类离子等 14 种阳离子组合，共得到了 48 种四唑类含能离子化合物[75-80,114]。这 48 种四唑类含能离子化合物性质迥异，密度为 1.451～1.923g·cm$^{-3}$，热分解温度为 96～275℃，撞击感度为<1J～>40J，摩擦感度为<5N～>360N，通过热化学计算程序 EXPLO5 计算出的爆速和爆压分别为 7107～9499m·s$^{-1}$ 和 15.9～39.0GPa，其中部分化合物有望用作起爆药、猛炸药和钝感炸药。2012～2015 年，Klapötke 课题组又研究发现图 1.12(b)中系列双 *N*-氧化四唑化合物的两个 N—OH 基团可以同时失去质子，从而生成相应二价双 *N*-氧化四唑阴离子，并将这些二价阴离子与金属离子、铵离子、肼离子、羟胺离子、胍类离子、脲类离子、双草酰胺类离子和四唑类离子等 15 种阳离子组合，共得到了 33 种四唑类含能离子化合物[92,101,103,114,115]。这 33 种四唑类含能离子化合物的密度为 1.596～2.200g·cm$^{-3}$，热分解温度为 163～331℃，撞击感度为<3J～>40J，摩擦感度为<5N～>360N，通过热化学计算程序 EXPLO5 计算出的爆速和爆压分别为 7727～9753m·s$^{-1}$ 和 22.1～42.4GPa。其中，1,1'-二羟基-5,5'-联四唑(DTDO)的二羟铵盐(TKX-50)是一种具有良好应用前景且综合性能优异的钝感高能化合物。此外，一些双四唑化合物的两个四唑环上的—NH—基团也可以同时失去质子。例如，5,5'-联四唑(BTA)、5,5'-偶氮双四唑(AZTZ)和双(四唑基)氧化呋咱(BTFO)可转变为相应二价阴离子[图 1.12(c)]，并与金属离子、铵离子、肼离子、胍类离子和三唑类离子等众多阳离子组合成种类丰富的四唑类含能离子化合物[116-120]。

三唑类、咪唑类和吡唑类含能化合物也能发生与上述四唑类含能化合物类似的去质子化反应。图 1.13(a)中系列三唑类含能化合物全部三唑环上—NH—和 N—OH 基团的氢原子都容易丢失，从而会生成相应一价或二价三唑阴离子，这些

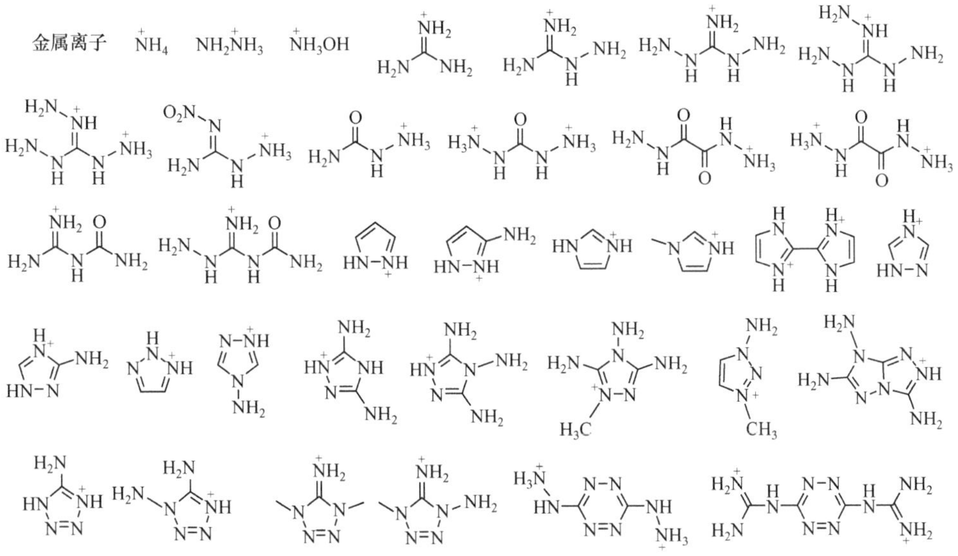

图 1.11　常用与去质子化含能化合物配对的阳离子

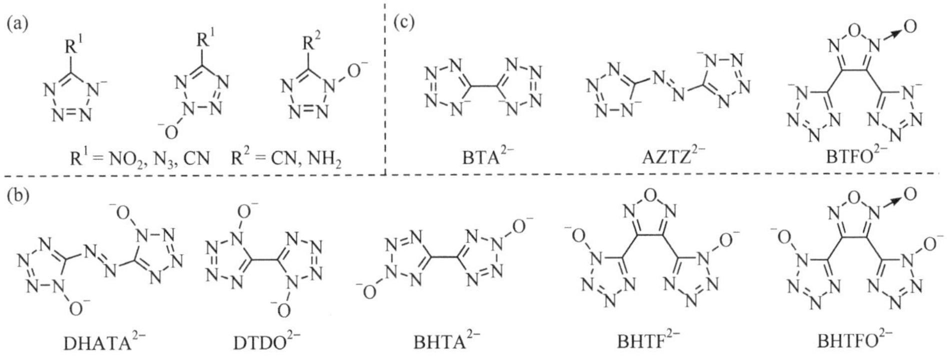

图 1.12　四唑类含能化合物的去质子化

(a) 四唑阴离子和 N-氧化四唑阴离子；(b) 二价双 N-氧化四唑阴离子；(c) 二价四唑阴离子

阴离子与金属离子、铵离子、肼离子、羟胺离子、胍类离子、唑类离子和四嗪类离子等 13 种阳离子组合，可生成 32 种三唑类含能离子化合物[93,121-124]。这 32 种三唑类含能离子化合物的密度为 1.37～2.02g·cm$^{-3}$，热分解温度为 141～386℃，撞击感度为 15～>40J，摩擦感度为 324～>360N，爆速和爆压分别为 6466～9087m·s$^{-1}$和 13.0～39.5GPa，其中大部分化合物呈现出耐热钝感且高能的特性。图 1.13(b)中系列咪唑和吡唑含能化合物全部唑环上—NH—和 N—OH 基团的氢原子也都容易丢失，从而会生成相应一价或二价咪唑和吡唑阴离子，这些阴离子与金属离子、铵离子、肼离子、羟胺离子、胍类离子、唑类离子和四嗪类离子等 29 种阳离子组合，可生成 60 种咪唑类和吡唑类含能离子化合物[94,125-129]。这 60 种咪唑类和吡唑类含能离子化合物性质迥异，密度为 1.60~3.27g·cm⁻³，热分解温度为 118~395℃，爆速和爆压分别为 7000~9005m·s⁻¹ 和 19.1~36.4GPa。其中，2,4,5-三硝基咪唑(TNIA)氨基胍盐(熔点 80.7℃)是一种性能优良的含能离子液体。

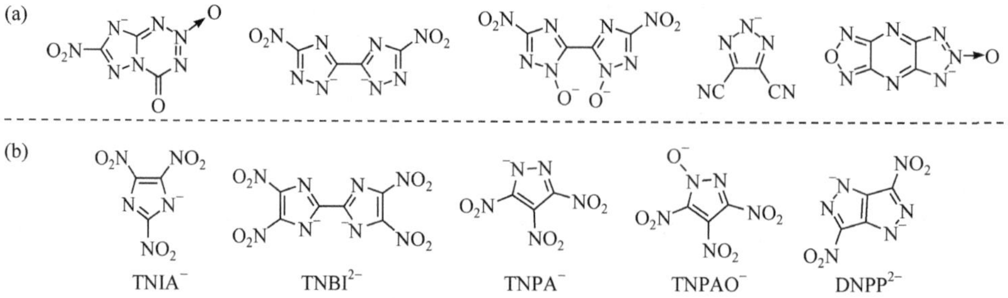

图 1.13 三唑类、咪唑类和吡唑类含能化合物的去质子化
(a) 三唑类含能化合物; (b) 咪唑类和吡唑类含能化合物

2014~2018 年，国内外各含能材料课题组研究了系列高能硝胺类富氮化合物的去质子化能力，发现这些化合物的全部—NHNO₂基团都容易失去质子，生成相应一价或二价硝胺类阴离子(图 1.14)，并将这些阴离子与金属离子、铵离子、肼离子、羟胺离子、胍类离子和唑类离子等阳离子组合，得到了众多高能硝胺类含能离子化合物[130-138]。类似于—NHNO₂基团，硝基胍基团[—NH(C=NNO₂)NH₂]的—NH—结构也容易丢失质子。例如，3,6-双硝基胍基-1,2,4,5-四嗪(BNGT)的四嗪环两端两个硝基胍基团[—NH(C=NNO₂)NH₂]的—NH—结构都可失去质子，生成 BNGT²⁻及相应金属盐、肼类盐和脒基脲盐[139-141]。

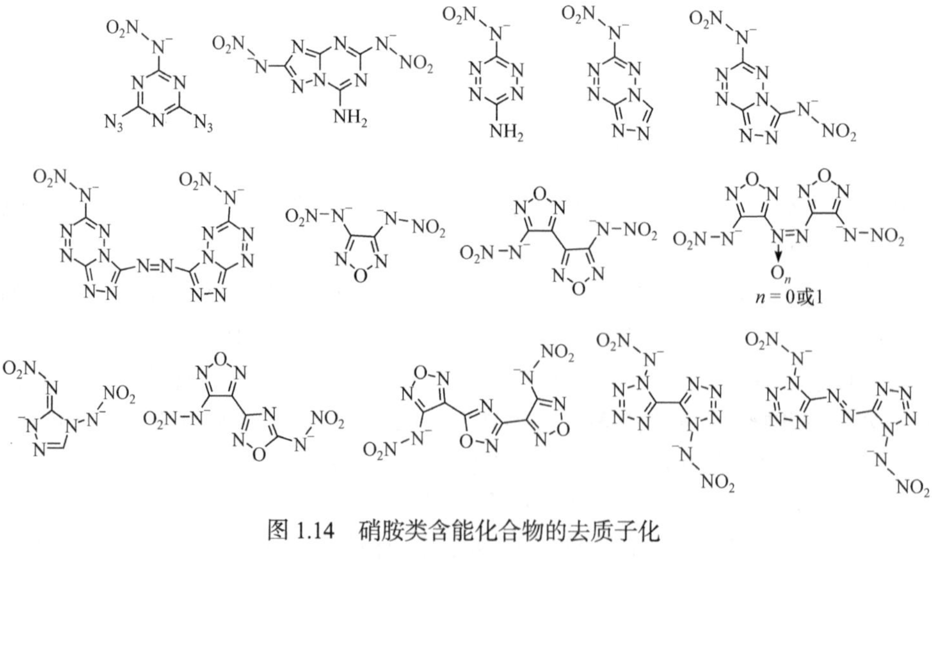

图 1.14 硝胺类含能化合物的去质子化

去质子化的含能化合物容易与金属离子形成含能配合物和具有更独特几何拓扑结构的含能金属有机骨架(MOF)，所得含能配合物和含能 MOF 可丰富离子型含能材料的种类和功能。2006 年，美国 Los Alamos 国家实验室利用 5-硝基四唑的四唑环—NH—基团易去质子化特性，以 5-硝基四唑的阴离子和二价铁或铜分别为配体和中心离子，合成了富氮含能配合物阴离子，并发现所得配合物阴离子的铵盐和钠盐作为起爆药不仅制备过程的安全性高，对人体健康和环境的危害小，而且起爆效率和爆炸威力与叠氮化铅和斯蒂酚酸铅相当[142]。2017 年，西北大学陈三平课题组利用 *N,N*-双四唑胺其四唑环上—NH—基团的易去质子化特性，以 *N,N*-双四唑胺的二价阴离子为配体，铅铜离子为中心离子，得到了一种复合双金属离子含能配合物，该复合双金属离子含能配合物能非常好地促进 RDX 的热分解，有望用作固体推进剂的高能燃烧催化剂[143]。2017 年，南京理工大学胡炳成课题组在获得了室温下稳定五唑阴离子的基础上，以二价钴离子为中心离子合成了五唑阴离子的首个金属配合物，为高能含能材料的发展作出了重要贡献[144,145]。2020 年，南京理工大学朱顺官课题组利用一种硝胺三唑类化合物—NHNO$_2$ 基团的易去质子化特性，以该硝胺三唑类化合物的阴离子为配体，铯离子为中心离子，合成了一种可用于无氯橙色烟火剂配方的含能 MOF 型环保烟火着色剂[146]。

综上，富氮含能化合物的去质子化特性主要来自于唑环上—NH—、N—OH 基团和硝胺类化合物的—NHNO$_2$ 基团。这三种基团具有一定的酸性，容易失去质子，由此可生成相应含能阴离子。此外，一些苯酚类和偕二硝基类含能化合物的酚羟基和—CH(NO$_2$)$_2$ 基团也容易失去质子，从而会生成相应苯酚类和偕二硝基类含能阴离子[图 1.15(a)][147,148]；类似于唑环上的—NH—基团，发生从烯醇式到酮式互变异构的六元氮杂环酮类含能化合物环上的—NH—基团也容易发生去质子化[图 1.15(b)][149-151]。

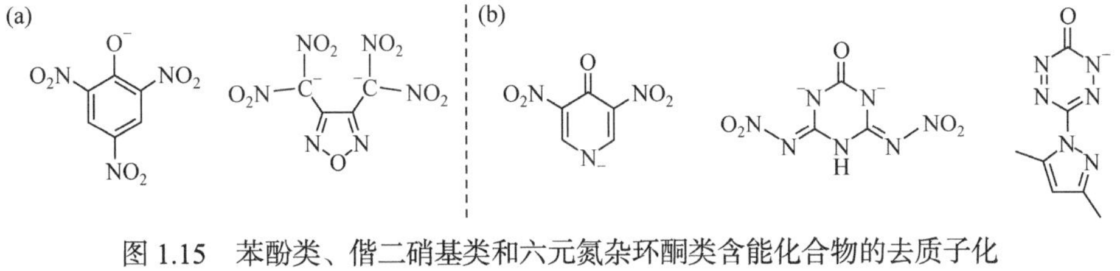

图 1.15　苯酚类、偕二硝基类和六元氮杂环酮类含能化合物的去质子化
(a) 苯酚类、偕二硝基类含能化合物；(b)六元氮杂环酮类含能化合物

### 1.3.3　含能化合物阳离子化

与含能化合物的阴离子化(去质子化)相反，发生了质子化的含能化合物会转变为相应的含能阳离子，并可与不同阴离子组合成众多新含能离子化合物。图 1.16 为常用与阳离子化含能化合物配对的阴离子。

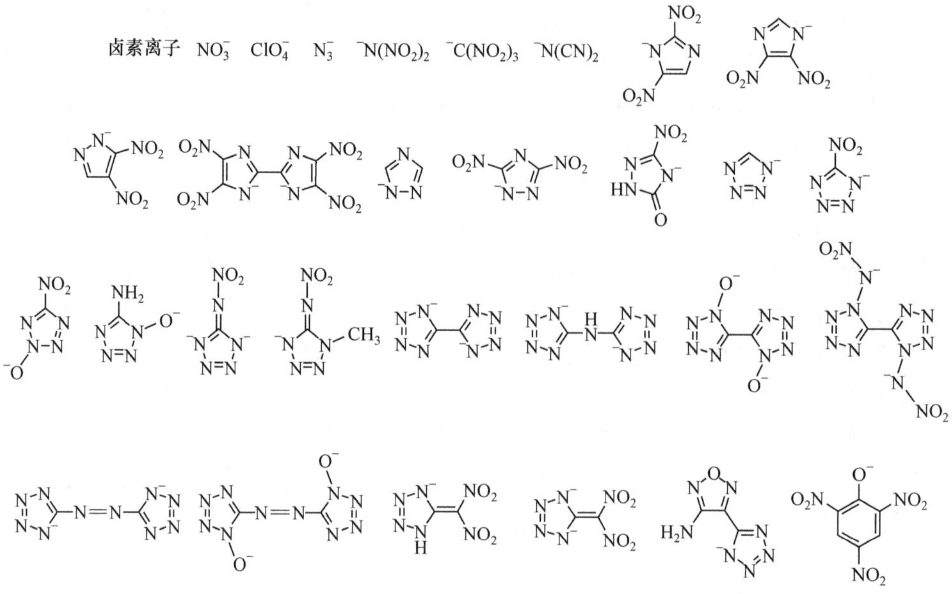

图 1.16　常用与阳离子化含能化合物配对的阴离子

　　烃基化唑类化合物和质子化富氮化合物是两种主要的含能化合物阳离子化方法。2004～2012 年，国内外各含能材料研究组用不同烃基化试剂对图 1.17 所示的 40 种咪唑类、三唑类和四唑类化合物进行了烃基化，并在得到了相应烃基化阳离子卤盐的基础上，将所得烃基化唑类阳离子与硝酸根、高氯酸根、二硝酰胺根、叠氮根、苦味酸根、唑类离子和三硝基甲烷离子等 12 种阴离子进行组合，共得

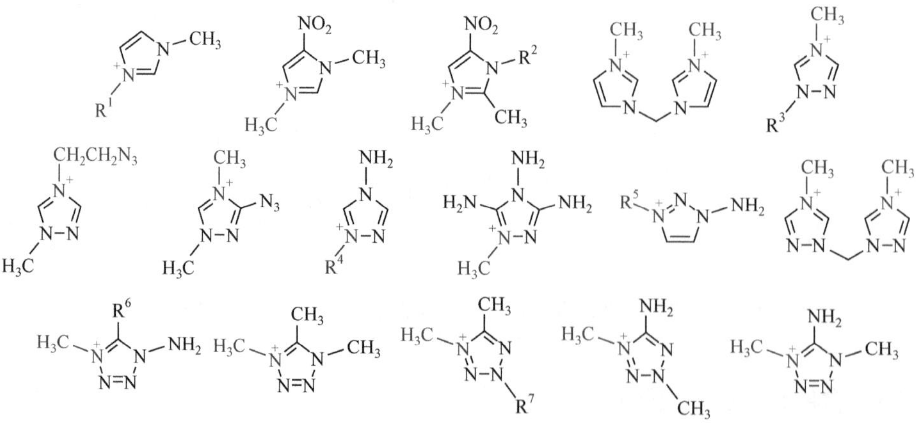

R¹ = CH₃, CH₂CH₃, CH₂CH₂CH₃; R² = CH₃, CH₂CH₃; R³ = NH₂, CH₃, CH₂CH₂N₃
R⁴ = 碳原子数为1～10的烃基, CH₂CH₂N₃; R⁵ = CH₃, CH₂CH₃, (CH₂)₂CH₃, CH₂CH=CH₂, (CH₂)₃CH₃
R⁶ = NH₂, CH₃; R⁷ = NH₂, CH₃

图 1.17　唑类化合物的烃基化

到了 80 种唑类含能离子化合物[147,152-167]。这 80 种唑类含能离子化合物的熔点为
−89～258℃(其中 42 种化合物的熔点小于 100℃),分解温度为 119～315℃,且其
中大部分化合物具有高正生成热,是含能离子液体的重要门类。此外,使用含氟
烃基化试剂或烃基化含氟烷类取代基的唑类化合物可以得到含氟唑类阳离子,这
些阳离子与含氟阴离子(如 $N(SO_2CF_3)_2^-$、$SO_3CF_3^-$ 和 $BF_4^-$ )组合可以得到大量性质
优良的含氟离子液体[168-170]。

唑环上的—N=基团往往具有碱性,可以被质子化,从而生成相应的唑类含
能阳离子。2004～2005 年,美国爱达荷大学 Shreeve 课题组研究了 14 种咪唑和
1,2,4-三唑类富氮化合物的质子化能力,发现这些化合物唑环上的—N=基团都容
易接收质子,生成相应咪唑和 1,2,4-三唑阳离子[图 1.18(a)],并将这些阳离子与硝
酸根、高氯酸根、苦味酸根和唑类离子等 8 种阴离子进行组合,共得到了 39 种咪
唑和 1,2,4-三唑含能离子化合物[147,152,154,155,159,171]。这 39 种含能离子化合物的熔
点为−56～215℃(20 种化合物的熔点<100℃),分解温度为 112～283℃,其中大部
分化合物具有高正生成热,也是含能离子液体的重要门类。1,2,3-三唑类富氮化合
物 1-氨基-1,2,3-三唑(1-ATA)唑环上的—N=基团也容易接收质子生成 1-ATA$^+$ 阳离
子[图 1.18(b)],此阳离子与硝酸根、唑类离子和三硝基甲烷离子等 5 种高能阴离
子可以组合成 5 种新高能 1,2,3-三唑类含能离子化合物[172]。图 1.18(c)所示的 3 种
四唑类富氮化合物四唑环上的—N=基团接收质子生成相应的四唑阳离子,这些
阳离子与硝酸根、高氯酸根、二硝酰胺根、苦味酸根和唑类离子等 8 种阴离子组
合可生成 17 种四唑类含能离子化合物[115,158,163,164,173-175]。这 17 种四唑类含能离子
化合物性质也差异很大,密度为 1.620～1.902g·cm$^{-3}$,热分解温度为 135～270℃,
撞击感度为<1J～>40J,摩擦感度为 5～>360N,爆速和爆压分别为 7213～
9306m·s$^{-1}$ 和 20.4～36.1GPa,其中部分化合物有望应用于熔铸炸药。此外,类似
于唑环,哒嗪环和三嗪环上的—N=基团也可以被质子化[图 1.18(d)][176,177],不过
相关含能离子化合物的报道非常少。

胍类基团的=NH 基团和肼基的—NH$_2$ 基团也具有碱性,同样可以被质子化,
生成相应的富氮含能阳离子。3,6-二胍基-1,2,4,5-四嗪(DGTZ)两个胍基的=NH 基
团可以同时接收质子,生成 DGTZ$^{2+}$[图 1.19(a)]。DGTZ$^{2+}$与硝酸根、高氯酸根、
唑类离子、硝胺类离子和三硝基甲烷离子等 13 种高能阴离子可组合成 13 种含能
离子化合物[67,125,137,138,178-182]。这 13 种含能离子化合物的密度为 1.56～1.80g·cm$^{-3}$,
热分解温度为 100～290℃,爆速和爆压分别为 7310～8660m·s$^{-1}$ 和 20.2～
31.2GPa。此外,3,5-二氨基-N-脒基-1-胍基-1,2,4-三唑(DAAGT)和 3,4,5-三氨基-1-
四唑基-1,2,4-三唑(TATT)的=NH 基团都可以接收质子,生成相应阳离子
[图 1.19(a)]及其钝感高能硝酸盐和二硝酰胺盐[68,183]。3,6-二肼基-1,2,4,5-四嗪(DHT)

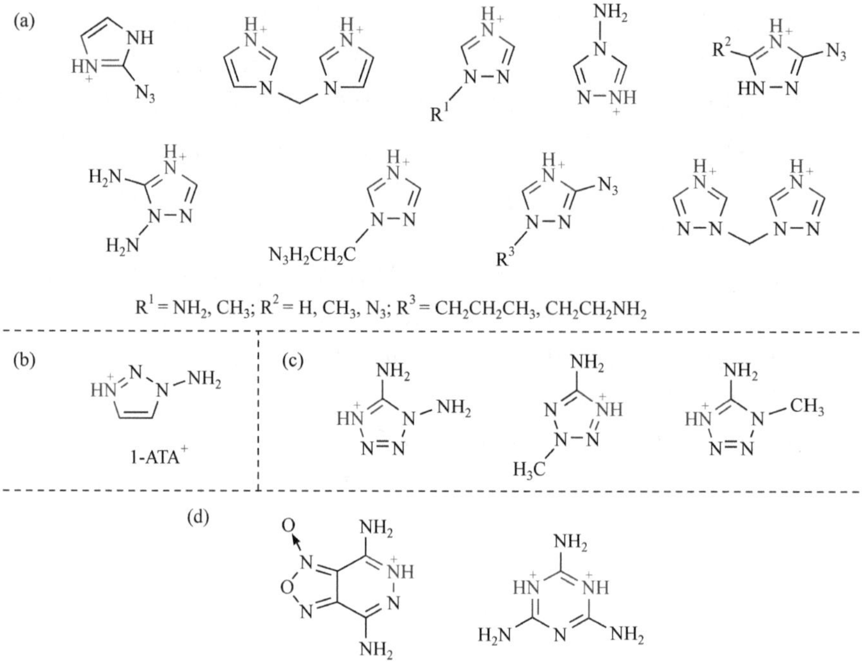

图 1.18 唑类、哒嗪类和三嗪类化合物的质子化

(a)~(c) 唑类化合物；(d) 哒嗪类和三嗪类化合物

两个肼基的—$NH_2$基团也可以同时接收质子，生成 $DHT^{2+}$[图 1.19(b)]。$DHT^{2+}$与硝酸根、高氯酸根、二硝酰胺根、唑类离子、硝胺类离子、硝基苯酚类和偕二硝基类离子等 24 种高能阴离子可组成 24 种含能离子化合物[91,115,125,184-192]。这 24 种含能离子化合物的热分解温度为 104~252℃，密度为 1.737~1.960g·$cm^{-3}$，爆速在 7779~9303m·$s^{-1}$。此外，对于 3-肼基-4-氨基-1,2,4-三唑(HATr)，不仅其唑环上的—N═基团可以接收质子，其肼基的—$NH_2$基团也可以接收质子，生成二价阳离子 $HATr^{2+}$[图 1.19(b)]及其硝酸盐和苦味酸盐[193]。

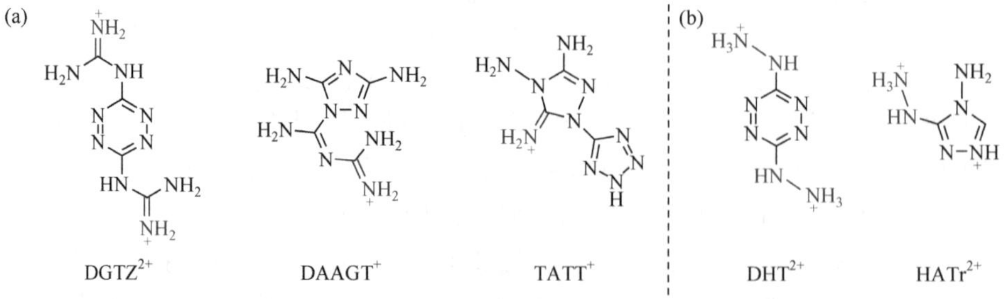

图 1.19 含有胍类基团和肼基的含能化合物质子化

(a) 胍类基团；(b) 肼基

含能化合物的阳离子化特性主要来自于唑环上的—N═基团，通过烃基化或质子化，生成相应含能阳离子。此外，胍类基团的═NH 基团和肼基的—NH₂ 基团发生质子化，进而也可以生成相应的含能阳离子及各种离子盐含能化合物。

# 1.4 两性含能化合物

在能够用于合成离子型含能材料的化合物中，有一类非常特殊的物质——两性含能化合物，既可以去质子化，又可以被质子化。因此，两性含能化合物既能转变为含能阴离子，又能转变为含能阳离子。这种可以从两个方向发生离子化的能力，赋予两性含能化合物比一般酸性或碱性含能化合物更强的构建离子型含能材料的潜力。两性含能化合物的阴离子和阳离子形式与其他含能阳离子和阴离子组合，能够方便地构造出大量可供挑选的新型含能化合物，可以极大地提高新含能材料的研发效率。目前，国内外还未广泛开展两性含能化合物合成和性质的专门研究，明确具有两性的含能化合物的数量还是非常少的。

$1H$-四唑(TZ)的四唑环上同时拥有酸性—NH—基团和碱性—N═基团，且它的这两种基团可分别发生去质子化和质子化[图 1.20(a)]，因此 TZ 属于两性含能化合物。5-氨基四唑(ATZ)也是两性含能化合物[图 1.20(b)]，它的去质子化能力也来自于四唑环上的酸性—NH—基团，其质子化能力有两种解释：①与 TZ 的两性机理相同，即认为 ATZ 的质子化形式以图 1.20(b)中 Ⅰ 式的形式存在；②ATZ 的碱性来源于从 C—NH₂ 互变异构的 C═NH 基团，即认为 ATZ 的质子化形式以图 1.20(b)中 Ⅱ 式的形式存在。ATZ 的高氯酸盐与 ATZ 的共晶[(ATZ⁺ClO₄⁻) · ATZ]的单晶结构数据显示，(ATZ⁺ClO₄⁻) · ATZ 中 ATZ 和 ATZ⁺的 C—NH₂ 键长分别为 1.342Å 和 1.312Å，且四唑环上的 C—N 键长从 ATZ 中 1.328Å 增长为 ATZ⁺中 1.341Å[194]，因此第二种解释更为合理。TZ 可以被稀氨水、水合肼和氢氧化锂等碱性试剂去质子化形成 TZ⁻，并生成相应的铵盐、肼盐、系列碱金属盐和碱土金属盐[195,196]。此外，TZ⁻可以进一步与烃基化咪唑阳离子和过渡金属离子生成系列含能离子液体和含能 MOF[157,197-202]。同时，TZ 还可以被高氯酸质子化形成 TZ⁺，并生成相应的高氯酸盐。此外，TZ⁺可以进一步与二硝酰胺根组合成高能离子盐[203]。ATZ 可以被水合肼、胺类、胍类和氢氧化锂等碱性试剂去质子化形成 ATZ⁻，并由此直接生成 ATZ 的 18 种胺类盐、碱金属盐和碱土金属盐[196,204-207]。此外，ATZ⁻还可以进一步与脒基脲阳离子和系列 $N$-烃基化阳离子组成 15 种含能离子化合物[204,208-211]，与不同过渡金属离子和辅助配体组成 10 种含能配合物和含能 MOF[212-216]。同时，ATZ 也可以被硝酸和高氯酸质子化，或从酸性硝胺类、唑类、硝基苯甲酸类和硝基苯酚类化合物处获得质子，形成 ATZ⁺，并由此直接生成 ATZ 的 21 种含能离子化合物[92,115,134,175,186, 194,217-229]。此外，ATZ⁺通过复分解反应与二硝酰胺根及其他唑类和硝胺类阴离子组合成 8 种含能离子化合物[203,230-235]。ATZ 的 72 种离子型含能化合物的应用范围涉及绿色高能起爆药、高能钝感炸药、气体发生剂、烟火着色剂和含能离子液体等方面。

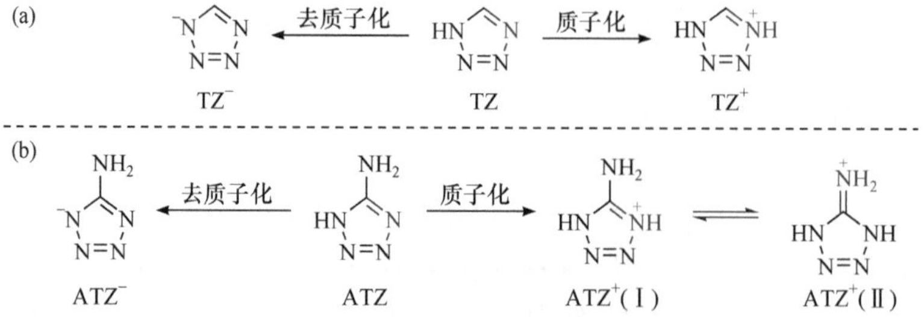

图 1.20　TZ 和 ATZ 的两性机理
(a) TZ 的两性机理；(b) ATZ 的两性机理

1,1-二氨基-2,2-二硝基乙烯(FOX-7)及其衍生物 1-氨基-1-肼基-2,2-二硝基乙烯(AHDNE)受其特殊"推-拉"硝基烯胺结构的影响，可发生互变异构和共振杂化。因此，既可以被去质子化又可以被质子化(图 1.21)，属于两性含能化合物。晶体结构显示，AHDNE 的质子化形式以图 1.21 中 Ⅱ 式的形式存在[236]。FOX-7可以被浓 KOH 溶液去质子化，形成 FOX-7⁻并生成其钾盐[237]。此外，FOX-7⁻可进一步与胍离子、DHT²⁺[图 1.19(b)]、Rb⁺、Cs⁺、不同过渡金属离子和辅助配体等组成 25 种含能盐和含能配合物[192,237-245]。同时，FOX-7 也能被解离常数(p$K_a$)<-10的浓酸(如高氯酸和三氟甲烷磺酸)质子化，形成 FOX-7⁺并生成 FOX-7 的不稳定高氯酸盐和三氟甲烷磺酸盐[236]。AHDNE 可以被过量的 KOH、Cs₂CO₃、碳酸胍和水合肼等碱性试剂去质子化形成 AHDNE⁻，并直接生成其钾盐、铯盐、胍盐和肼盐[246,247]。此外，AHDNE⁻可进一步与不同过渡金属离子和辅助配体组成 5 种含能配合物[248]。同时，AHDNE 也能被 p$K_a$<-7 的浓酸(如盐酸、高氯酸和三氟甲烷磺酸)质子化，形成 AHDNE⁺并生成 AHDNE 的不稳定盐酸盐、高氯酸盐和三氟甲烷磺酸盐[236]。

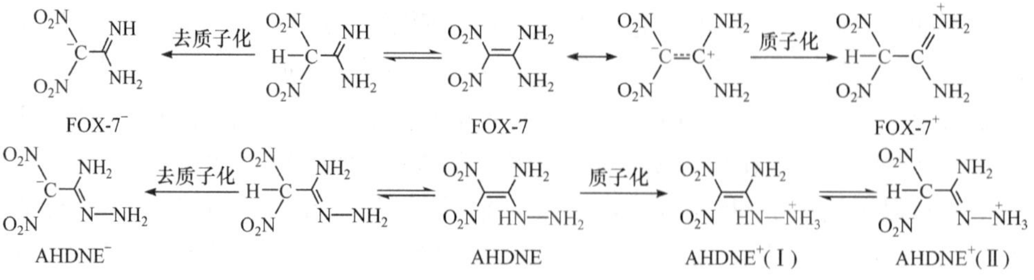

图 1.21　FOX-7 和 AHDNE 的两性机理

5-氨基-3-(3,4-二氨基-1,2,4-三唑-5-基)-1$H$-1,2,4-三唑(ADATT)是一种三唑类两性含能化合物(图 1.22)。ADATT 三唑环上的酸性—NH—基团可以失去质子形成 ADATT⁻。ADATT 也可以接收一个质子，形成一价 ADATT⁺，或同时接收两个质子，形成二价 ADATT²⁺。单晶结构数据结果更支持 ADATT⁺和 ADATT²⁺以图 1.22 中Ⅱ式的形式存在[249]。因此，ADATT 的质子化机理类似于前述两性含能化合物 ATZ 的质子化机理，它的碱性更可能来源于从 C—NH₂ 互变异构的 C=NH 基团，而不是三唑环上的—N=基团。ADATT 可以被稀硝酸和高氯酸质子化，形成二价 ADATT²⁺并生成 ADATT 的二硝酸盐和二高氯酸盐[249,250]，也可以被酸性唑类和硝胺类化合物质子化，形成一价 ADATT⁺，并直接生成 ADATT 的 8 种有机高能盐[250]，一价 ADATT⁺还可以通过复分解反应与二硝酰胺根组合起来[249]。同时，ADATT 可以被浓 KOH 溶液去质子化，形成 ADATT⁻，并生成钾盐[249]。

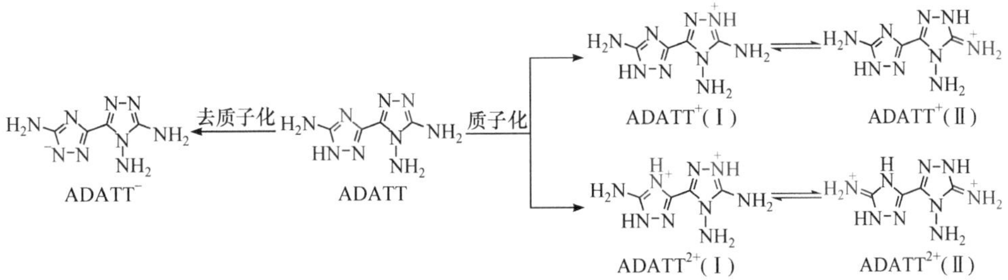

图 1.22 ADATT 的两性机理

5,5′-二氨基-4,4′-二硝氨基-3,3′-双-1,2,4-三唑(DADNBT)是一个硝胺三唑类两性含能化合物(图 1.23)。DADNBT 的两个酸性—NHNO₂ 基团可以同时失去质子，形成 DADNBT²⁻。DADNBT 也可同时接收两个质子，从而形成 DADNBT²⁺。单晶结构数据结果更加支持 DADNBT²⁺以图 1.23 中Ⅱ式的形式存在[251]。因此，DADNBT 的碱性应来源于从 C—NH₂ 互变异构的 C=NH 基团，而不是三唑环上的—N=基团。DADNBT 可以与 LiOH、KOH、羟胺、氨水、水合肼、碳酸胍和富氮唑类等碱性试剂反应，生成对应的 8 种金属盐和富氮盐[251-253]。同时，DADNBT 被浓度为 90%的硝酸质子化，形成 DADNBT²⁺并生成其二硝酸盐[251]。DADNBT 的二硝酸盐和富氮盐可用作高能炸药或气体发生剂，锂盐可用于环保型

图 1.23 DADNBT 的两性机理

无氯无锶红色烟火剂配方。

在上述 6 种两性含能化合物中，FOX-7、AHDNE、ADATT 和 DADNBT 的两性性质显得很不均衡。基于"推-拉"硝基烯胺结构的 FOX-7 和 AHDNE 碱性非常弱，必须使用浓强酸才能对它们进行质子化，且得到的强酸盐也很不稳定，没有应用价值。虽然 DADNBT 的去质子化很易实现，但其碱性太弱，质子化时需要 90%的浓硝酸，从而限制了其质子化方向含能离子化合物的制备。ADATT 质子化容易实现，但它的酸性较弱，去质子化需要使用浓 KOH 溶液。此外，FOX-7、AHDNE、ADATT 和 DADNBT 的两性来源结构比较特殊，对起始原料的结构要求比较高，或需要通过多步反应在引入特定组合和排列化学基团的基础上才能构建，适用性不强。

相比于 FOX-7、AHDNE、ADATT 和 DADNBT，四唑类两性含能化合物 TZ 和 ATZ 的两性性质显得比较均衡。弱碱和稀强酸均能分别实现 TZ 的去质子化和质子化。对于 ATZ，不仅弱碱能实现其去质子化，而且弱酸也可实现其质子化。ATZ 比 TZ 强的质子化能力来源于其四唑环上的给电子基团—$NH_2$，能增加四唑环上的电子密度，且 ATZ 中可能因互变异构而出现 C=NH 基团。因此，ATZ 的碱性比 TZ 的碱性强，从而 ATZ 在质子化方向的离子型含能产物的丰富程度远高于 TZ。ATZ 均衡的两性性质赋予了其极高的生成离子型含能化合物的能力，功能丰富的离子型含能化合物也证明了性质优良的两性含能化合物具有提高含能材料研发效率的巨大潜力。

尽管四唑环赋予了 TZ 和 ATZ 较好的两性性质，但四唑类化合物的两性性质对取代基的依赖性很大。若用给电子能力更弱的—$CH_3$ 或吸电子基团—$NO_2$、—CN 和—$N_3$ 代替 ATZ 的—$NH_2$，从互变异构而来的 C=NH 基团消失和四唑环上的电子密度下降，甲基、硝基、氰基和叠氮基四唑的碱性随之下降，这导致它们失去了接收质子的能力。类似的现象也出现在一些不直接用作含能材料的简单两性吡唑类、咪唑类和三唑类化合物上[图 1.24(a)]。这些简单两性化合物的阳离子经常用于与不同含能阴离子配对以实现对含能材料的改性[94,125-127,130,133,147,171,179,219,221,226-229,254-285]。受吸电子基团硝基的影响，这些简单两性化合物的硝基衍生物唑环上的电子密度和碱性下降，其硝基衍生物不再容易接收质子，往往只能被去质子化[图 1.24(b)]；受给电子基团氨基的影响，这些简单两性化合物的氨基衍生物唑环上的电子密度和碱性增大，其氨基衍生物不再容易失去质子，往往只能被质子化[图 1.24(c)]。此外，文献[221]、文献[284]~[286]报道了三个硝基唑类化合物[图 1.24(d)]唑环上的—N=基团依然能接收质子，保留了被质子化的能力，但只有 4-硝基咪唑的质子化有一项明确的晶体学证据支持(高氯酸盐)[286]，其他两个化合物的质子化能力由于弱酸性含能化合物易与简单三唑和吡唑类化合物形成共晶[287,288]，尚不能断定。

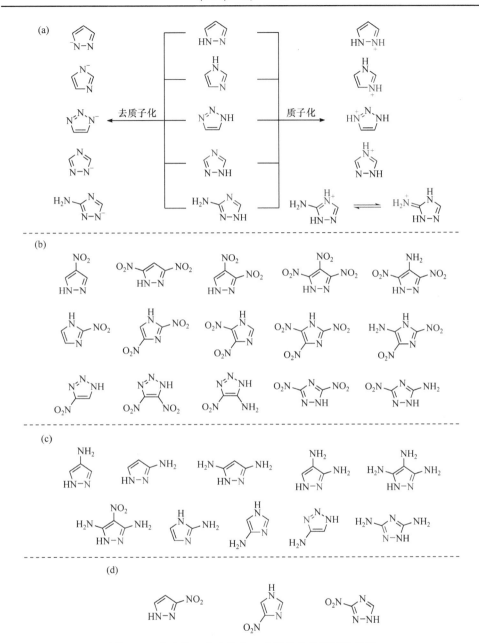

图 1.24 吡唑类、咪唑类和三唑类化合物的两性性质

(a) 简单的两性吡唑类、咪唑类、三唑类化合物；(b) 只能被去质子化的吡唑类、咪唑类化合物；

(c) 只能被质子化的吡唑类、咪唑类化合物；(d) 硝基唑类化合物

总之，目前两性含能化合物的发展还处于刚起步阶段，现有的两性含能化合物还是非常少，而且存在两性性质不均衡或两性结构适用性有限的缺点，不能充

分发挥出两性含能化合物在提高离子型含能材料开发效率方面的真实潜力。因此，构建高效、均衡且普适的新型两性结构是一个值得深入探索的方向。

## 参 考 文 献

[1] TEIPEL U. 含能材料[M]. 欧育湘, 译. 北京: 国防工业出版社, 2009.

[2] 舒远杰, 霍冀川. 炸药学概论[M]. 北京: 化学工业出版社, 2011.

[3] 金韶华, 孙全才. 炸药理论[M]. 西安: 西北工业大学出版社, 2010.

[4] 郭占义. 第一种以火药燃气为能源的自动武器——马克沁机枪[J]. 轻兵器, 1998, 12: 27.

[5] 盛宽. 1,3,5-三氨基-2,4,6-三硝基苯的合成[D]. 南京: 南京理工大学, 2009.

[6] SHIPP K G. Reactions of *a*-substituted polynitrotoluenes. Ⅰ. Synthesis of 2,2,4,4,6,6-hexanitrostilbene[J]. Journal of Organic Chemistry, 1964, 29(9): 2620-2623.

[7] 尉志华, 王建龙, 王文艳, 等. 六硝基芪的合成研究进展[J]. 当代化工研究, 2011, 8(6): 9-11.

[8] LUKYANOV O A, GORELIK V P, TARTAKOVSKII V A. Dinitramide and its salts: 1. Synthesis of dinitramide salts by decyanoethylation of *N,N*-dinitro-*β*-aminopropionitrile[J]. Russian Chemical Bulletin, 1994, 43(1): 89-92.

[9] 曹明宝, 曹端林. 新型氧化剂 ADN 的合成研究进展[J]. 安徽化工, 2003, 29(5): 18-19.

[10] WARDLE R B, HINSHAW J C, BRAITHWAITE P, et al. Synthesis of the caged nitramine HNIW (CL-20)[C]. 27th International Annual Conference on ICT, Karlsruhe, 1996: 1-10.

[11] 欧育湘, 陈博仁, 贾会平, 等. 六硝基六氮杂异伍兹烷的结构鉴定[J]. 含能材料, 1995, 3(3): 1-8.

[12] LATYPOV N V, BERGMAN J, LANGLET A, et al. Synthesis and reactions of 1,1-diamino-2,2-dinitroethylene[J]. Tetrahedron, 1998, 54(38): 11525-11536.

[13] ZHANG M X, EATON P E, GILARDI R. Hepta- and octanitrocubanes[J]. Angewandte Chemie International Edition, 2000, 39(2): 401-404.

[14] 李志敏, 严英俊, 冀慧莹, 等. 苦味酸含能离子盐的结构、生成热及爆炸性能理论研究[J]. 火炸药学报, 2009, 32(6): 6-10.

[15] KLAPÖTKEB T M. 含能材料百科全书[M]. 赵凤起, 秦钊, 姚二岗, 译. 北京: 国防工业出版社, 2021.

[16] 王晓川, 王蔺, 徐雪霞, 等. 用 TG-FTIR 研究 TNT 的热分解[J]. 含能材料, 1998, 6(4): 169-172.

[17] CHEN S L, YANG Z R, WANG B J, et al. Molecular perovskite high-energetic materials[J]. Science China Materials, 2018, 61(8): 1123-1128.

[18] BELLAMY A J. FOX-7 (1,1-diamino-2,2-dinitroethene)[J]. Structure and Bonding, 2007, 125: 1-33.

[19] 黄整, 陈波, 刘福生. TATB 生成焓的量子力学计算[J]. 原子与分子物理学报, 2004, 21(3): 499-504.

[20] 王伯周, 张志忠, 朱春华, 等. ADN 的合成及性能研究(Ⅰ)[J]. 含能材料, 1999, 7(4): 145-148.

[21] KAMLET M J, JACOBS S J. Chemistry of detonations. Ⅰ. A simple method for calculating detonation properties of C-H-N-O explosives[J]. The Journal of Chemical Physics, 1968, 48(1): 23-35.

[22] YU Q, SINGH J, STAPLES R J, et al. Assembling nitrogen-rich, thermally stable, and insensitive energetic materials by polycyclization[J]. Chemical Engineering Journal, 2022, 431: 133235.

[23] LUO Y, ZHENG W, WANG X, et al. Nitrification progress of nitrogen-rich heterocyclic energetic compounds: A review[J]. Molecules, 2022, 27(5): 1465.

[24] LI H, ZHANG T, LI Z, et al. Nitrogen-rich salts of 3,6-dinitramino-1,2,4,5-tetrazine: Syntheses, structures, and energetic properties[J]. Journal of Energetic Materials, 2022, 40(1): 15-33.

[25] MEI H, XU Y, LEI G, et al. Synthesis, structure and properties of a high-energy metal-organic framework fuel [Cu(MTZ)$_2$(CTB)$_2$]$_n$[J]. New Journal of Chemistry, 2022, 46(4): 1687-1692.

[26] CAO W, QIN J, ZHANG J, et al. 4,5-Dicyano-1,2,3-triazole—A promising precursor for a new family of energetic compounds and its nitrogen-rich derivatives: Synthesis and crystal structures[J]. Molecules, 2021, 26(21): 6735.

[27] YADAV A K, GHULE V D, DHARAVATH S. Dianionic nitrogen-rich triazole and tetrazole-based energetic salts: Synthesis and detonation performance[J]. Materials Chemistry Frontiers, 2021, 5(24): 8352-8360.

[28] FU Y, WANG X, ZHU Y, et al. Thermal characteristics of dihydroxylammonium 5,5′-bistetrazole-1,1′-diolate in contact with nitrocellulose/nitroglycerine under continuous heat flow[J]. Arabian Journal of Chemistry, 2022, 15(1): 103466.

[29] LARIN A A, SHAFEROV A V, KULIKOV A S, et al. Design and synthesis of nitrogen-rich azo-bridged furoxanylazoles as high-performance energetic materials[J]. Chemistry: A European Journal, 2021, 27(59): 14628-14637.

[30] LEI C, YANG H, ZHANG Q, et al. Synthesis of nitrogen-rich and thermostable energetic materials based on hetarenecarboxylic acids[J]. Dalton Transactions, 2021, 50(40): 14462-14468.

[31] CHAPLYGIN D A, LARIN A A, MURAVYEV N V, et al. Nitrogen-rich metal-free salts: A new look at the 5-(trinitromethyl)tetrazolate anion as an energetic moiety[J]. Dalton Transactions, 2021, 50(39): 13778-13785.

[32] CAO W, DONG W, LU Z, et al. Construction of coplanar bicyclic backbones for 1,2,4-triazole-1,2,4-oxadiazole-derived energetic materials[J]. Chemistry: A European Journal, 2021, 27(55): 13807-13818.

[33] TANG J, YANG H, CUI Y, et al. Nitrogen-rich tricyclic-based energetic materials[J]. Materials Chemistry Frontiers, 2021, 5(19): 7108-7118.

[34] BENZ M, GRUHNE M S, KLAPÖTKE T M, et al. Evolving the scope of 5,5-azobistetrazoles in the search for high performing green energetic materials[J]. European Journal of Organic Chemistry, 2021, (30): 4388-4392.

[35] ZHANG L Y, WU Y H, WANG N X, et al. Synthetic optimization of TACOT-derived nitrogen-rich energetic compounds and reaction mechanism research[J]. Synthetic Communications, 2021, 51(18): 2808-2816.

[36] LIU Y, DONG Z, YANG R, et al. Imino-bridged N-rich energetic materials: C$_4$H$_3$N$_{17}$ and their derivatives assembled from the powerful combination of four tetrazoles[J]. CrystEngComm, 2021, 23(31): 5377-5384.

[37] HUYNH M H V, HISKEY M A, HARTLINE E L, et al. Polyazido high-nitrogen compounds: Hydrazo-and azo-1,3,5-triazine[J]. Angewandte Chemie International Edition, 2004, 43(37): 4924-4928.

[38] HUYNH M H V, HISKEY M A, ARCHULETA J G, et al. 3,6-Di(azido)-1,2,4,5-tetrazine: A precursor for the preparation of carbon nanospheres and nitrogen-rich carbon nitrides[J]. Angewandte Chemie, 2004, 116(42): 5776-5779.

[39] ALI A N, SON S F, HISKEY M A, et al. Novel high nitrogen propellant use in solid fuel micropropulsion[J]. Journal of Propulsion and Power, 2004, 20(1): 120-126.

[40] KLAPÖTKE T M, MAYER P, STIERSTORFER J, et al. Bistetrazolylamines—Synthesis and characterization[J]. Journal of Materials Chemistry, 2008, 18(43): 5248-5258.

[41] MYERS T W, BJORGAARD J A, BROWN K E, et al. Energetic chromophores: Low-energy laser initiation in explosive Fe(Ⅱ) tetrazine complexes[J]. Journal of the American Chemical Society, 2016, 138(13): 4685-4692.

[42] 张玉根, 王志鑫, 程广斌, 等. 新型叠氮-均三嗪类含能化合物的合成与表征[J]. 火炸药学报, 2016, 39(3): 26-31.

[43] SHASTIN A V, PETROV A O, MALKOV G V, et al. Synthesis of azidopropargylamino-substituted 1,3,5-triazines—

Novel monomers for the production of energetic polymers[J]. Chemistry of Heterocyclic Compounds, 2021, 57(7): 866-870.

[44] GIDASPOV A A, ZALOMLENKOV V A, BAKHAREV V V, et al. Novel trinitroethanol derivatives: High energetic 2-(2,2,2-trinitroethoxy)-1,3,5-triazines[J]. RSC Advances, 2016, 6(41): 34921-34934.

[45] WU S, LIN G, YANG Z, et al. Crystal structures, thermodynamics and accelerating thermal decomposition of RDX: Two new energetic coordination polymers based on a Y-shaped ligand of tris(5-aminotetrazole)triazine[J]. New Journal of Chemistry, 2019, 43(36): 14336-14342.

[46] 史胜楠, 倪德彬, 庞丛丛, 等. 绿色起爆药 2,4,6-三叠氮-1,3,5-三嗪的制备及性能研究[J]. 火工品, 2017, (4): 33-36.

[47] LI S, ZHANG W, WANG Y, et al. 2,4,6-Tris(2,2,2-trinitroethylamino)-1,3,5-triazine: Synthesis, characterization, and energetic properties[J]. Journal of Energetic Materials, 2014, 32(S): 33-40.

[48] SHASTIN A V, GODOVIKOVA T I, GOLOVA S P, et al. Synthesis of 2,4,6-tris(trinitrometh-yl)-1,3,5-triazine[J]. Mendeleev Communications, 1995, 1(5): 17-18.

[49] MA J, TANG Y, CHENG G, et al. Energetic derivatives of 8-nitropyrazolo[1,5-a][1,3,5]triazine-2,4,7-triamine: Achieving balanced explosives by fusing pyrazole with triazine[J]. Organic Letters, 2020, 22(4): 1321-1325.

[50] ZHANG G, HU W, MA J, et al. Combining 5,6-fused triazolo-triazine with pyrazole: A novel energetic framework for heat-resistant explosive[J]. Chemical Engineering Journal, 2021, 426: 131297.

[51] 闫峥峰, 汪营磊, 陆婷婷, 等. 多硝基吡唑并[5,1-c][1,2,4]三嗪含能化合物合成与表征[J]. 火炸药学报, 2020, 43(6): 614-619.

[52] TANG Y, IMLER G H, PARRISH D A, et al. Energetic and fluorescent azole-fused 4-amino-1,2,3-triazine-3-N-oxides[J]. ACS Applied Energy Materials, 2019, 2(12): 8871-8877.

[53] CREEGAN S E, ZELLER M, BYRD E F C, et al. Synthesis and characterization of the energetic 3-azido-5-amino-6-nitro-1,2,4-triazine[J]. Propellants, Explosives, Pyrotechnics, 2021, 46(2): 214-221.

[54] WANG Q, SHAO Y, LU M. Amino-tetrazole functionalized fused triazolo-triazine and tetrazolo-triazine energetic materials[J]. Chemical Communications, 2019, 55(43): 6062-6065.

[55] MEYER R, KÖHLER J, HOMBURG A. Explosives[M]. 6th ed. Weinheim: Wiley-VCH, 2007.

[56] 赵国政, 陆明, 芮久后. RDX 晶体结构与性能研究进展[J]. 爆破器材, 2012, 41(6): 9-11.

[57] 马婷婷, 苟瑞君, 李文军, 等. CL-20 的合成及应用[J]. 山西化工, 2010, 30(5): 21-24.

[58] 赵信岐, 孙成辉, 艾庆祝, 等. CL-20 应用和工艺研究进展[C]. 中国化学会第三届全国化学推进剂学术会议, 张家界, 2007: 215-219.

[59] LOCHERT I J. FOX-7-a new insensitive explosive[R]. Australia: DSTO Aeronautical and Maritime Research Laboratory, 2001.

[60] ÖSTMARK H, BERGMAN H, BEMM U, et al. 2,2-Dinitro-ethene-1,1-diamine(FOX-7)—Properties, analysis and scale-up[C]. 32nd International Annual Conference of ICT on Energetic Materials-Ignition, Combustion and Detonation, Karlsruhe, 2001: 1-21.

[61] 潘劫, 何金选, 陶永杰. 3,6-二氨基-1,2,4,5-四嗪的合成与表征研究[J]. 含能材料, 2004, 12(1): 58-59.

[62] 周诚, 王伯周, 王友兵, 等. 3,6-二氨基-1,2,4,5-四嗪的百克量合成、晶体结构和热行为[J]. 火炸药学报, 2014, 37(2): 13-17.

[63] LOEW P, WEIS C D. Azo-1,3,5-triazines[J]. Journal of Heterocyclic Chemistry, 1976, 13(4): 829-833.

[64] 李亚南, 陈涛, 胡建建, 等. 氮杂芳环 N-氧化物及其含能衍生物研究进展[J]. 化学推进剂与高分子材料, 2018,

16(4): 6-19.

[65] 李小童, 庞思平, 于永忠, 等. 杂环化合物氮氧化反应研究的新进展[J]. 有机化学, 2007, 27(9): 1050-1059.

[66] CHAVEZ D E, HISKEY M A, GILARDI R D. 3,3′-Azobis(6-amino-1,2,4,5-tetrazine): A novel high-nitrogen energetic material[J]. Angewandte Chemie International Edition, 2000, 39(10): 1791-1793.

[67] CHAVEZ D E, HISKEY M A, NAUD D L.Tetrazine explosives[J]. Propellants, Explosives, Pyrotechnics, 2004, 29(4): 209-215.

[68] TAO G H, TWAMLEY B, SHREEVE J M. A thermally stable nitrogen-rich energetic material—3,4,5-triamino-1-tetrazolyl-1,2,4-triazole(TATT)[J]. Journal of Materials Chemistry, 2009, 19(32): 5850-5854.

[69] KLAPÖTKE T M, SCHMID P C, SCHNELL S, et al. 3,6,7-Triamino-[1,2,4]triazolo[4,3-b][1,2,4]triazole: A non-toxic, high-performance energetic building block with excellent stability[J]. Chemistry: A European Journal, 2015, 21(25): 9219-9228.

[70] TALAWAR M B, SIVABALAN R, SENTHILKUMAR N, et al. Synthesis, characterization and thermal studies on furazan- and tetrazine-based high energy materials[J]. Journal of Hazardous Materials, 2004, 113(1-3): 11-25.

[71] KLAPÖTKE T M, SABATÉ C M. Bistetrazoles: Nitrogen-rich, high-performing, insensitive energetic compounds[J]. Chemistry of Materials, 2008, 20(11): 3629-3637.

[72] KLAPÖTKE T M, PIERCEY D G. 1,1′-Azobis(tetrazole): A highly energetic nitrogen-rich compound with a $N_{10}$ chain[J]. Inorganic Chemistry, 2011, 50(7): 2732-2734.

[73] WEI H, ZHANG J, SHREEVE J M. Synthesis, characterization, and energetic properties of 6-amino-tetrazolo[1,5-b]-1,2,4,5-tetrazine-7-N-oxide: A nitrogen-rich material with high density[J]. Chemistry: An Asian Journal, 2015, 10(5): 1130-1132.

[74] CHAVEZ D E, PARRISH D A, MITCHELL L, et al. Azido and tetrazolo 1,2,4,5-tetrazine N-oxides[J]. Angewandte Chemie International Edition, 2017, 56(13): 3575-3578.

[75] KLAPÖTKE T M, PIERCEY D G, STIERSTORFER J. The taming of $CN_7^-$: The azidotetrazolate 2-oxide anion[J]. Chemistry: A European Journal, 2011, 17(46): 13068-13077.

[76] GÖBEL M, KARAGHIOSOFF K, KLAPÖTKE T M, et al. Nitrotetrazolate-2N-oxides and the strategy of N-oxide introduction[J]. Journal of the American Chemical Society, 2010, 132(48): 17216-17226.

[77] BONEBERG F, KIRCHNER A, KLAPÖTKE T M, et al. A study of cyanotetrazole oxides and derivatives thereof[J]. Chemistry: An Asian Journal, 2013, 8(1): 148-159.

[78] KLAPÖTKE T M, MAYER P, SABATÉ C M, et al. Simple, nitrogen-rich, energetic salts of 5-nitrotetrazole[J]. Inorganic Chemistry, 2008, 47(13): 6014-6027.

[79] KLAPÖTKE T M, STIERSTORFER J. The $CN_7^-$ anion[J]. Journal of the American Chemical Society, 2009, 131(3): 1122-1134.

[80] CRAWFORD M J, KLAPÖTKE T M, MARTIN F A, et al. Energetic salts of the binary 5-cyanotetrazolate anion ($[C_2N_5]^-$) with nitrogen-rich cations[J]. Chemistry: A European Journal, 2011, 17(5): 1683-1695.

[81] WEI H, GAO H, SHREEVE J M. N-oxide 1,2,4,5-tetrazine-based high-performance energetic materials[J]. Chemistry: A European Journal, 2014, 20(51): 16943-16952.

[82] PAGORIA P F. Synthesis, scale-up, and characterization of 2,6-diamino-3,5-dinitropyrazine-1-oxide (LLM-105)[R]. Livermore: Lawrence Livermore National Lab, 1998.

[83] 刘永刚, 黄忠, 余雪江. 新型钝感含能材料 LLM-105 的研究进展[J]. 爆炸与冲击, 2004, 24(5): 465-469.

[84] DELIA T J, PORTLOCK D E, VENTON D L. Pyrimidine N-oxides. Oxidation of 5-nitroso-2,4,6- triaminopyrimidine[J].

Journal of Heterocyclic Chemistry, 1968, 5(4): 449-451.

[85] MILLAR R W, PHILBIN S P, CLARIDGE R P, et al. Studies of novel heterocyclic insensitive high explosive compounds: Pyridines, pyrimidines, pyrazines and their bicyclic analogues[J]. Propellants, Explosives, Pyrotechnics, 2004, 29(2): 81-92.

[86] WANG Y, LIU Y, SONG S, et al. Accelerating the discovery of insensitive high-energy-density materials by a materials genome approach[J]. Nature Communications, 2018, 9(1): 1-11.

[87] RITTER H, LICHT H H. Synthesis and reactions of dinitrated amino and diaminopyridines[J]. Journal of Heterocyclic Chemistry, 1995, 32(2): 585-590.

[88] LICHT H H, RITTER H. New energetic materials from triazoles and tetrazines[J]. Journal of Energetic Materials, 1994, 12(4): 223-235.

[89] 阳世清, 徐松林. 3,6-二氨基-1,2,4,5-四嗪-1,4-二氧化物的合成与表征[J]. 含能材料, 2005, 13(6): 362-364.

[90] COBURN M D, HISKEY M A, LEE K Y, et al. Oxidations of 3,6-diamino-1,2,4,5-tetrazine and 3,6-bis($S$,$S$-dimethylsulfilimino)-1,2,4,5-tetrazine[J]. Journal of Heterocyclic Chemistry, 1993, 30(6): 1593-1595.

[91] CHAVEZ D E, HISKEY M A. 1,2,4,5-Tetrazine based energetic materials[J]. Journal of Energetic Materials, 1999, 17(4): 357-377.

[92] FISCHER N, GAO L, KLAPÖTKE T M, et al. Energetic salts of 5,5′-bis(tetrazole-2-oxide) in a comparison to 5,5′-bis(tetrazole-1-oxide) derivatives[J]. Polyhedron, 2013, 51: 201-210.

[93] DIPPOLD A A, KLAPÖTKE T M. A study of dinitro-bis-1,2,4-triazole-1,1-diol and derivatives: Design of high-performance insensitive energetic materials by the introduction of N-oxides[J]. Journal of the American Chemical Society, 2013, 135(26): 9931-9938.

[94] ZHANG Y, PARRISH D A, SHREEVE J M. Synthesis and properties of 3,4,5-trinitropyrazole-1-ol and its energetic salts[J]. Journal of Materials Chemistry, 2012, 22(25): 12659-12665.

[95] PIERCEY D G, CHAVEZ D E, SCOTT B L, et al. An energetic triazolo-1,2,4-triazine and its N-oxide[J]. Angewandte Chemie, 2016, 128(49): 15541-15544.

[96] FISCHER D, KLAPÖTKE T M, STIERSTORFER J. Synthesis and characterization of diaminobisfuroxane[J]. European Journal of Inorganic Chemistry, 2014, 2014(34): 5808-5811.

[97] LUO Y, WANG B, ZHANG G, et al. Capture of 3-amino-4-oxycyanofurazan and characterization of isoxazole product[J]. Journal of Heterocyclic Chemistry, 2013, 50(2): 381-385.

[98] SIKDER A K, PAWAR S, SIKDER N. Synthesis, characterization, thermal and explosive properties of 4,6-dinitrobenzofuroxan salts[J]. Journal of Hazardous Materials, 2002, 90(3): 221-227.

[99] HUYNH M H V, HISKEY M A, CHAVEZ D E, et al. Preparation, characterization, and properties of 7-nitrotetrazolo[1,5-$f$]furazano[4,5-$b$]pyridine 1-oxide[J]. Journal of Energetic Materials, 2005, 23(2): 99-106.

[100] SMOLYAR N N, VASILECHKO A B. Cyclization of substituted 2,3-daminopyridines into derivatives of 1$H$-1,2,3-tiazolo[4,5-$b$]pyridine 2-oxide in the course of nitration[J]. Russian Journal of Organic Chemistry, 2011, 47(5): 793-795.

[101] FISCHER D, KLAPÖTKE T M, REYMANN M, et al. Energetic alliance of tetrazole-1-oxides and 1,2,5-oxadiazoles[J]. New Journal of Chemistry, 2015, 39(3): 1619-1627.

[102] FISCHER D, KLAPÖTKE T M, REYMANN M, et al. Synthesis of 5-(1$H$-Tetrazolyl)-1-hydroxy-tetrazole and energetically relevant nitrogen-rich ionic derivatives[J]. Propellants, Explosives, Pyrotechnics, 2014, 39(4): 550-557.

[103] FISCHER N, FISCHER D, KLAPÖTKE T M, et al. Pushing the limits of energetic materials—The synthesis and characterization of dihydroxylammonium 5,5′-bistetrazole-1,1′-diolate[J]. Journal of Materials Chemistry, 2012, 22(38): 20418-20422.

[104] CHURAKOV A M, IOFFE S L, TARTAKOVSKII V A. The first synthesis of 1,2,3,4-tetrazine-1,3-di-N-oxides[J]. Mendeleev Communications, 1991, 1(3): 101-103.

[105] CHURAKOV A M, TARTAKOVSKY V A. Synthesis of [1,2,5]oxadiazolo[3,4-e][1,2,3,4]tetrazine 4,6-di-N-oxide[J]. Mendeleev Communications, 1995, 6(5): 227-228.

[106] KLENOV M S, GUSKOV A A, ANIKIN O V, et al. Synthesis of tetrazino-tetrazine 1,3,6,8-tetraoxide (TTTO)[J]. Angewandte Chemie International Edition, 2016, 55(38): 11472-11475.

[107] 张雪娇, 李玉川, 刘威, 等. 三嗪类含能化合物的研究进展[J]. 含能材料, 2012, 20(4): 491-500.

[108] 张庆华, 宋思维, 王毅. 三聚氰胺氮氧化物与氧化剂自组装的含能晶体材料及其制备方法: 2019104580441[P]. 2021-03-16.

[109] SONG S, WANG Y, HE W, et al. Melamine N-oxide based self-assembled energetic materials with balanced energy & sensitivity and enhanced combustion behavior[J]. Chemical Engineering Journal, 2020, 395: 125114.

[110] ZHANG J, BI F, ZHANG J, et al. Synthetic and thermal studies of four insensitive energetic materials based on oxidation of the melamine structure [J]. RSC Advances, 2021, 11(1): 288-295.

[111] SINGH R P, VERMA R D, MESHRI D T, et al. Energetic nitrogen-rich salts and ionic liquids[J]. Angewandte Chemie International Edition, 2006, 45(22): 3584-3601.

[112] 张同来, 武碧栋, 杨利, 等. 含能配合物研究新进展[J]. 含能材料, 2013, 21(2): 137-151.

[113] 田均均, 张庆华. 含能离子液体——新型离子炸药和绿色推进剂燃料[J]. 含能材料, 2014, 22(5): 580-581.

[114] FISCHER D, KLAPÖTKE T M, PIERCEY D G, et al. Synthesis of 5-aminotetrazole-1N-oxide and its azo derivative: A key step in the development of new energetic materials[J]. Chemistry: A European Journal, 2013, 19(14): 4602-4613.

[115] FISCHER N, KLAPÖTKE T M, REYMANN M, et al. Nitrogen-rich salts of 1H,1′H-5,5′-bitetrazole-1,1′-diol: Energetic materials with high thermal stability[J]. European Journal of Inorganic Chemistry, 2013, (12): 2167-2180.

[116] HYODA S, KITA M, SAWADA H, et al. Method for preparing 5,5-bi-1H-tetrazole salt: US6040453[P]. 2000-03-21.

[117] HAMMERL A, HOLL G, KLAPÖTKE T M, et al. Salts of 5,5′-azotetrazolate[J]. European Journal of Inorganic Chemistry, 2002, (4): 834-845.

[118] HAMMERL A, HOLL G, KAISER M, et al. Methylated ammonium and hydrazinium salts of 5,5′-azotetrazolate[J]. Zeitschrift für Naturforschung B, 2001, 56(9): 847-856.

[119] HAMMERL A, HISKEY M A, HOLL G, et al. Azidoformamidinium and guanidinium 5,5′-azotetrazolate salts[J]. Chemistry of Materials, 2005, 17(14): 3784-3793.

[120] HUANG H, ZHOU Z, LIANG L, et al. Nitrogen-rich energetic dianionic salts of 3,4-bis(1H-5-tetrazolyl)furoxan with excellent thermal stability[J]. Zeitschrift für Anorganische und Allgemeine Chemie, 2012, 638(2): 392-400.

[121] BIAN C, DONG X, ZHANG X, et al. The unique synthesis and energetic properties of a novel fused heterocycle: 7-Nitro-4-oxo-4,8-dihydro-[1,2,4]triazolo[5,1-d][1,2,3,5]tetrazine 2-oxide and its energetic salts[J]. Journal of Materials Chemistry A, 2015, 3(7): 3594-3601.

[122] DIPPOLD A A, KLAPÖTKE T M, WINTER N. Insensitive nitrogen-rich energetic compounds based on the 5,5′-dinitro-3,3′-bi-1,24-triazol-2-ide anion[J]. European Journal of Inorganic Chemistry, 2012, (21): 3474-3484.

[123] THOTTEMPUDI V, YIN P, ZHANG J, et al. 1,2,3-Triazolo[4,5,-*e*]furazano[3,4,-*b*]pyrazine 6-oxide—A fused heterocycle with a roving hydrogen forms a new class of insensitive energetic materials[J]. Chemistry: A European Journal, 2014, 20(2): 542-548.

[124] CRAWFORD M J, KARAGHIOSOFF K, KLAPÖTKE T M, et al. Synthesis and characterization of 4,5-dicyano-2*H*-1,2,3-triazole and its sodium, ammonium, and guanidinium salts[J]. Inorganic Chemistry, 2009, 48(4): 1731-1743.

[125] GAO H X, YE C F, GUPTA O D, et al. 2,4,5-Trinitroimidazole-based energetic salts[J]. Chemistry: A European Journal, 2007, 13(14): 3853-3860.

[126] ZHANG Y, GUO Y, JOO Y H, et al. 3,4,5-Trinitropyrazole-based energetic salts[J]. Chemistry: A European Journal, 2010, 16(35): 10778-10784.

[127] LIU L, ZHANG Y, ZHANG S, et al. Heterocyclic energetic salts of 4,4',5,5'-tetranitro-2,2'-biimidazole[J]. Journal of Energetic Materials, 2015, 33(3): 202-214.

[128] ZHANG J, PARRISH D A, SHREEVE J M. Thermally stable 3,6-dinitropyrazolo[4,3-*c*]pyrazole-based energetic materials[J]. Chemistry: An Asian Journal, 2014, 9(10): 2953-2960.

[129] CHAVEZ D E, PARRISH D, PRESTON D N, et al. Synthesis and energetic properties of 4,4',5,5'-tetranitro-2,2'-biimidazolate (N4BIM) salts[J]. Propellants, Explosives, Pyrotechnics, 2012, 37(6): 647-652.

[130] MA J, CHENG G, JU X, et al. Amino-nitramino functionalized triazolotriazines: A good balance between high energy and low sensitivity[J]. Dalton Transactions, 2018, 47(41): 14483-14490.

[131] HU L, YIN P, ZHAO G, et al. Conjugated energetic salts based on fused rings: Insensitive and highly dense materials[J]. Journal of the American Chemical Society, 2018, 140(44): 15001-15007.

[132] FISCHER D, KLAPÖTKE T M, STIERSTORFER J. 1,5-Di(nitramino)tetrazole: High sensitivity and superior explosive performance[J]. Angewandte Chemie International Edition, 2015, 54(35): 10299-10302.

[133] TANG Y, ZHANG J, MITCHELL L A, et al. Taming of 3,4-di(nitramino)furazan[J]. Journal of the American Chemical Society, 2015, 137(51): 15984-15987.

[134] FISCHER D, KLAPÖTKE T M, REYMANN M, et al. Dense energetic nitraminofurazanes[J]. Chemistry: A European Journal, 2014, 20(21): 6401-6411.

[135] FISCHER D, KLAPÖTKE T M, STIERSTORFER J, et al. 1,1'-Nitramino-5,5'-bitetrazoles[J]. Chemistry: A European Journal, 2016, 22(14): 4966-4970.

[136] WEI H, HE C, ZHANG J, et al. Combination of 1,2,4-oxadiazole and 1,2,5-oxadiazole moieties for the generation of high-performance energetic materials[J]. Angewandte Chemie International Edition, 2015, 54(32): 9367-9371.

[137] HUANG Y, ZHANG Y, SHREEVE J M. Nitrogen-rich salts based on energetic nitroaminodiazido[1,3,5]triazine and guanazine[J]. Chemistry: A European Journal, 2011, 17(5): 1538-1546.

[138] GAO H, WANG R, TWAMLEY B, et al. 3-Amino-6-nitroamino-tetrazine (ANAT)-based energetic salts[J]. Chemical Communications, 2006, (38): 4007-4009.

[139] CHAVEZ D E, HISKEY M A, GILARDI R D. Novel high-nitrogen materials based on nitroguanyl-substituted tetrazines[J]. Organic Letters, 2004, 6(17): 2889-2891.

[140] HUO H, WANG B Z, LUO Y F, et al. Synthesis, characterization and thermal properties of energetic compound 3,6-dinitroguanidino-1,2,4,5-tetrazine (DNGTz) and its derivatives[J]. Journal of Solid Rocket Technology, 2013, 36(4): 500-505.

[141] 胡拥鹏. 均四嗪类含能物的合成、结构、热行为及安全性研究[D]. 西安: 西北大学, 2015.

[142] HUYNH M H V, HISKEY M A, MEYER T J, et al. Green primaries: Environmentally friendly energetic complexes[J]. Proceedings of the National Academy of Sciences, 2006, 103(14): 5409-5412.

[143] YANG Q, SONG X, ZHANG W, et al. Three new energetic complexes with *N,N*-bis(1*H*-tetrazole-5-yl)-amine as high energy density materials: Syntheses, structures, characterization and effects on the thermal decomposition of RDX[J]. Dalton Transactions, 2017, 46(8): 2626-2634.

[144] ZHANG C, SUN C, HU B, et al. Synthesis and characterization of the pentazolate anion cyclo- $N_5^-$ in $(N_5)_6(H_3O)_3(NH_4)_4Cl$[J]. Science, 2017, 355(6323): 374-376.

[145] ZHANG C, YANG C, HU B, et al. A symmetric $Co(N_5)_2(H_2O)_4 \cdot 4H_2O$ high-nitrogen compound formed by cobalt(Ⅱ) cation trapping of a cyclo- $N_5^-$ anion[J]. Angewandte Chemie, 2017, 129(16): 4583-4585.

[146] WANG T, ZHOU J, ZHANG Q, et al. Novel 3D cesium(Ⅰ)-based EMOFs of nitrogen-rich triazole derivatives as "green" orange-light pyrotechnics[J]. New Journal of Chemistry, 2020, 44(4): 1278-1284.

[147] JIN C M, YE C, PIEKARSKI C, et al. Mono and bridged azolium picrates as energetic salts[J]. European Journal of Inorganic Chemistry, 2005, (18): 3760-3767.

[148] GUO T, WANG Z, TANG W, et al. A good balance between the energy density and sensitivity from assembly of bis(dinitromethyl) and bis(fluorodinitromethyl) with a single furazan ring[J]. Journal of Analytical and Applied Pyrolysis, 2018, 134: 218-230.

[149] GAO H, HUANG Y, YE C, et al. The synthesis of di(aminoguanidine) 5-nitroiminotetrazolate: Some diprotic or monoprotic acids as precursors of energetic salts[J]. Chemistry: A European Journal, 2008, 14(18): 5596-5603.

[150] 张聪, 陈湘, 白杨, 等. 6-(3,5-二甲基-1*H*-吡唑)-1,2,4,5-四嗪-3-酮(DPTzO)及其胍盐的晶体结构和热分解行为[J]. 火炸药学报, 2019, 42(5): 432-444.

[151] 蔡美玉, 张国防, 周海波, 等. 多硝基吡啶酮类高氮含能盐的合成、结构表征及热分解行为[J]. 陕西师范大学学报(自然科学版), 2010, 38(3): 43-49.

[152] XUE H, ARRITT S W, TWAMLEY B, et al. Energetic salts from *N*-aminoazoles[J]. Inorganic Chemistry, 2004, 43(25): 7972-7977.

[153] DRAKE G, HAWKINS T, TOLLISON K, et al. (1*R*)-4-Amino-1,2,4-Triazolium Salts: New Families of Ionic Liquids[M]. Washington: American Chemical Society, 2005.

[154] XUE H, GAO Y, TWAMLEY B, et al. New energetic salts based on nitrogen-containing heterocycles[J]. Chemistry of Materials, 2005, 17(1): 191-198.

[155] XUE H, SHREEVE J M. Energetic ionic liquids from azido derivatives of 1,2,4-triazole[J]. Advanced Materials, 2005, 17(17): 2142-2146.

[156] KATRITZKY A R, SINGH S, KIRICHENKO K, et al. 1-Butyl-3-methylimidazolium 3,5-dinitro-1,2,4-triazolate: A novel ionic liquid containing a rigid, planar energetic anion[J]. Chemical Communications, 2005, 2005(7): 868-870.

[157] OGIHARA W, YOSHIZAWA M, OHNO H. Novel ionic liquids composed of only azole ions[J]. Chemistry Letters, 2004, 33(8): 1022-1023.

[158] GÁLVEZ RUIZ J C, HOLL G, KARAGHIOSOFF K, et al. Derivatives of 1, 5-diamino-1*H*-tetrazole: A new family of energetic heterocyclic-based salts[J]. Inorganic Chemistry, 2005, 44(12): 4237-4253.

[159] YE C, XIAO J C, TWAMLEY B, et al. Energetic salts of azotetrazolate, iminobis(5-tetrazole) and 5,5′-bis(tetrazolate)[J]. Chemical Communications, 2005, (21): 2750-2752.

[160] KLAPÖTKE T M, SABATÉ C M. Synthesis and spectroscopic characterization of azolium picrate salts[J]. Zeitschrift für Anorganische und Allgemeine Chemie, 2008, 634(6-7): 1017-1024.

[161] KLAPÖTKE T M, SABATÉ C M, RUSAN M. Synthesis, characterization and explosive properties of 1,3-dimethyl-5-amino-1*H*-tetrazolium 5-nitrotetrazolate[J]. Zeitschrift für Anorganische und Allgemeine Chemie, 2008, 634(4): 688-695.

[162] DARWICH C, KARAGHIOSOFF K, KLAPÖTKE T M, et al. Synthesis and characterization of 3,4,5-triamino-1,2,4-triazolium and 1-methyl-3,4,5-triamino-1,2,4-triazolium iodides[J]. Zeitschrift für Anorganische und Allgemeine Chemie, 2008, 634(1): 61-68.

[163] KARAGHIOSOFF K, KLAPÖTKE T M, MAYER P, et al. Salts of methylated 5-aminotetrazoles with energetic anions[J]. Inorganic Chemistry, 2008, 47(3): 1007-1019.

[164] KLAPÖTKE T M, SABATÉ C M, PENGER A, et al. Energetic salts of low-symmetry methylated 5-aminotetrazoles[J]. European Journal of Inorganic Chemistry, 2009, (7): 880-896.

[165] DARWICH C, KLAPÖTKE T M, SABATÉ C M. 1, 2, 4-Triazolium-cation-based energetic salts[J]. Chemistry: A European Journal, 2008, 14(19): 5756-5771.

[166] DRAKE G, KAPLAN G, HALL L, et al. A new family of energetic ionic liquids 1-amino-3-alkyl-1,2,3-triazolium nitrates[J]. Journal of Chemical Crystallography, 2007, 37(1): 15-23.

[167] LIN Q H, LI Y C, LI Y Y, et al. Energetic salts based on 1-amino-1,2,3-triazole and 3-methyl-1-amino-1,2,3-triazole[J]. Journal of Materials Chemistry, 2012, 22(2): 666-674.

[168] XUE H, TWAMLEY B, SHREEVE J M. The first 1-alkyl-3-perfluoroalkyl-4,5-dimethyl-1,2,4-triazolium salts[J]. The Journal of Organic Chemistry, 2004, 69(4): 1397-1400.

[169] MIRZAEI Y R, XUE H, SHREEVE J M. Low melting *N*-4-functionalized-1-alkyl or polyfluoroalkyl-1,2,4-triazolium salts[J]. Inorganic Chemistry, 2004, 43(1): 361-367.

[170] MIRZAEI Y R, TWAMLEY B, SHREEVE J M. Syntheses of 1-alkyl-1,2,4-triazoles and the formation of quaternary 1-alkyl-4-polyfluoroalkyl-1,2,4-triazolium salts leading to ionic liquids[J]. The Journal of Organic Chemistry, 2002, 67(26): 9340-9345.

[171] XUE H, GAO Y, TWAMLEY B, et al. Energetic azolium azolate salts[J]. Inorganic Chemistry, 2005, 44(14): 5068-5072.

[172] LIN Q H, LI Y C, LI Y Y, et al. Energetic salts based on 1-amino-1,2,3-triazole and 3-methyl-1-amino-1,2,3-triazole[J]. Journal of Materials Chemistry, 2012, 22(2): 666-674.

[173] TAO G H, GUO Y, PARRISH D A, et al. Energetic 1,5-diamino-4*H*-tetrazolium nitro-substituted azolates[J]. Journal of Materials Chemistry, 2010, 20(15): 2999-3005.

[174] KLAPÖTKE T M, STIERSTORFER J. The new energetic compounds 1,5-diaminotetrazolium and 5-amino-1-methyltetrazolium dinitramide—Synthesis, characterization and testing[J]. European Journal of Inorganic Chemistry, 2008, (26): 4055-4062.

[175] KLAPÖTKE T M, SABATÉ C M. 1,2,4-Triazolium and tetrazolium picrate salts: "On the way" from nitroaromatic to azole-based energetic materials[J]. European Journal of Inorganic Chemistry, 2008, (34): 5350-5366.

[176] ZHENG Y, QI X, CHEN S, et al. Self-assembly of nitrogen-rich heterocyclic compounds with oxidants for the development of high-energy materials[J]. ACS Applied Materials & Interfaces, 2021, 13(24): 28390-28397.

[177] 张燕, 陈雪飞, 黄韵东. 三聚氰胺二硝酸盐的合成与表征[J]. 广东化工, 2014, 41(7): 24, 47.

[178] YE C, GAO H, TWAMLEY B, et al. Dense energetic salts of *N,N*-dinitrourea (DNU)[J]. New Journal of Chemistry, 2008, 32(2): 317-322.

[179] HUANG Y, GAO H, TWAMLEY B, et al. Synthesis and characterization of new energetic nitroformate salts[J]. European Journal of Inorganic Chemistry, 2007, (14): 2025-2030.

[180] HUANG Y, GAO H, TWAMLEY B, et al. Nitroamino triazoles: Nitrogen-rich precursors of stable energetic salts[J]. European Journal of Inorganic Chemistry, 2008, (16): 2560-2568.

[181] WANG R, XU H, GUO Y, et al. Bis[3-(5-nitroimino-1,2,4-triazolate)]-based energetic salts: Synthesis and promising properties of a new family of high-density insensitive materials[J]. Journal of the American Chemical Society, 2010, 132(34): 11904-11905.

[182] 金兴辉, 胡炳成, 刘祖亮, 等. 3,6-二胍基-1,2,4,5-四嗪二硝基胍盐的合成及性能预估[J]. 火炸药学报, 2014, 37(2): 18-22.

[183] ZENG Z, WANG R, TWAMLEY B, et al. Polyamino-substituted guanyl-triazole dinitramide salts with extensive hydrogen bonding: Synthesis and properties as new energetic materials[J]. Chemistry of Materials, 2008, 20(19): 6176-6182.

[184] 张海昊, 贾思媛, 王伯周, 等. 3, 6-二肼基-1,2,4,5-四嗪及其含能盐的合成与性能[J]. 火炸药学报, 2014, 37(2): 23-26.

[185] SITZMANN M E, BICHAY M, FRONABARGER J W, et al. Hydroxynitrobenzodifuroxan and its salts[J]. Journal of Heterocyclic Chemistry, 2005, 42(6): 1117-1125.

[186] JOO Y H, SHREEVE J M. Energetic ethylene- and propylene-bridged bis(nitroiminotetrazolate) salts[J]. Chemistry: A European Journal, 2009, 15(13): 3198-3203.

[187] ZHANG J G, LIANG Y H, FENG J L, et al. Synthesis, crystal structures, thermal decomposition and explosive properties of a series of novel energetic nitrophenol salts of dihydrazino-s-tetrazine[J]. Zeitschrift für Anorganische und Allgemeine Chemie, 2012, 638(7-8): 1212-1218.

[188] SHEREMETEV A B, YUDIN I L, PALYSAEVA N V, et al. Synthesis of 3-(3,5-dinitropyrazol-4-yl)-4-nitrofurazan and its salts[J]. Journal of Heterocyclic Chemistry, 2012, 49(2): 394-401.

[189] JOO Y H, SHREEVE J M. Nitroimino-tetrazolates and oxy-nitroimino-tetrazolates[J]. Journal of the American Chemical Society, 2010, 132(42): 15081-15090.

[190] KLAPÖTKE T M, PREIMESSER A, SCHEDLBAUER S, et al. Highly energetic salts of 3,6-bishydrazino-1,2,4,5-tetrazine[J]. Central European Journal of Energetic Materials, 2013, 10(2): 151-170.

[191] 王杰平, 易文斌, 蔡春. 1-甲基-5-硝亚胺基四唑及其盐的合成与表征[J]. 火炸药学报, 2011, 34(6): 1-4.

[192] ZHANG G D, WANG Z, ZHANG J G. An unusual layered crystal packing gives rise to a superior thermal stability of energetic salt of 3,6-bishydrazino-1,2,4,5-tetrazine[J]. Zeitschrift für Anorganische und Allgemeine Chemie, 2018, 644(11): 512-517.

[193] WU J T, ZHANG J G, YIN X, et al. Energetic salts based on 3-hydrazino-4-amino-1,2,4-triazole (HATr): Synthesis and properties[J]. New Journal of Chemistry, 2016, 40(6): 5414-5419.

[194] KLAPÖTKE T M, SABATÉ C M, STIERSTORFER J. Hydrogen-bonding stabilization in energetic perchlorate salts: 5-Amino-1H-tetrazolium perchlorate and its adduct with 5-amino-1H-tetrazole[J]. Zeitschrift für Anorganische und Allgemeine Chemie, 2008, 634(11): 1867-1874.

[195] KLAPÖTKE T M, STEIN M, STIERSTORFER J. Salts of 1H-tetrazole—Synthesis, characterization and properties[J]. Zeitschrift für Anorganische und Allgemeine Chemie, 2008, 634(10): 1711-1723.

[196] DAMAVARAPU R, KLAPÖTKE T M, STIERSTORFER J, et al. Barium salts of tetrazole derivatives—Synthesis and characterization[J]. Propellants, Explosives, Pyrotechnics, 2010, 35(4): 395-406.

[197] HOU X, GUO Z, YANG L, et al. Four three-dimensional metal-organic frameworks assembled from 1H-tetrazole: Synthesis, crystal structures and thermal properties[J]. Polyhedron, 2019, 160: 198-206.

[198] ZHANG X M, ZHAO Y F, WU H S, et al. Syntheses and structures of metal tetrazole coordination polymers[J]. Dalton Transactions, 2006, (26): 3170-3178.

[199] KATRITZKY A R, SINGH S, KIRICHENKO K, et al. In search of ionic liquids incorporating azolate anions[J]. Chemistry: A European Journal, 2006, 12(17): 4630-4641.

[200] WANG X S, TANG Y Z, HUANG X F, et al. Syntheses, crystal structures, and luminescent properties of three novel zinc coordination polymers with tetrazolyl ligands[J]. Inorganic Chemistry, 2005, 44(15): 5278-5285.

[201] ZHONG D C, LIN J B, LU W G, et al. Strong hydrogen binding within a 3D microporous metal-organic framework[J]. Inorganic Chemistry, 2009, 48(18): 8656-8658.

[202] ZHONG D C, LU W G, JIANG L, et al. Three coordination polymers based on 1H-tetrazole (HTz) generated via in situ decarboxylation: Synthesis, structures, and selective gas adsorption properties[J]. Crystal Growth & Design, 2010, 10(2): 739-746.

[203] KLAPÖTKE T M, STIERSTORFER J. Azidoformamidinium and 5-aminotetrazolium dinitramide—Two highly energetic isomers with a balanced oxygen content[J]. Dalton Transactions, 2009, (4): 643-653.

[204] TAO G H, GUO Y, JOO Y H, et al. Energetic nitrogen-rich salts and ionic liquids: 5-Aminotetrazole (AT) as a weak acid[J]. Journal of Materials Chemistry, 2008, 18(45): 5524-5530.

[205] ERNST V, KLAPÖTKE T M, STIERSTORFER J. Alkali salts of 5-aminotetrazole—Structures and properties[J]. Zeitschrift für Anorganische und Allgemeine Chemie, 2007, 633(5-6): 879-887.

[206] NEUTZ J, GROSSHARDT O, SCHÄUFELE S, et al. Synthesis, characterization and thermal behaviour of guanidinium-5-aminotetrazolate (GA)—A new nitrogen-rich compound[J]. Propellants, Explosives, Pyrotechnics, 2003, 28(4): 181-188.

[207] HENRY R. New compounds. Salts of 5-aminotetrazole[J]. Journal of the American Chemical Society, 1952, 74(24): 6303.

[208] KLAPÖTKE T M, SABATÉ C M. Low energy monopropellants based on the guanylurea cation[J]. Zeitschrift für Anorganische und Allgemeine Chemie, 2010, 636(1): 163-175.

[209] TAO G H, TANG M, HE L, et al. Synthesis, structure and property of 5-aminotetrazolate room-temperature ionic liquids[J]. European Journal of Inorganic Chemistry, 2012, (18): 3070-3078.

[210] SMIGLAK M, HINES C C, REICHERT W M, et al. Azolium azolates from reactions of neutral azoles with 1,3-dimethyl-imidazolium-2-carboxylate, 1,2,3-trimethyl-imidazolium hydrogen carbonate, and N,N-dimethyl-pyrrolidinium hydrogen carbonate[J]. New Journal of Chemistry, 2013, 37(5): 1461-1469.

[211] KLAPÖTKE T M, SABATÉ C M. 5-Aminotetrazolium 5-aminotetrazolates—New insensitive nitrogen-rich materials[J]. Zeitschrift für Anorganische und Allgemeine Chemie, 2009, 635(12): 1812-1822.

[212] JIANG Z. 3-Dimensional 4-connected metal-organic frameworks of zinc(II) built from 5-aminotetrazole[J]. Asian Journal of Chemistry, 2013, 25(4): 2353-2354.

[213] LIN J D, CHEN F, XU J G, et al. Framework-interpenetrated nitrogen-rich Zn(II) metal-organic frameworks for energetic materials[J]. ACS Applied Nano Materials, 2019, 2(8): 5116-5124.

[214] ZHANG H, SHENG T, HU S, et al. Stitching 2D polymeric layers into flexible 3D metal-organic frameworks via a sequential self-assembly approach[J]. Crystal Growth & Design, 2016, 16(6): 3154-3162.

[215] ZHANG Q, CHEN D, HE X, et al. Structures, photoluminescence and photocatalytic properties of two novel

metal-organic frameworks based on tetrazole derivatives[J]. CrystEngComm, 2014, 16(45): 10485-10491.

[216] WANG X W, CHEN J Z, LIU J H. Photoluminescent Zn(Ⅱ) metal-organic frameworks built from tetrazole ligand: 2D Four-connected regular honeycomb ($4^3 6^3$)-net[J]. Crystal Growth & Design, 2007, 7(7): 1227-1229.

[217] DENFFER M V, KLAPÖTKE T M, KRAMER G, et al. Improved synthesis and X-ray structure of 5-aminotetrazolium nitrate[J]. Propellants, Explosives, Pyrotechnics, 2005, 30(3): 191-195.

[218] ZHANG X, ZOU F, YANG P, et al. Synthesis and investigation of 2,4,6-trinitropyridin-3-ol and its salts[J]. Propellants, Explosives, Pyrotechnics, 2020, 45(12): 1853-1858.

[219] FU X, LIU X, SUN P, et al. A new family of insensitive energetic copolymers composed of nitro and nitrogen-rich energy components: Structure, physicochemical property and density functional theory[J]. Journal of Analytical and Applied Pyrolysis, 2015, 114: 79-90.

[220] CHEN H, ZHANG T, ZHANG J. Synthesis, characterization and properties of nitrogen-rich salts of trinitrophloroglucinol[J]. Journal of Hazardous Materials, 2009, 161(2-3): 1473-1477.

[221] BALACHANDAR K G, THANGAMANI A. A few insensitive energetic nitrogen rich compounds composed of substituted azoles and 3,5-dinitrobenzoic acid: Synthesis, characterization, physicochemical, detonation properties and pyrolytic products[J]. Journal of Molecular Structure, 2020, 1216: 128249.

[222] LIU T, QI X, WANG K, et al. Green primary energetic materials based on N-(3-nitro-1-(trinitromethyl)-1H-1,2,4-triazol-5-yl)nitramide[J]. New Journal of Chemistry, 2017, 41(17): 9070-9076.

[223] HAIGES R, BELANGER-CHABOT G, KAPLAN S M, et al. Synthesis and structural characterization of 3,5-dinitro-1,2,4-triazolates[J]. Dalton Transactions, 2015, 44(7): 2978-2988.

[224] JOO Y H, GAO H, PARRISH D A, et al. Energetic salts based on nitroiminotetrazole-containing acetic acid[J]. Journal of Materials Chemistry, 2012, 22(13): 6123-6130.

[225] LEWCZUK R, SZALA M, REĆKO J, et al. Synthesis and properties of 4,4,5,5-tetranitro-1H,1H-2,2-biimidazole salts: Semicarbazidium, 3-amino-1,2,4-triazolium, and 5-aminotetrazolium derivatives[J]. Chemistry of Heterocyclic Compounds, 2017, 53(6): 697-701.

[226] TANG Y, HE C, MITCHELL L A, et al. Energetic compounds consisting of 1,2,5- and 1,3,4-oxadiazole rings[J]. Journal of Materials Chemistry A, 2015, 3(46): 23143-23148.

[227] YU Q, CHENG G, JU X, et al. Compounds based on 3-amino-4-(5-methyl-1,2,4-oxadiazol-3-yl)furazan as insensitive energetic materials[J]. New Journal of Chemistry, 2017, 41(3): 1202-1211.

[228] XUE H, GAO H, TWAMLEY B, et al. Energetic salts of 3-nitro-1,2,4-triazole-5-one, 5-nitroaminotetrazole, and other nitro-substituted azoles[J]. Chemistry of Materials, 2007, 19(7): 1731-1739.

[229] HUANG H, ZHOU Z, LIANG L, et al. Nitrogen-rich energetic monoanionic salts of 3,4-bis(1H-5-tetrazolyl) furoxan[J]. Chemistry: An Asian Journal, 2012, 7(4): 707-714.

[230] ZHAO Z, DU Z, HAN Z, et al. Nitrogen-rich energetic salts: Both cations and anions contain tetrazole rings[J]. Journal of Energetic Materials, 2016, 34(2): 183-196.

[231] YU Q, STAPLES R J, SHREEVE J M. An azo-bridged triazole derived from tetrazine[J]. Zeitschrift für Anorganische und Allgemeine Chemie, 2020, 646(22): 1799-1804.

[232] HUANG Y, GAO H, TWAMLEY B, et al. Highly dense nitranilates-containing nitrogen-rich cations[J]. Chemistry: A European Journal, 2009, 15(4): 917-923.

[233] WANG J P, YI W B, CAI C. An improved method for the preparation of energetic aminotetrazolium salts[J]. Zeitschrift für Anorganische und Allgemeine Chemie, 2012, 638(1): 53-55.

[234] SHARON P, AFRI M, MITLIN S, et al. Preparation and characterization of bis(guanidinium) and bis (aminotetrazolium)dodecahydroborate salts: Green high energy nitrogen and boron rich compounds[J]. Polyhedron, 2019, 157: 71-89.

[235] HAN Z, WANG W, DU Z, et al. Self-heating inflatable lifejacket using gas generating agent as energy source[J]. Energy, 2021, 224: 120087.

[236] VO T T, SHREEVE J M. 1,1-Diamino-2,2-dinitroethene (FOX-7) and 1-amino-1-hydrazino-2,2-dinitroethene (HFOX) as amphotères: Bases with strong acids[J]. Journal of Materials Chemistry A, 2015, 3(16): 8756-8763.

[237] ANNIYAPPAN M, TALAWAR M B, GORE G M, et al. Synthesis, characterization and thermolysis of 1,1-diamino-2,2-dinitroethylene (FOX-7) and its salts[J]. Journal of Hazardous Materials, 2006, 137(2): 812-819.

[238] GARG S, GAO H, JOO Y H, et al. Taming of the silver FOX[J]. Journal of the American Chemical Society, 2010, 132(26): 8888-8890.

[239] GARG S, GAO H, PARRISH D A, et al. FOX-7 (1,1-diamino-2,2-dinitroethene): Trapped by copper and amines[J]. Inorganic Chemistry, 2011, 50(1): 390-395.

[240] VO T T, PARRISH D A, SHREEVE J M. 1, 1-Diamino-2, 2-dintroethene (FOX-7) in copper and nickel diamine complexes and copper FOX-7[J]. Inorganic Chemistry, 2012, 51(3): 1963-1968.

[241] LUO J, XU K, WANG M, et al. Syntheses and thermal behaviors of Rb(FOX-7) · H2O and Cs(FOX-7) · H2O[J]. Bulletin of the Korean Chemical Society, 2010, 31(10): 2867-2872.

[242] HE F, XU K Z, ZHANG H, et al. Two new copper-FOX-7 complexes: Synthesis, crystal structure, and thermal behavior[J]. Journal of Coordination Chemistry, 2013, 66(5): 845-855.

[243] GAO Z, HUANG J, XU K Z, et al. Synthesis, structural characterization, and thermal properties of a new energetic zinc-FOX-7 complex[J]. Journal of Coordination Chemistry, 2013, 66(20): 3572-3580.

[244] SUN Q, LI Z, GONG X, et al. Synthesis and characterization of a new cadmium complex based on 1,1-diamino-2,2-dinitroethylene[J]. Journal of Coordination Chemistry, 2014, 67(15): 2576-2582.

[245] YUAN Z F, ZHANG Y, GAO Z, et al. Synthesis, crystal structure and thermal behavior of [Zn(en)3](FOX-7)2[J]. Chinese Journal of Energetic Materials, 2014, 22(4): 436-440.

[246] 高玲, 张国防, 赵凤起, 等. 1-氨基-1-肼基-2, 2-二硝基乙烯碱金属盐的制备及对改性双基推进剂主组分热分解的催化作用[J]. 工业催化, 2012, 20(4): 26-29.

[247] GAO H, JOO Y H, PARRISH D A, et al. 1-Amino-1-hydrazino-2,2-dinitroethene and corresponding salts: Synthesis, characterization, and thermolysis studies[J]. Chemistry: A European Journal, 2011, 17(16): 4613-4618.

[248] 邱欠欠. 基于 AHDNE 的有机胺类含能配合物的合成及性质研究[D]. 西安: 西北大学, 2014.

[249] PARISI E, LANDI A, FUSCO S, et al. High-energy-density materials: An amphoteric N-rich bis(triazole) and salts of its cationic and anionic species[J]. Inorganic Chemistry, 2021, 60(21): 16213-16222.

[250] TANG Y, YIN Z, CHINNAM A K, et al. A duo and a trio of triazoles as very thermostable and insensitive energetic materials[J]. Inorganic Chemistry, 2020, 59(23): 17766-17774.

[251] XU Y, WANG P, LIN Q, et al. Cationic and anionic energetic materials based on a new amphotère[J]. Science China Materials, 2019, 62(5): 751-758.

[252] KLAPÖTKE T M, LEROUX M, SCHMID P C, et al. Energetic materials based on 5,5-diamino-4,4'-dinitramino-3,3'-bi-1,2,4-triazole[J]. Chemistry: An Asian Journal, 2016, 11(6): 844-851.

[253] GLÜCK J, KLAPÖTKE T M, RUSAN M, et al. A strontium- and chlorine-free pyrotechnic illuminant of high color purity[J]. Angewandte Chemie International Edition, 2017, 56(52): 16507-16509.

[254] DRAKE G, HAWKINS T, BRAND A, et al. Energetic, low-melting salts of simple heterocycles[J]. Propellants, Explosives, Pyrotechnics, 2003, 28(4): 174-180.

[255] YANG R, DONG Z, YE Z. Exploration of low-melting energetic compounds: Influence of substituents on melting points[J]. New Journal of Chemistry, 2020, 44(32): 13576-13583.

[256] XU Z, CHENG G, YANG H, et al. Synthesis and characterization of 4-(1,2,4-triazole-5-yl) furazan derivatives as high-performance insensitive energetic materials[J]. Chemistry: A European Journal, 2018, 24(41): 10488-10497.

[257] XU Z, CHENG G, ZHU S, et al. Nitrogen-rich salts based on the combination of 1,2,4-triazole and 1,2,3-triazole rings: A facile strategy for fine tuning energetic properties[J]. Journal of Materials Chemistry A, 2018, 6(5): 2239-2248.

[258] TIAN J, XIONG H, LIN Q, et al. Energetic compounds featuring bi(1,3,4-oxadiazole): A new family of insensitive energetic materials[J]. New Journal of Chemistry, 2017, 41(5): 1918-1924.

[259] ZHANG Y, HUANG Y, PARRISH D A, et al. 4-Amino-3,5-dinitropyrazolate salts—Highly insensitive energetic materials[J]. Journal of Materials Chemistry, 2011, 21(19): 6891-6897.

[260] ZENG Z, GAO H, TWAMLEY B, et al. Energetic mono and dibasic 5-dinitromethyltetrazolates: Synthesis, properties, and particle processing[J]. Journal of Materials Chemistry, 2007, 17(36): 3819-3826.

[261] ZHANG Y, PARRISH D A, SHREEVE J M. 4-Nitramino-3,5-dinitropyrazole-based energetic salts[J]. Chemistry: A European Journal, 2012, 18(3): 987-994.

[262] BAGAL L I, PEVZNER M S, LOPYREV V A. Basicity and structure of 1,2,4-triazole derivatives[J]. Chemistry of Heterocyclic Compounds, 1967, 2(3): 323-325.

[263] ZHANG J, ZHANG J, PARRISH D A, et al. Desensitization of the dinitromethyl group: Molecular/crystalline factors that affect the sensitivities of energetic materials[J]. Journal of Materials Chemistry A, 2018, 6(45): 22705-22712.

[264] MA J, TANG J, YANG H, et al. Polynitro-functionalized triazolylfurazanate triaminoguanidine: Novel green primary explosive with insensitive nature[J]. ACS Applied Materials & Interfaces, 2019, 11(29): 26053-26059.

[265] HUANG H, LI Y, YANG J, et al. Materials with good energetic properties resulting from the smart combination of nitramino and dinitromethyl group with furazan[J]. New Journal of Chemistry, 2017, 41(15): 7697-7704.

[266] YU Q, YANG H, JU X, et al. The synthesis and study of compounds based on 3,4-bis(aminofurazano)furoxan[J]. Chemistry Select, 2017, 2(2): 688-696.

[267] HUANG H, SHI Y, LIU Y, et al. 1,2 4,5-Dioxadiazine-functionalized [N-NO$_2$]$^-$ furazan energetic salts[J]. Dalton Transactions, 2016, 45(39): 15382-15389.

[268] LI Y, HUANG H, LIN X, et al. Oxygen-rich anion based energetic salts with high detonation performances[J]. RSC Advances, 2016, 6(59): 54310-54317.

[269] LIU Y, ZHANG J, WANG K, et al. Bis(4-nitraminofurazanyl-3-azoxy)azofurazan and derivatives: 1,2,5-Oxadiazole structures and high-performance energetic materials[J]. Angewandte Chemie, 2016, 128(38): 11720-11723.

[270] SHANG Y, JIN B, PENG R, et al. Nitrogen-rich energetic salts of 1$H$,1$H$-5,5-bistetrazole-1,1-diolate: Synthesis, characterization, and thermal behaviors[J]. RSC Advances, 2016, 6(54): 48590-48598.

[271] WU J T, ZHANG J G, QIN J, et al. Nitrogen-rich amino-triazolium salts based on binary 4,5-dicyano-1,2,3-triazolate (C$_4$N$_5^-$) anion[J]. Zeitschrift für Anorganische und Allgemeine Chemie, 2016, 642(5): 409-413.

[272] ZHANG J, MITCHELL L A, PARRISH D A, et al. Enforced layer-by-layer stacking of energetic salts towards high-performance insensitive energetic materials[J]. Journal of the American Chemical Society, 2015, 137(33):

　　　　　10532-10535.

[273] ZHANG J, SHREEVE J M. Nitroaminofurazans with azo and azoxy linkages: A comparative study of structural, electronic, physicochemical, and energetic properties[J]. The Journal of Physical Chemistry C, 2015, 119(23): 12887-12895.

[274] SRINIVAS D, GHULE V D, MURALIDHARAN K. Energetic salts prepared from phenolate derivatives[J]. New Journal of Chemistry, 2014, 38(8): 3699-3707.

[275] TANG Y, YANG H, SHEN J, et al. 4-(1-Amino-5-aminotetrazolyl)methyleneimino-3-methylfuroxan and its derivatives: Synthesis, characterization, and energetic properties[J]. European Journal of Inorganic Chemistry, 2014, 2014(7): 1231-1238.

[276] SRINIVAS D, GHULE V D, MURALIDHARAN K. Synthesis of nitrogen-rich imidazole, 1,2,4-triazole and tetrazole-based compounds[J]. RSC Advances, 2014, 4(14): 7041-7051.

[277] LIANG L, WANG K, BIAN C, et al. 4-Nitro-3-(5-tetrazole)furoxan and its salts: Synthesis, characterization, and energetic properties[J]. Chemistry: A European Journal, 2013, 19(44): 14902-14910.

[278] REN Y H, ZHAO F Q, YI J H, et al. Studies on an ionic compound (3-ATz)$^+$(NTO)$^-$: Crystal structure, specific heat capacity, thermal behaviors and thermal safety[J]. Journal of the Iranian Chemical Society, 2012, 9(3): 407-414.

[279] SINGH U P, GOEL N, SINGH G, et al. Supramolecular architecture of picric acid and pyrazoles: Syntheses, structural, computational and thermal studies[J]. Supramolecular Chemistry, 2012, 24(4): 285-297.

[280] ZHANG J, JIN B, SONG Y, et al. Series of AzTO-based energetic materials: Effect of different $\pi$-$\pi$ stacking modes on their thermal stability and sensitivity[J]. Langmuir, 2021, 37(23): 7118-7126.

[281] KATRITZKY A R, ROGERS J W, WITEK R M, et al. Synthesis and characterization of blowing agents and hypergolics[J]. Journal of Energetic Materials, 2007, 25(2): 79-109.

[282] LI Y, BI Y G, ZHAO W Y, et al. Two new energetic ionic salts with environmental protection: Preparation and thermal properties of IMI · TNR and 4-AT · TNR[J]. Chinese Journal of Energetic Materials, 2015, 23(12): 1221-1227.

[283] YANG T, ZHANG Z B, ZHANG J G. Two energetic salts based on 5,5-bitetrazole-1,1-diolate: Syntheses, characterization, and properties[J]. Zeitschrift für Anorganische und Allgemeine Chemie, 2017, 643(6): 413-419.

[284] GHULE V D, SRINIVAS D, MURALIDHARAN K. Energetic monoanionic salts of 3,5-dinitropyridin-2-ol[J]. Asian Journal of Organic Chemistry, 2013, 2(8): 662-668.

[285] SRINIVAS D, GHULE V D, MURALIDHARAN K, et al. Tetraanionic nitrogen-rich tetrazole-based energetic salts[J]. Chemistry: An Asian Journal, 2013, 8(5): 1023-1028.

[286] 高福磊, 姬月萍, 刘卫孝, 等. 4-硝基咪唑高氯酸盐的合成及表征[J]. 化学推进剂与高分子材料, 2015, 13(3): 59-62.

[287] ZHANG J, PARRISH D A, SHREEVE J M. Curious cases of 3,6-dinitropyrazolo[4,3-$c$]pyrazole-based energetic cocrystals with high nitrogen content: An alternative to salt formation[J]. Chemical Communications, 2015, 51(34): 7337-7340.

[288] AAKERÖY C B, HURLEY E P, DESPER J. Modulating supramolecular reactivity using covalent "switches" on a pyrazole platform[J]. Crystal Growth & Design, 2012, 12(11): 5806-5814.

# 第 2 章　合成与机理

## 2.1　三聚氰胺相关反应

三聚氰胺在常温下性质稳定，是廉价的惰性富氮三嗪类化工原料。三聚氰胺易与甲醛发生亲核加成反应，生成反应程度不同的羟甲基衍生物(图 2.1 反应 a)，这些羟甲基衍生物进一步缩聚生成应用广泛的三聚氰胺甲醛树脂[1]。此外，三聚氰胺还可与其他醛类物质(如乙醛、丙醛和丁醛等)发生相似的亲核加成反应[2]。

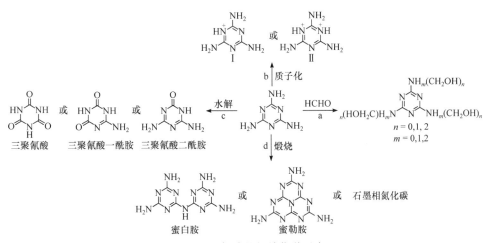

图 2.1　三聚氰胺的相关化学反应Ⅰ

三聚氰胺呈弱碱性，可与盐酸、氢溴酸、氢碘酸、高氯酸、硝酸、硫酸、亚硫酸、硼酸、磷酸、焦磷酸、聚磷酸、磷钼酸、氢氟酸、乙酸、草酸、苯甲酸、三聚氰酸、2,4-二硝基苯酚、3,5-二硝基水杨酸、磺胺酸、硝仿和四唑类化合物等众多酸性试剂反应，生成相应的盐[2-15]。其中，三聚氰胺的硼酸盐、三聚氰酸盐和磷酸盐常用作阻燃剂，通过三聚氰胺的高氯酸盐与二硝酰胺钾的复分解反应还可得到三聚氰胺的二硝酰胺盐[16]。三聚氰胺的碱性来自于其三嗪环上的—N=基团，该基团可以接收质子并形成—$\overset{+}{\text{N}}$H=结构。在大部分三聚氰胺与酸性试剂生成的盐中，三聚氰胺以一价阳离子的形式(图 2.1 中Ⅰ式)存在；在一些三聚氰胺与强酸(如浓硝酸、浓硫酸和浓高氯酸)形成的盐中，三聚氰胺可以二价阳离子的形式(图 2.1 中Ⅱ式)存在[5,17]。三聚氰胺在酸性或碱性水溶液中逐步发生水解反应，依次生成三聚氰酸二酰胺、三聚氰酸一酰胺和三聚氰酸(图 2.1 反应 c)[18]。三聚氰胺在约 350℃下煅烧可生成蜜白胺，在约 400℃下煅烧可生成蜜勒胺，在 500℃以上煅烧可生成石墨相氮化碳(图 2.1 反应 d)[19]。此外，三聚氰胺在 360℃下产生的蒸气在 635℃下会分解生成氨基乙腈[12]。

　　使用乙酸酐/发烟硝酸混合体系硝化三聚氰胺，生成 4,6-二(硝基亚氨基)-1,3,5-三嗪-2-酮(DNAM)(图 2.2 反应 a)[20]。在 100℃以上的乙二醇中和氮气气氛下，三聚氰胺与氨基醇在氯化铵的催化下可发生胺取代反应(图 2.2 反应 b)，其中与乙醇胺和丙醇胺的胺取代反应产物会进一步发生分子内脱水成环反应(图 2.2 反应 c)[21]。此外，三聚氰胺与游离的胺、胺的盐酸盐或氨基酸在较高温度下也可发生类似的胺取代反应[12]。三聚氰胺在硝基苯中可以发生光气化反应并生成 2,4,6-三异氰酸酯-1,3,5-三嗪(TITA)(图 2.2 反应 d)[22]。在 115℃的二甲基亚砜(DMSO)中，三聚氰胺与环状酸酐在 4-二甲基氨基吡啶的催化下可生成亚胺类化合物(图 2.2 反应 e)[3]。

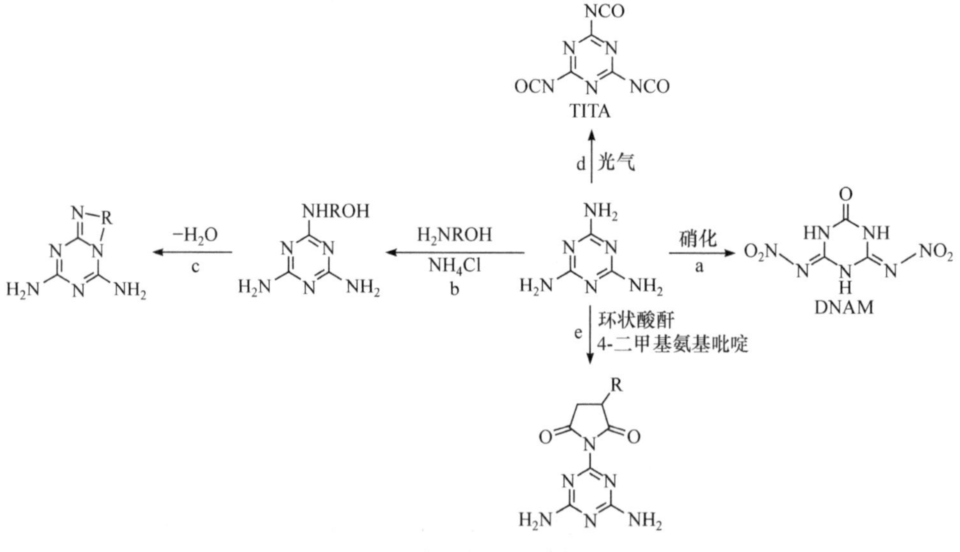

图 2.2　三聚氰胺的相关化学反应 II

　　三聚氰胺与葡萄糖在乙醇水溶液中回流，可发生图 2.3 的反应 a；三聚氰胺与二烃基硫酸盐可反应生成单烃基化异构化三聚氰胺(图 2.3 反应 b)，烃基化异构化三聚氰胺在乙醇中和强碱性条件下可转变为烃基化三聚氰胺(图 2.3 反应 c)；三聚氰胺与 4-硝基苯磺酰氯可发生图 2.3 的反应 d；三聚氰胺悬浮液与氯气、次氯酸盐、液溴或碘可反应生成氯代、溴代或碘代三聚氰胺[12]。此外，三聚氰胺三嗪环上的 N 易与金属离子(如 $Ca^{2+}$、$Mg^{2+}$、$Zn^{2+}$、$Cu^{2+}$、$Ni^{2+}$ 和 $Fe^{2+}$ 等)发生配位，因此，三聚氰胺还常作为电中性配体，与金属离子和平衡离子共同组成配合物或 MOF[23,24]。

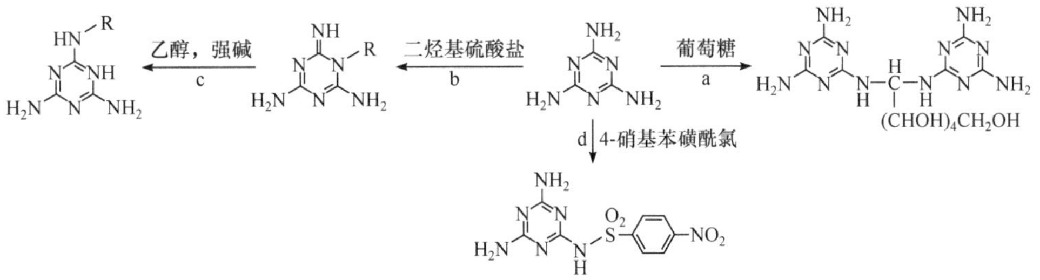

图 2.3　三聚氰胺的相关化学反应Ⅲ

综上，基于三聚氰胺简单的三嗪芳环和三个氨基结构，其化学反应性非常丰富，其他相关反应有待进一步开发。

## 2.2　TATDO 系列含能化合物合成与机理

### 2.2.1　TATDO 合成

室温下，将三聚氰胺(30.00g，237.87mmol)缓慢加入三氟乙酸(300mL)与30%双氧水(150mL)的混合液中，然后在 50℃下搅拌并回流反应 90min，其间三聚氰胺缓慢溶解，随后有大量白色沉淀逐渐析出。过滤出白色沉淀，乙醇洗涤并干燥后得到 2,4,6-三氨基-1,3,5-三嗪-1,3-二氧化物(TATDO)的三氟乙酸盐[TATDO$^{2+}$(CF$_3$COO$^-$)$_2$，80.25g，207.81mmol，收率 87%]。$^1$H-NMR(500MHz, D$_2$O)，$\delta$(ppm)：8.45(s, 1H, OH)，8.38(s, 1H, OH)，7.26(s, 2H, NH)，7.16(s, 2H, NH)，7.05(s, 2H, NH)；$^{13}$C-NMR(125MHz, D$_2$O)，$\delta$(ppm)：162.4～163.3(q, CO)，155.0(s, CN)，146.8(s, CN)，112.9～119.8(q, CF$_3$)。IR，$\nu$(cm$^{-1}$)：3410(w)，3335(w)，3150(w)，2990(m)，2901(w)，1719(w)，1670(s)，1609(s)，1508(m)，1464(m)，1420(s)，1354(m)，1250(m)，1175(s)，1121(s)，897(w)，824(m)，795(s)，716(s)，677(m)，600(s)，519(m)，509(m)，490(m)，457(m)，420(m)。C$_7$H$_8$N$_6$O$_6$F$_6$(386.17)元素分析理论值：C 为 21.77%，H 为 2.09%，N 为 21.76%；实测值：C 为 21.69%，H 为 2.17%，N 为 21.62%。

室温下，将 TATDO$^{2+}$(CF$_3$COO$^-$)$_2$(1.0eq.，80.00g，207.16mmol)溶于 600mL 水中，然后向其中缓慢加入 NaOH 水溶液(2.0eq.，414.33mmol，50mL)并继续搅拌 30min，析出大量白色沉淀。过滤出白色沉淀，水洗，并于 95℃下干燥，除去结晶水后得到 2,4,6-三氨基-1,3,5-三嗪-1,3-二氧化物(TATDO，26.44g，167.21mmol，收率 81%)。$^{13}$C-NMR(125MHz, D$_2$O)，$\delta$(ppm)：152.0，150.9。IR，$\nu$(cm$^{-1}$)：3439(w)，3237(w)，3061(w)，1609(s)，1483(s)，1234(s)，1173(s)，997(w)，885(m)，812(w)，708(s)，656(m)，583(m)，521(m)，440(s)。C$_3$H$_6$N$_6$O$_2$(158.12)元素分析理论值：C 为 22.79%，H 为 3.82%，N 为 53.15%；实测值：C 为 22.70%，H 为 3.93%，N 为 53.01%。

  冷却 TATDO 的饱和热水溶液，或在 2℃下将 TATDO 溶于等物质的量的 NaOH 水溶液中，都可以得到适用于单晶衍射测试的无色 TATDO·4H$_2$O 晶体。在室温下，将 TATDO 溶于等物质的量的 KOH 水溶液，可以得到适用于单晶衍射测试的无色 TATDO·2H$_2$O 晶体。TATDO$^{2+}$(CF$_3$COO$^-$)$_2$ 的 $^1$H-NMR 和 $^{13}$C-NMR 图谱和 TATDO 的 $^{13}$C-NMR 图谱分别如图 2.4 和图 2.5 所示。此外，文献[25]也报道了

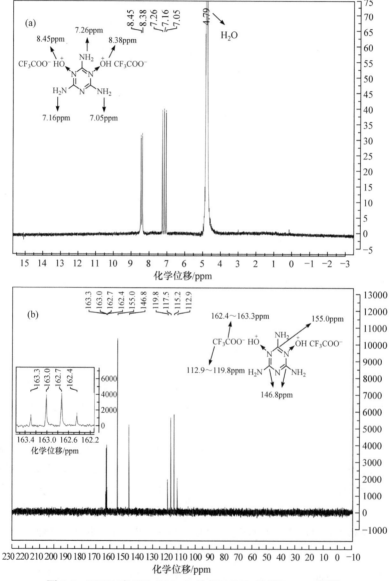

图 2.4 TATDO$^{2+}$(CF$_3$COO$^-$)$_2$ 的 $^1$H-NMR 和 $^{13}$C-NMR 图谱

(a) $^1$H-NMR 图谱；(b) $^{13}$C-NMR 图谱

TATDO 的合成，与此相比，本合成方法在分离出纯中间体 TATDO$^{2+}$(CF$_3$COO$^-$)$_2$ 的基础上，合成了 TATDO。同时，对中间体 TATDO$^{2+}$(CF$_3$COO$^-$)$_2$ 的结构进行了详细表征,有助于利用中间体 TATDO$^{2+}$(CF$_3$COO$^-$)$_2$ 合成 TATDO 及其质子化产物。

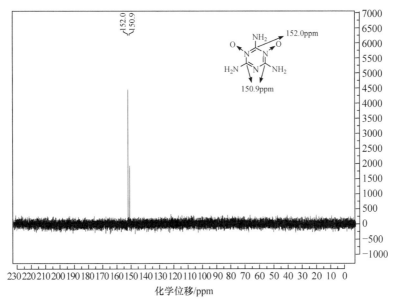

图 2.5  TATDO 的 $^{13}$C-NMR 图谱

## 2.2.2  TATDO 去质子化产物合成

1. Na$^+$TATDO$^-$的合成

室温下，将 TATDO(2.00g，12.65mmol)溶于 NaOH 溶液(12.65mmol，20mL)中，然后向其中加入 200mL 乙醇，即可析出大量白色沉淀。过滤出白色沉淀，乙醇洗涤并干燥后得到 TATDO 钠盐(Na$^+$TATDO$^-$，1.65g，9.14mmol，收率 72%)。$^{13}$C-NMR(125MHz, D$_2$O)，$\delta$(ppm): 153.7，151.3。IR，$\nu$(cm$^{-1}$): 3391(m)，3314(m)，3277(m)，2968(m)，1686(m)，1585(s)，1489(s)，1323(m)，1229(w)，1202(s)，1163(s)，1020(m)，970(w)，926(s)，885(s)，752(w)，735(w)，708(s)，687(m)，679(m)，613(m),527(m),496(s),422(s)。C$_3$H$_5$N$_6$O$_2$Na(180.10)元素分析理论值:C 为 20.01%，H 为 2.80%，N 为 46.66%；实测值: C 为 19.90%，H 为 2.91%，N 为 46.55%。

室温下，将 Na$^+$TATDO$^-$溶于浓 NaOH 溶液中，然后在 2℃下静置该溶液得到 Na$^+$TATDO$^-$无色晶体，离开母液后该晶体的质量迅速变差，难以对其进行单晶衍射测试。将 Na$^+$TATDO$^-$溶于浓 NaOH 溶液中，然后采用丙酮蒸气扩散法可以得到适用于单晶衍射测试的无色(Na$^+$)$_2$(TATDO$^-$)$_2$(H$_2$O)$_8$·2H$_2$O 晶体。Na$^+$TATDO$^-$的

$^{13}$C-NMR 图谱如图 2.6 所示。TATDO$^-$能与水中解离出来的 H$^+$结合，重新生成 TATDO，因此 Na$^+$TATDO$^-$的 $^{13}$C-NMR 图谱中存在 TATDO 的信号(152.1ppm 和 150.7ppm)。

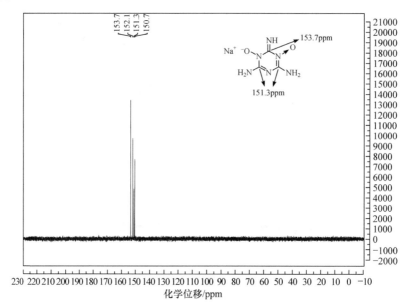

图 2.6　Na$^+$TATDO$^-$的 $^{13}$C-NMR 图谱

## 2. [K$^+$TATDO$^-$]$_n$ 的合成

室温下，将 TATDO(2.00g，12.65mmol)溶于 KOH 溶液(12.65mmol，20mL)中，然后向其中加入 200mL 乙醇，即可析出大量白色沉淀。过滤出白色沉淀，乙醇洗涤并干燥后得到 TATDO 钾盐([K$^+$TATDO$^-$]$_n$，1.99g，10.13mmol，收率 80%)。$^{13}$C-NMR(125MHz，D$_2$O)，$\delta$(ppm)：153.8，151.3。IR，$\nu$(cm$^{-1}$)：3441(m)，3379(m)，3281(m)，2970(m)，2812(m)，1672(m)，1616(s)，1558(s)，1483(s)，1319(m)，1225(m)，1202(s)，1159(s)，1087(w)，1013(w)，926(s)，851(s)，748(w)，710(s)，671(s)，586(m)，505(s)，419(s)。C$_3$H$_5$N$_6$O$_2$K(196.21)元素分析理论值：C 为 18.36%，H 为 2.57%，N 为 42.83%；实测值：C 为 18.29%，H 为 2.67%，N 为 42.71%。

将[K$^+$TATDO$^-$]$_n$溶于浓 KOH 溶液中，然后采用丙酮或乙醇蒸气扩散法可以得到适用于单晶衍射测试的[K$^+$TATDO$^-$]$_n$的无色晶体。[K$^+$TATDO$^-$]$_n$的 $^{13}$C-NMR 图谱如图 2.7 所示。TATDO$^-$也能与水中解离出来的 H$^+$结合，重新生成 TATDO，因此 [K$^+$TATDO$^-$]$_n$的 $^{13}$C-NMR 图谱中也存在 TATDO 的信号。图 2.8 为[K$^+$TATDO$^-$]$_n$粉末样品的实测 XRD 曲线与通过单晶数据模拟的 XRD 曲线，实测曲线和理论模拟曲线一致，证明制备的粉末样品与培养的晶体结构一致。

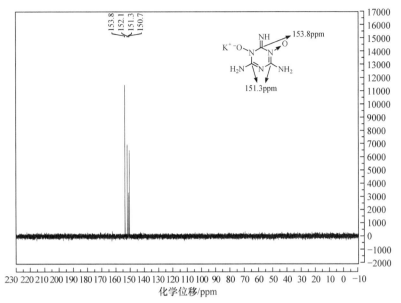

图 2.7    [K⁺TATDO⁻]ₙ 的 ¹³C-NMR 图谱

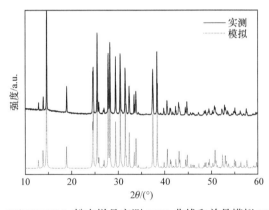

图 2.8    [K⁺TATDO⁻]ₙ 粉末样品实测 XRD 曲线和单晶模拟 XRD 曲线

**3. GUA⁺TATDO⁻的合成**

室温下，将 TATDO(1.0eq.，3.00g，18.97mmol)和盐酸肼(1.0eq.，1.81g，18.97mmol)溶于 KOH 溶液(2.5eq.，47.43mmol，20mL)中，然后在 2℃下静置 1d，得到大量适用于单晶衍射测试的无色 GUA⁺TATDO⁻·5.5H₂O 晶体。过滤出晶体，乙醇洗涤并于 110℃下干燥除去结晶水后得到 TATDO 肼盐(GUA⁺TATDO⁻，2.08g，9.58mmol，收率 51%)。IR，$\nu(\text{cm}^{-1})$：3283(m)，3061(m)，2359(w)，2342(w)，1587(s)，1531(s)，1479(s)，1312(w)，1211(m)，1150(s)，1007(w)，972(w)，920(s)，772(m)，712(m)，669(m)，500(w)，447(w)。$C_4H_{11}N_9O_2$(217.19)元素分析理论值：

C 为 22.12%，H 为 5.11%，N 为 58.04%；实测值：C 为 21.90%，H 为 5.34%，N 为 57.88%。

### 4. $Zn^{2+}(TATDO^-)_2NH_3$ 的合成

室温下，将 $Zn(NO_3)_2 \cdot 6H_2O$(1.0eq.，1.52g，5.10mmol)和$[K^+TATDO^-]_n$(2.0eq.，2.00g，10.19mmol)溶于浓度为 25%的氨水(300mL)中，静置缓慢挥发 5d 后，析出大量适用于单晶衍射测试的无色 $Zn^{2+}(TATDO^-)_2NH_3 \cdot 5.5H_2O$ 晶体。过滤出晶体，水洗，并于 110℃下干燥除去结晶水后得到 TATDO 锌氨配合物[$Zn^{2+}(TATDO^-)_2NH_3$，1.42g，3.58mmol，收率 70%]。IR，$\nu(cm^{-1})$：3285(w)，3125(w)，1595(s)，1533(s)，1477(s)，1321(w)，1233(w)，1192(m)，1157(m)，1003(w)，941(m)，714(s)，677(m)，536(w)，488(w)，434(w)。$C_6H_{13}N_{13}O_4Zn$(396.64)元素分析理论值：C 为 18.17%，H 为 3.30%，N 为 45.91%；实测值：C 为 17.96%，H 为 3.45%，N 为 45.76%。

### 5. $(Cd^{2+})_2(TATDO^-)_4(NH_3)_2$ 的合成

室温下，将 $Cd(NO_3)_2 \cdot 4H_2O$(1.0eq.，1.57g，5.10mmol)和$[K^+TATDO^-]_n$(2.0eq.，2.00g，10.19mmol)溶于浓度为 25%的氨水(300mL)中，静置缓慢挥发 5d 后，有大量适用于单晶衍射测试的无色$(Cd^{2+})_2(TATDO^-)_4(NH_3)_2 \cdot 7H_2O$ 晶体析出。过滤出晶体，水洗，并 90℃干燥除去结晶水后得到 TATDO 镉氨配合物 [$(Cd^{2+})_2$ $(TATDO^-)_4(NH_3)_2$，1.68g，1.89mmol，收率 74%]。IR，$\nu(cm^{-1})$：3518(w)，3431(w)，3321(m)，3287(m)，3103(m)，1701(m)，1655(s)，1585(s)，1545(s)，1491(s)，1323(m)，1227(m)，1177(s)，1126(m)，991(m)，935(s)，791(s)，704(s)，667(s)，525(m)，474(w)，447(m)。$C_{12}H_{26}N_{26}O_8Cd_2$(887.34)元素分析理论值：C 为 16.24%，H 为 2.95%，N 为 41.04%；实测值：C 为 16.09%，H 为 3.15%，N 为 40.04%。

### 6. $Cu^{2+}(TATDO^-)_2NH_3$ 的合成

室温下，将$[K^+TATDO^-]_n$(2.0eq.，2.00g，10.19mmol)溶于浓度为 25%的氨水(300mL)中，然后缓慢加入 $Cu(NO_3)_2 \cdot 3H_2O$ 水溶液(1.0eq.，5.10mmol，3mL)并继续搅拌 30min，析出大量蓝色沉淀。过滤出蓝色沉淀，水洗，并 100℃下干燥后得到 TATDO 铜氨配合物[$Cu^{2+}(TATDO^-)_2NH_3$，1.16g，2.94mmol，收率 58%]。IR，$\nu(cm^{-1})$：3296(m)，3088(m)，1584(s)，1557(s)，1520(s)，1479(s)，1240(w)，1200(s)，1148(s)，1051(w)，1003(w)，951(s)，706(w)，660(s)，586(s)，546(m)，521(w)，498(m)，459(w)，440(w)，419(w)，403(m)。$C_6H_{13}N_{13}O_4Cu$(394.80)元素分析理论值：C 为 18.25%，H 为 3.32%，N 为 46.12%；实测值：C 为 17.97%，H 为 3.54%，N 为 45.80%。

### 7. Ag$^+$TATDO$^-$的合成

室温下，将[K$^+$TATDO$^-$]$_n$(2.00g，10.19mmol)溶于 20mL 水中，然后缓慢加入 AgNO$_3$ 水溶液(10.19mmol，5mL)并继续搅拌 30min，析出大量淡黄色沉淀。过滤出沉淀，水洗并干燥后得到 TATDO 银盐(Ag$^+$TATDO$^-$，2.10g，7.93mmol，收率 78%)。Ag$^+$TATDO$^-$的合成需全程避光。IR，$\nu$(cm$^{-1}$)：3275(m)，1589(s)，1489(w)，1339(m)，1221(w)，1171(w)，1042(w)，947(w)，656(w)，473(w)。C$_3$H$_5$N$_6$O$_2$Ag(264.98)元素分析理论值：C 为 13.60%，H 为 1.90%，N 为 31.72%；实测值：C 为 13.49%，H 为 2.21%，N 为 31.55%。

### 8. Cu$^{2+}$(TATDO$^-$)$_2$ 的合成

室温下，将[K$^+$TATDO$^-$]$_n$(2.0eq.，2.00g，10.19mmol)溶于 20mL 水中，然后缓慢加入 Cu(NO$_3$)$_2$·3H$_2$O 水溶液(1.0eq.，5.10mmol，10mL)并继续搅拌 30min，析出大量蓝色沉淀。过滤出蓝色沉淀，水洗并 100℃下干燥后得到 TATDO 铜盐[Cu$^{2+}$(TATDO$^-$)$_2$，1.51g，3.99mmol，收率 78%]。IR，$\nu$(cm$^{-1}$)：3289(w)，3090(w)，1595(s)，1541(s)，1474(s)，1236(w)，1196(m)，1153(s)，1001(w)，949(s)，708(m)，664(m)，583(s)，498(s)，446(m)，377(w)。C$_6$H$_{10}$N$_{12}$O$_4$Cu(377.77)元素分析理论值：C 为 19.08%，H 为 2.67%，N 为 44.49%；实测值：C 为 18.75%，H 为 2.84%，N 为 44.16%。

### 9. Pb$^{2+}$(TATDO$^-$)$_2$ 的合成

室温下，将[K$^+$TATDO$^-$]$_n$(2.0eq.，2.00g，10.19mmol)溶于 20mL 水中，向其中缓慢加入 Pb(NO$_3$)$_2$ 水溶液(1.0eq.，5.10mmol，10mL)后继续搅拌 30min，析出大量白色沉淀。过滤出白色沉淀，水洗并干燥后得到 TATDO 铅盐[Pb$^{2+}$(TATDO$^-$)$_2$，2.15g，4.13mmol，收率 81%]。IR，$\nu$(cm$^{-1}$)：3422(m)，3312(w)，3260(w)，3084(m)，1593(s)，1533(s)，1474(s)，1319(w)，1217(w)，1188(w)，1152(s)，1032(w)，934(s)，920(w)，704(s)，671(s)，469(m)，449(m)，432(m)。C$_6$H$_{10}$N$_{12}$O$_4$Pb(521.43)元素分析理论值：C 为 13.82%，H 为 1.93%，N 为 32.24%；实测值：C 为 13.69%，H 为 2.06%，N 为 32.01%。

## 2.2.3　TATDO 质子化产物合成

### 1. TATDO$^+$NO$_3^-$的合成

80℃下，将 TATDO(3.00g，18.97mmol)溶于硝酸(0.3mol·L$^{-1}$，90mL)中，然后在室温下静置 1d 后，有大量适用于单晶衍射测试的无色 TATDO$^+$NO$_3^-$·H$_2$O 晶体析出。过滤出晶体，水洗并 80℃下干燥后得到 TATDO 单硝酸盐(TATDO$^+$NO$_3^-$，

1.93g，8.73mmol，收率 46%)。$^{13}$C-NMR(125MHz，$D_2O$)，$\delta$(ppm)：155.0，146.9。IR，$\nu$(cm$^{-1}$)：3426(w)，3096(m)，2990(m)，2901(w)，1670(m)，1636(s)，1489(s)，1395(s)，1304(s)，1241(s)，1180(s)，1081(m)，1047(s)，995(m)，891(m)，826(s)，723(s)，704(m)，665(s)，517(s)，405(s)。$C_3H_7N_7O_5$(221.13)元素分析理论值：C 为 16.29%，H 为 3.19%，N 为 44.34%；实测值：C 为 16.23%，H 为 3.26%，N 为 44.22%。

TATDO$^+$NO$_3^-$的 $^{13}$C-NMR 图谱如图 2.9 所示。由于 TATDO$^+$能与水中解离出来的 OH$^-$反应，重新生成 TATDO，所以 TATDO$^+$NO$_3^-$的 $^{13}$C-NMR 图谱中存在 TATDO 的信号(152.4ppm 和 150.8ppm)。文献[26]也报道了一种利用 TATDO 的三氟乙酸盐与硝酸铵的复分解反应制备 TATDO$^+$NO$_3^-$的方法。

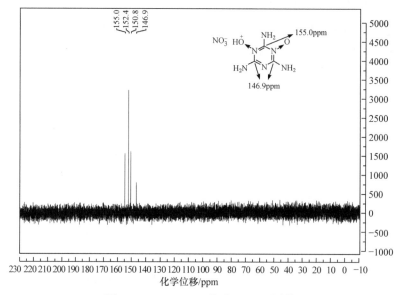

图 2.9　TATDO$^+$NO$_3^-$的 $^{13}$C-NMR 图谱

## 2. TATDO$^{2+}$(NO$_3^-$)$_2$ 的合成

80℃下，将 TATDO(3.00g，18.97mmol)溶于浓度为 65%的硝酸(70mL)中，然后在室温下静置 1d，有无色 TATDO$^{2+}$(NO$_3^-$)$_2$ · $H_2O$ 晶体析出。过滤出晶体，水洗并 90℃下干燥后得到 TATDO 二硝酸盐[TATDO$^{2+}$(NO$_3^-$)$_2$，1.26g，4.43mmol，收率 23%]。$^{13}$C-NMR(125MHz，$D_2O$)，$\delta$(ppm)：155.0，146.9。IR，$\nu$(cm$^{-1}$)：3366(w)，3127(m)，2990(m)，1717(w)，1636(s)，1495(s)，1379(w)，1315(s)，1250(s)，1179(s)，1115(m)，1040(m)，966(m)，891(m)，826(m)，716(s)，660(s)，565(s)，528(s)，413(s)。$C_3H_8N_8O_8$(284.15)元素分析理论值：C 为 12.68%，H 为 2.84%，N 为 39.44%；实测值：C 为 12.57%，H 为 2.89%，N 为 39.35%。

TATDO$^{2+}$(NO$_3^-$)$_2$ 的 $^{13}$C-NMR 图谱如图 2.10 所示。TATDO$^{2+}$能与水中解离出来的 OH$^-$反应，重新生成 TATDO，因此在 TATDO$^{2+}$(NO$_3^-$)$_2$ 的 $^{13}$C-NMR 图谱中也存在 TATDO 的信号(152.5ppm 和 150.8ppm)。文献[26]也报道了一种利用发烟硝酸制备 TATDO$^{2+}$(NO$_3^-$)$_2$ 的方法。

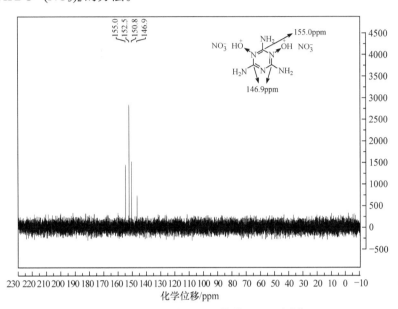

图 2.10　TATDO$^{2+}$(NO$_3^-$)$_2$ 的 $^{13}$C-NMR 图谱

### 3. TATDO$^+$ClO$_4^-$的合成

90℃下，将 TATDO(3.00g，18.97mmol)溶于高氯酸(0.15mol·L$^{-1}$，150mL)中，然后在 2℃下静置 1d，有大量适用于单晶衍射测试的无色 TATDO$^+$ClO$_4^-$晶体析出。过滤出晶体，水洗并干燥后得到 TATDO 单高氯酸盐(TATDO$^+$ClO$_4^-$，2.28g，8.82mmol，收率 46%)。IR，$\nu$(cm$^{-1}$)：3424(w)，3352(w)，3281(m)，3246(m)，3061(w)，1703(w)，1676(s)，1639(s)，1491(s)，1252(m)，1180(w)，1070(s)，984(s)，934(s)，876(s)，725(s)，671(w)，625(s)，554(s)，523(s)，490(m)，411(s)。C$_3$H$_7$N$_6$O$_6$Cl (258.58)元素分析理论值：C 为 13.94%，H 为 2.73%，N 为 32.50%；实测值：C 为 13.74%，H 为 2.89%，N 为 32.37%。文献[25]报道了一种利用 TATDO 三氟乙酸盐与高氯酸铵的复分解反应制备 TATDO$^+$ClO$_4^-$的方法。

### 4. TATDO$^{2+}$(ClO$_4^-$)$_2$ 的合成

90℃下，将 TATDO(3.00g，18.97mmol)溶于浓度为 70%的高氯酸(35mL)中，然后在 2℃下静置 1d，有大量无色晶体析出。过滤出晶体，乙酸洗涤并干燥后得到 TATDO 二高氯酸盐[TATDO$^{2+}$(ClO$_4^-$)$_2$, 1.98g, 5.51mmol, 收率 29%]。IR, $\nu$(cm$^{-1}$): 3379(m), 3283(m), 3242(w), 3173(m), 3129(m), 2839(w), 1717(m), 1659(s), 1558(w), 1506(w), 1483(s), 1364(w), 1244(m), 1200(w), 1055(s), 935(w), 889(w), 739(w), 719(s), 656(w), 613(s), 555(s), 463(w)。C$_3$H$_8$N$_6$O$_{10}$Cl$_2$(359.03)元素分析理论值: C 为 10.04%, H 为 2.25%, N 为 23.41%; 实测值: C 为 9.91%, H 为 2.34%, N 为 23.24%。文献[26]首次报道了 TATDO$^{2+}$(ClO$_4^-$)$_2$ 的合成。

5. TATDO$^+$DNA$^-$的合成

室温下, 将 TATDO$^{2+}$(CF$_3$COO$^-$)$_2$(3.00g, 7.77mmol)和二硝酰胺钾(1.13g, 7.77mmol)溶于水(30mL)中, 然后在 2℃下静置 5d, 有大量适用于单晶衍射测试的无色 TATDO$^+$DNA$^-$晶体析出。过滤出晶体, 乙醇洗涤和干燥后得到 TATDO 二硝酰胺盐(TATDO$^+$DNA$^-$, 0.56g, 2.11mmol, 收率 27%)。IR, $\nu$(cm$^{-1}$): 3410(m), 3267(w), 3125(w), 3090(w), 1711(w), 1668(s), 1639(w), 1553(w), 1479(s), 1431(s), 1323(m), 1240(m), 1165(s), 974(s), 891(s), 826(m), 756(s), 718(s), 665(s), 635(w), 557(s), 521(s), 407(s)。C$_3$H$_7$N$_9$O$_6$(265.15)元素分析理论值: C 为 13.59%, H 为 2.66%, N 为 47.54%; 实测值: C 为 13.48%, H 为 2.74%, N 为 47.36%。文献[26]中也报道了一种利用 TATDO 三氟乙酸盐与二硝酰胺铵的复分解反应制备 TATDO$^+$DNA$^-$的方法。

## 2.2.4　TATDO 系列含能化合物合成机理

TATDO 系列含能化合物的合成总路线见图 2.11。类似于四嗪类化合物, 三聚氰胺也可以被高效的三氟过氧乙酸氧化体系 N-氧化, 生成含能化合物 TATDO。TATDO 可被等物质的量的 NaOH 或 KOH 去质子化, 生成 TATDO$^-$, 也可以被稀酸和浓酸质子化, 分别生成一价 TATDO$^+$和二价 TATDO$^{2+}$, 是两性性质比较均衡的两性含能化合物。通过 TATDO 的阴、阳离子与其他不同离子的组合, 高效地合成了 14 种离子型含能化合物[27,28]。

2,4,6-三氨基-1,3,5-三嗪-1,3,5-三氧化物(TATTO)(图 2.11)是比 TATDO 更理想的 N-氧化产物, 然而反复改变三氟过氧乙酸氧化体系的反应条件(如提高反应温度和双氧水浓度), 也无法在该体系中合成出期望的 TATTO。通过理论计算得到了三聚氰胺被 N-氧化前后的电子密度变化情况(相关具体计算方法见附录 A 说明 1)[29-32], 图 2.12 中实体表面代表三聚氰胺在接收了两个配位氧后电子密度上升的区域, 画线表面代表三聚氰胺在接收了两个配位氧后电子密度下降的区域。三聚氰胺三嗪环上的 N(4)和 N(5)原子接收了配位氧后, 三嗪环上剩余的 N(6)原子下方电子密度大幅下降, 由此 N(6)原子给出孤对电子的能力大幅降低, 并导致其难以继续与过氧酸的过氧键异裂形成的电正性氧原子结合形成新的 N→O 键, 在如此

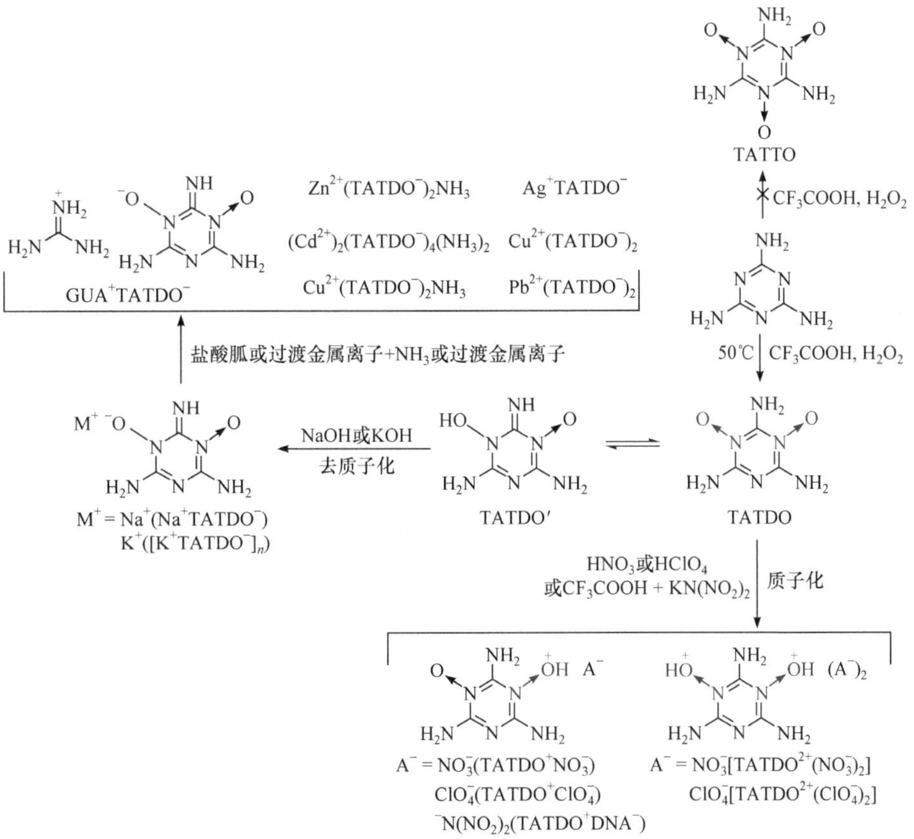

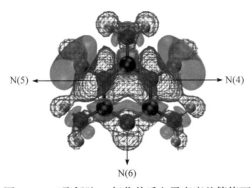

图 2.11　TATDO 系列含能化合物的合成总路线

图 2.12　三聚氰胺 N-氧化前后电子密度差等值面

强的三氟过氧乙酸氧化体系下难以进一步 N-氧化 TATDO 以获得 TATTO。

　　TATDO 是典型两性含能化合物，它的两性特性来源于其结构中存在的 O←N=C—NH₂ 结构(简化环状结构)和 HO—N—C=NH 结构(简化环状结构)之间的互变异构。TATDO 主要以 $O \leftarrow N = C - NH_2$ 结构形式存在,含有 $HO - N - C = NH$ 结构的互变异构体 TATDO′(图 2.11)处于劣势地位,其晶体结构可以证明这一点,通过比较它们的能量高低也可以佐证其稳定性。TATDO 在 298.15K 的内能比 TATDO′低 40.77kJ·mol⁻¹ (相关具体计算方法见附录 A 说明 2)[32],因此 TATDO 更趋向于以低能量的 $O \leftarrow N = C - NH_2$ 稳定结构形式存在。

在 TATDO 的 $O \leftarrow N = C - NH_2$ 结构中,配位氧原子可以接收质子,形成 $^+HO \leftarrow N = C - NH_2$ 结构,从而生成 TATDO⁺。由于 TATDO 分子中两个 $N \rightarrow O$ 键可以同时接收质子,所以 TATDO 还可以形成二价 TATDO²⁺。TATDO 的表面静电势分布可以解释 TATDO 的质子化特性。将附录 A 说明 2 中生成 TATDO 的 Gaussian 检查点文件转化为格式化检查点文件,然后使用 Multiwfn 软件计算其表面静电势[29-30],并通过 VMD(visual molecular dynamics)可视化程序获得图 2.13 所示的 TATDO 的表面静电势分布[31]。图 2.13 中区域的颜色越深代表该处静电势越负,范德华表面上的小球代表静电势的极小值点。TATDO 的两个配位氧 O(1) 和 O(2)附近明显具有最负的静电势分布,且 2 个配位氧附近的静电势极小值 (−37.0kcal·mol⁻¹)同时也是整个分子静电势分布的最小值,N(6)原子附近的静电势要明显高于 O(1)和 O(2)附近的静电势。此外,TATDO 的 NPA 电荷计算结果也显示 O(1)和 O(2)上的 NPA 电荷(−0.659)比 N(6)上的 NPA 电荷(−0.588)更负[32]。因此,TATDO 的两个配位氧比三嗪环上的 N(6)原子(—N═基团)更容易接收带正电荷的质子,具有更强的亲质子能力。虽然 TATDO 比其互变异构体 TATDO′更稳定,但在水中 TATDO′的 $HO - N - C = NH$ 结构中 HO—N 基团可以被 NaOH 和 KOH 去质子化,形成⁻O—N—C═NH 结构,从而使 $O \leftarrow N = C - NH_2$ 结构和 $HO - N - C = NH$ 结构之间的互变异构平衡不断向 $HO - N - C = NH$ 结构方向移动,并最终生成大量 TATDO⁻,其晶体结构也可证实 TATDO 两性性质的形成机理。尽管在 TATDO⁻的结

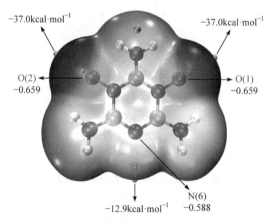

图 2.13　TATDO 分子的范德华表面静电势分布和部分原子的 NPA 电荷

构中还有一个 $O{\leftarrow}N{=}C{-}NH_2$ 结构,但由于 $O{\leftarrow}N{=}C{-}NH_2$ 结构比 $HO{-}N{-}C{=}NH$ 结构更稳定,且 TATDO⁻已具有较强碱性,TATDO⁻很难被碱性试剂进一步去质子化以形成 TATDO²⁻。

通过测定 TATDO 的离子盐水溶液 pH,得到 TATDO 的酸式解离常数和碱式解离常数,从而可以定量表征 TATDO 的两性性质。TATDO⁻和 TATDO⁺在水中分别发生图 2.14 所示的水解和解离。这种水解和解离使静置 Na⁺TATDO⁻和[K⁺TATDO⁻]$_n$水溶液可得到 TATDO 晶体,在其钠盐、钾盐和硝酸盐的 ¹³C-NMR(D₂O)图谱中都有 TATDO 的特定化学位移峰。

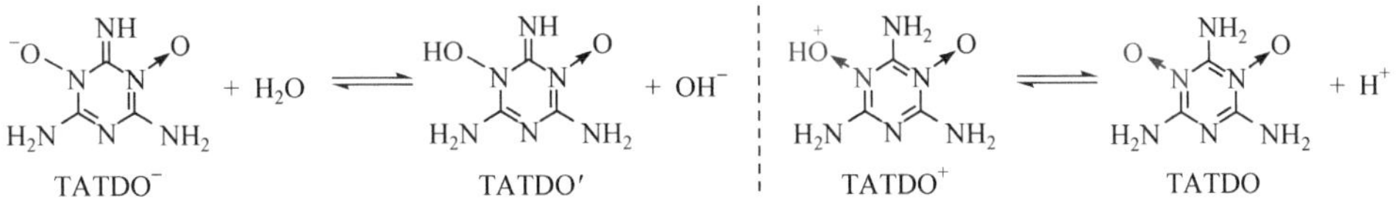

图 2.14　TATDO⁻的水解和 TATDO⁺的解离

TATDO⁻的水解平衡常数($K_h$)和 TATDO⁺的解离平衡常数($K_a$)满足:

$$K_h(\text{TATDO}^-) = \frac{c(\text{TATDO}')c(\text{OH}^-)}{c(\text{TATDO}^-)} = \frac{c(\text{TATDO}')c(\text{OH}^-)c(\text{H}^+)}{c(\text{TATDO}^-)c(\text{H}^+)} = \frac{K_w}{K_a(\text{TATDO}')}$$

$$(2.1)$$

$$K_a(\text{TATDO}^+) = \frac{c(\text{TATDO})c(\text{H}^+)}{c(\text{TATDO}^+)}$$ 

$$(2.2)$$

式中, $K_w$ 为水的离子积常数,在 25℃下的值为 $1.01\times10^{-14}$。

假设水的解离可以忽略,且钾盐 K⁺TATDO⁻和单三氟乙酸盐 TATDO⁺CF₃COO⁻的水溶液中 TATDO⁻和 TATDO⁺浓度分别近似等于 K⁺TATDO⁻和 TATDO⁺CF₃COO⁻的初始浓度,则由式(2.1)和式(2.2)可得

$$K_a(\text{TATDO}') = \frac{K_w \cdot c(\text{TATDO}^-)}{c(\text{TATDO}')c(\text{OH}^-)} = \frac{K_w \cdot c(\text{K}^+\text{TATDO}^-)}{c^2(\text{OH}^-)} = \frac{c^2(\text{H}^+) \cdot c(\text{K}^+\text{TATDO}^-)}{K_w}$$

$$(2.3)$$

$$K_a(\text{TATDO}^+) = \frac{c^2(\text{H}^+)}{c(\text{TATDO}^+\text{CF}_3\text{COO}^-)}$$

$$(2.4)$$

TATDO⁺CF₃COO⁻的水溶液通过将等物质的量 TATDO²⁺(CF₃COO⁻)₂ 和 NaOH 共同溶于水制得。因为所得溶液依然显较强酸性,所以该溶液实际上是溶解了等物质的量 TATDO⁺CF₃COO⁻和三氟乙酸钠的溶液。三氟乙酸钠是强电解质,由

图 2.14 可知，$CF_3COO^-$ 和 $Na^+$ 不参与 $TATDO^+$ 的解离，因此可以认为三氟乙酸钠对 $TATDO^+$ 在水中的解离没有影响。配制浓度都为 $0.200mol \cdot L^{-1}$ 的 $K^+TATDO^-$ 水溶液和 $TATDO^+CF_3COO^-$ 水溶液，并通过 pH 计测得两种水溶液在 25℃下的 pH 分别为 11.61 和 2.10。由于 TATDO 是酸性 $TATDO^+$ 的共轭碱，对 TATDO 的解离平衡常数($K_b$)，有

$$K_b(\text{TATDO}) = K_w \div K_a(\text{TATDO}^+) \tag{2.5}$$

由式(2.3)、式(2.4)和式(2.5)可得

$$K_a(\text{TATDO}') = (10^{-11.61})^2 \times 0.200 \div (1.01 \times 10^{-14}) = 1.19 \times 10^{-10} \tag{2.6}$$

$$K_b(\text{TATDO}) = 1.01 \times 10^{-14} \div [(10^{-2.10})^2 \div 0.200] = 3.20 \times 10^{-11} \tag{2.7}$$

又由式(2.1)和式(2.5)可得

$$K_h(\text{TATDO}^-) = 1.01 \times 10^{-14} \div (1.19 \times 10^{-10}) = 8.49 \times 10^{-5} \gg K_w$$

$$c(\text{K}^+\text{TATDO}^-)/K_h(\text{TATDO}^-) = 0.200 \div (8.49 \times 10^{-5}) > 500$$

$$K_a(\text{TATDO}^+) = 1.01 \times 10^{-14} \div (3.20 \times 10^{-11}) = 3.16 \times 10^{-4} \gg K_w$$

$$c(\text{TATDO}^+\text{CF}_3\text{COO}^-)/K_a(\text{TATDO}^+) = 0.200 \div (3.16 \times 10^{-4}) > 500$$

综上，在推导式(2.3)和式(2.4)时作出的假设是合理的。由式(2.6)和式(2.7)可得，TATDO 的互变异构体 TATDO′的酸式解离常数 $pK_a$ 为 9.92，TATDO 的碱式解离常数 $pK_b$ 为 10.49。TATDO′的酸性与苯酚($pK_a = 9.99$)的酸性相当，TATDO 的碱性比苯胺的碱性($pK_b=9.40$)稍弱一些[33]。基于 $O\leftarrow N=C-NH_2$ 结构和 $HO-N-C=NH$ 结构之间互变异构的两性含能化合物 TATDO,其酸式解离常数和碱式解离常数很接近，这赋予了 TATDO 对于两性含能化合物来说非常难得的均衡两性性质。这种均衡的两性性质使得 TATDO 可以充分地向两个方向离子化，从而生成多种基于 TATDO 的离子型含能化合物。

## 2.3 DAOTO 系列含能化合物合成与机理

### 2.3.1 DAOTO 合成

室温下，先将三聚氰胺(30.00g，237.87mmol)缓慢加入三氟乙酸(300mL)与30%双氧水(300mL)的混合液中，在 75℃下搅拌并回流反应 12h 后，2℃下静置 2d，得到大量适用于单晶衍射测试的无色 $DAOTO^+CF_3COO^- \cdot H_2O$ 晶体。过滤出晶体，将其溶于 80℃的热水(200mL)中，用氢氧化钠溶液($0.1mol \cdot L^{-1}$)将溶液调到中性，得到大量白色沉淀。过滤出白色沉淀，水洗并在 100℃下干燥后得到4,6-二氨基-3-羟基-2-羰基-2,3-二氢-1,3,5-三嗪-1-氧化物(DAOTO，17.76g，111.62mmol，收率47%)。$^1$H-NMR(500MHz, DMSO-$d_6$)，$\delta$(ppm)：8.39(s，2H，NH)，7.89(s，2H，NH)。IR，$\nu$($cm^{-1}$)：3439(m)，3375(m)，3210(m)，1724(m)，1612(s)，1560(m)，

1514(s)，1275(m)，1240(m)，1179(s)，991(m)，781(m)，716(m)，667(s)，583(m)，515(s)，474(s)，417(m)。$C_3H_5N_5O_3$(159.11)元素分析理论值：C 为 22.65%，H 为 3.17%，N 为 44.02%；实测值：C 为 22.57%，H 为 3.19%，N 为 43.91%。

$DAOTO^+CF_3COO^- \cdot H_2O$ 的晶体结构和精修数据分别如图2.15和附录A中表A.1 所示。将 DAOTO 与等物质的量 KOH 或硝酸溶于热水中，在室温下静置所得溶液一周后也可以得到适用于单晶衍射测试的无色 $DAOTO \cdot 0.5H_2O$ 晶体。DAOTO 的 $^1$H-NMR 图谱如图 2.16 所示。

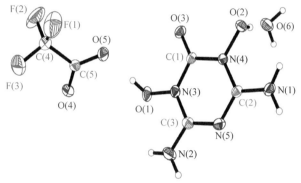

图 2.15　$DAOTO^+CF_3COO^- \cdot H_2O$ 的晶体结构

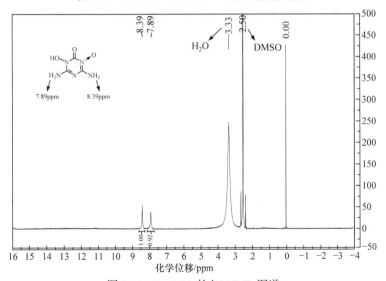

图 2.16　DAOTO 的 $^1$H-NMR 图谱

## 2.3.2　DAOTO 去质子化产物合成

1. $Na^+DAOTO^-$ 的合成

室温下，将 DAOTO(1.0eq.，6.00g，37.71mmol)缓慢加入 NaOH 溶液(3.0eq.，

113.13mmol，60mL)中，接着搅拌 30min 后过滤出白色析出物，乙醇洗涤并干燥后得到 DAOTO 钠盐(Na$^+$DAOTO$^-$，1.29g，7.11mmol，收率 19%)。$^{13}$C-NMR (125MHz，D$_2$O)，$\delta$(ppm)：153.8，150.8。IR，$\nu$(cm$^{-1}$)：3476(w)，3433(w)，3292(w)，3098(w)，1740(w)，1616(s)，1549(m)，1524(s)，1456(w)，1356(s)，1223(m)，1167(s)，978(s)，835(m)，714(s)，671(s)，581(m)，515(m)，501(m)，409(s)。C$_3$H$_4$N$_5$O$_3$Na(181.09) 元素分析理论值：C 为 19.90%，H 为 2.23%，N 为 38.67%；实测值：C 为 19.82%，H 为 2.24%，N 为 38.54%。

　　将 DAOTO(6.00mmol)溶于 NaOH 溶液(24.00mmol，15mL)中，室温下静置 1d 后得到无色[Na$^+$DAOTO$^-$(H$_2$O)$_3$·H$_2$O]$_n$ 晶体。再将 Na$^+$DAOTO$^-$溶于等物质的量 NaOH 水溶液中，采用丙酮蒸气扩散法可以得到适用于单晶衍射测试的无色 [(Na$^+$)$_2$(DAOTO$^-$)$_2$(H$_2$O)$_3$·2H$_2$O]$_n$ 晶体。Na$^+$DAOTO$^-$的 $^{13}$C-NMR 图谱如图 2.17 所示。

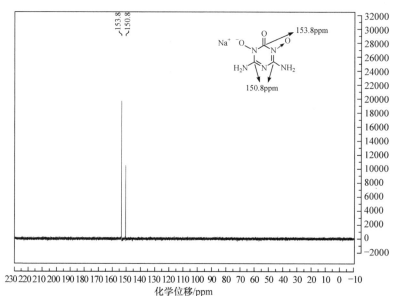

图 2.17　Na$^+$DAOTO$^-$的 $^{13}$C-NMR 图谱

### 2. [K$^+$DAOTO$^-$(H$_2$O)$_{1.5}$]$_n$ 的合成

　　室温下，将 DAOTO(1.0eq.，2.00g，12.57mmol)溶于 KOH 溶液(2.0eq.，25.14mmol，40mL)中，然后向其中加入 300mL 乙醇，即可析出大量白色沉淀。过滤出白色沉淀，乙醇洗涤，并在 90℃下干燥后得到 DAOTO 含有 1.5 个配位水分子的钾盐 ([K$^+$DAOTO$^-$(H$_2$O)$_{1.5}$]$_n$，2.42g，10.80mmol，收率 86%)。$^{13}$C-NMR(125MHz，D$_2$O)，$\delta$(ppm)：153.8，150.7。IR，$\nu$(cm$^{-1}$)：3456(w)，3424(w)，3408(w)，2970(m)，2901(w)，1707(w)，1605(s)，1533(s)，1458(m)，1227(m)，1207(m)，1167(s)，1066(w)，1016(w)，

978(s)，775(w)，716(s)，671(m)，592(w)，507(m)，459(s)，419(s)，405(s)。
$C_3H_7N_5O_{4.5}K$(224.22)元素分析理论值：C 为 16.07%，H 为 3.15%，N 为 31.24%；
实测值：C 为 15.99%，H 为 3.21%，N 为 31.13%。

将$[K^+DAOTO^-(H_2O)_{1.5}]_n$溶于浓 KOH 溶液中，2℃下静置 1d，或对所制备溶
液采用室温下甲醇(乙醇)蒸气扩散，均可得到适用于单晶衍射测试的无色
$[K^+DAOTO^-(H_2O)_{1.5} \cdot H_2O]_n$晶体。$[K^+DAOTO^-(H_2O)_{1.5}]_n$的 $^{13}$C-NMR 图谱如图 2.18
所示。图 2.19 为实测未除去晶格水的粉末样品的 XRD 曲线和通过单晶数据模拟
的 XRD 曲线，实测曲线和理论模拟曲线结果一致，说明制备的粉末样品与培养
的晶体结构一致。

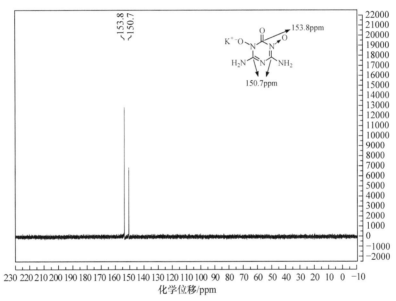

图 2.18　$[K^+DAOTO^-(H_2O)_{1.5}]_n$的 $^{13}$C-NMR 图谱

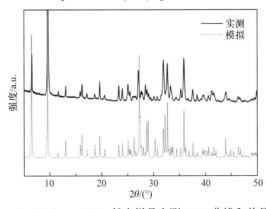

图 2.19　$[K^+DAOTO^-(H_2O)_{1.5} \cdot H_2O]_n$粉末样品实测 XRD 曲线和单晶模拟 XRD 曲线

### 3. GUA⁺DAOTO⁻的合成

室温下,将 DAOTO(1.0eq., 3.00g, 18.85mmol)和盐酸胍(1.0eq., 1.71g, 18.85mmol)溶于 KOH 溶液(3.0eq., 56.55mmol, 45mL)中, 2℃下静置 1d 后得到大量适用于单晶衍射测试的无色 GUA⁺DAOTO⁻ · 4H₂O 晶体。过滤出晶体, 乙醇洗涤, 95℃下干燥后得到 DAOTO 胍盐(GUA⁺DAOTO⁻, 1.76g, 8.07mmol, 收率 43%)。IR, $\nu$(cm⁻¹): 3522(w), 3431(m), 3377(m), 3325(m), 3183(w), 3001(m), 1728(w), 1697(m), 1620(s), 1530(s), 1466(m), 1225(m), 1209(m), 1167(m), 1015(w), 970(s), 787(m), 719(m), 706(m), 665(m), 532(m), 500(m), 424(m)。 $C_4H_{10}N_8O_3$(218.18)元素分析理论值: C 为 22.02%, H 为 4.62%, N 为 51.36%; 实测值: C 为 21.89%, H 为 4.75%, N 为 51.25%。

### 4. $[Zn^{2+}(DAOTO^-)_2 \cdot 4H_2O]_n$ 的合成

将[K⁺DAOTO⁻(H₂O)₁.₅]ₙ(2.0eq., 4.00g, 17.84mmol)和 Zn(NO₃)₂ · 6H₂O(1.0eq., 2.65g, 8.92mmol)在 90℃的水(150mL)中回流搅拌 6h 后过滤, 滤液在室温下静置一周后, 析出大量适用于单晶衍射测试的无色[Zn²⁺(DAOTO⁻)₂ · 4H₂O]ₙ晶体。过滤出晶体, 水洗并干燥后得到由 DAOTO⁻ 与 Zn²⁺ 组成的 MOF 四水合物 ([Zn²⁺(DAOTO⁻)₂ · 4H₂O]ₙ, 1.24g, 2.73mmol, 收率 31%)。IR, $\nu$(cm⁻¹): 3472(m), 3354(m), 3252(m), 3096(m), 1715(m), 1638(s), 1560(m), 1508(s), 1236(m), 1182(m), 1140(w), 1028(w), 980(m), 729(m), 696(s), 671(s), 613(m), 532(m), 513(m),428(m)。$C_6H_{16}N_{10}O_{10}Zn$(453.63)元素分析理论值:C 为 15.89%,H 为 3.56%, N 为 30.88%; 实测值: C 为 15.73%, H 为 3.60%, N 为 30.66%。在 110℃下干燥 [Zn²⁺(DAOTO⁻)₂ · 4H₂O]ₙ可得到无水的[Zn²⁺(DAOTO⁻)₂]ₙ粉末,[Zn²⁺(DAOTO⁻)₂]ₙ 在室温下会重新吸收空气中的水分, 并迅速恢复为具有晶格水的 [Zn²⁺(DAOTO⁻)₂ · 4H₂O]ₙ。

### 5. $Cu^{2+}(DAOTO^-)_2NH_3$ 的合成

室温下, 将[K⁺DAOTO⁻(H₂O)₁.₅]ₙ(2.0eq., 2.00g, 8.92mmol)溶于 25%的氨水(400mL)中, 缓慢加入 Cu(NO₃)₂ · 3H₂O 水溶液(1.0eq., 4.46mmol, 2.5mL)后继续搅拌 30min, 析出大量紫色沉淀。过滤出紫色沉淀, 水洗, 并在 100℃下干燥得到 DAOTO 的铜氨配合物[Cu²⁺(DAOTO⁻)₂NH₃, 1.35g, 3.40mmol, 收率 76%]。IR, $\nu$(cm⁻¹): 3169(m), 1558(s), 1489(w), 1472(w), 1456(s), 1252(m), 1223(w), 1132(s), 961(s), 743(w), 702(s), 669(s), 575(s), 513(s)。 $C_6H_{11}N_{11}O_6Cu$(396.77)元素分析理论值:C 为 18.16%,H 为 2.79%,N 为 38.83%; 实测值: C 为 17.94%, H 为 2.92%, N 为 38.54%。

### 6. Ag⁺DAOTO⁻的合成

室温下，将[K⁺DAOTO⁻(H₂O)₁.₅]ₙ(2.00g，8.92mmol)溶于 20mL 水中，缓慢加入 AgNO₃水溶液(8.92mmol，5mL)后继续搅拌 30min，析出大量白色沉淀。过滤出白色沉淀，水洗并干燥后得到 DAOTO 银盐(Ag⁺DAOTO⁻，1.67g，6.28mmol，收率 70%)。IR，$\nu$(cm⁻¹)：3428(m)，3381(w)，3292(m)，3082(m)，2997(m)，1744(w)，1715(m)，1609(s)，1541(s)，1217(s)，1171(s)，1126(w)，972(s)，760(w)，737(w)，700(s)，611(s)，528(s)，503(s)，430(s)，407(s)。$C_3H_4N_5O_3Ag$(265.97)元素分析理论值：C 为 13.55%，H 为 1.52%，N 为 26.33%；实测值：C 为 13.34%，H 为 1.74%，N 为 26.10%。

### 7. Cu²⁺(DAOTO⁻)₂ 的合成

室温下，将[K⁺DAOTO⁻(H₂O)₁.₅]ₙ(2.0eq.，2.00g，8.92mmol)溶于 20mL 水中，缓慢加入 Cu(NO₃)₂·3H₂O 水溶液(1.0eq.，4.46mmol，2.5mL)后继续搅拌 30min，析出大量绿色沉淀。过滤出绿色沉淀，水洗并干燥后得到 DAOTO 铜盐[Cu²⁺(DAOTO⁻)₂，1.29g，3.40mmol，收率 76%]。IR，$\nu$(cm⁻¹)：3458(w)，3379(m)，3221(w)，3127(m)，1734(w)，1674(w)，1589(s)，1506(s)，1456(s)，1231(w)，1180(m)，1144(m)，982(m)，897(w)，795(w)，669(s)，606(m)，565(s)，527(w)，515(w)，500(w)，450(m)，407(m)。$C_6H_8N_{10}O_6Cu$(379.74)元素分析理论值：C 为 18.98%，H 为 2.12%，N 为 36.89%；实测值：C 为 18.69%，H 为 2.35%，N 为 36.57%。

### 8. Pb²⁺(DAOTO⁻)₂ 的合成

室温下，将[K⁺DAOTO⁻(H₂O)₁.₅]ₙ(2.0eq.，2.00g，8.92mmol)溶于 20mL 水中，缓慢加入 Pb(NO₃)₂水溶液(1.0eq.，4.46mmol，10mL)后继续搅拌 30min，析出大量白色沉淀。过滤出沉淀，水洗并干燥后得到 DAOTO 铅盐[Pb²⁺(DAOTO⁻)₂，1.60g，3.06mmol，收率 69%]。IR，$\nu$(cm⁻¹)：3559(w)，3460(w)，3291(m)，3136(m)，1643(s)，1609(s)，1560(w)，1526(s)，1466(w)，1231(w)，1217(m)，1175(s)，972(s)，737(w)，716(m)，706(s)，635(s)，501(s)，474(w)，428(s)，407(s)。$C_6H_8N_{10}O_6Pb$ (523.39)元素分析理论值：C 为 13.77%，H 为 1.54%，N 为 26.76%；实测值：C 为 13.46%，H 为 1.77%，N 为 26.51%。

## 2.3.3　DAOTO 质子化产物合成

### 1. DAOTO⁺NO₃⁻的合成

80℃下，将 DAOTO(2.00g，12.57mmol)溶于 65%的硝酸(20mL)中，2℃下静置 1d 后，有大量适用于单晶衍射测试的无色 DAOTO⁺NO₃⁻晶体析出。过滤出晶体，乙醇洗涤和干燥后得到 DAOTO 硝酸盐(DAOTO$^+$NO$_3^-$, 2.01g, 9.05mmol, 收率72%)。$^1$H-NMR(500MHz, DMSO-$d_6$), $\delta$(ppm)：12.22(s, 1H, OH), 8.95(s, 2H, NH), 8.54(s, 2H, NH)。$^{13}$C-NMR(125MHz, DMSO-$d_6$), $\delta$(ppm)：154.6, 145.4。IR, $\nu$(cm$^{-1}$)：3410(m), 3281(m), 2556(m), 1771(s), 1630(s), 1560(s), 1533(s), 1425(s), 1290(s), 1269(s), 1236(s), 1198(m), 1175(m), 1045(s), 989(w), 966(s), 814(s), 714(s), 687(w), 662(s), 573(m), 498(s), 486(s)。C$_3$H$_6$N$_6$O$_6$(222.12)元素分析理论值：C 为 16.22%, H 为 2.72%, N 为 37.84%；实测值：C 为 16.15%, H 为 2.79%, N 为 37.73%。DAOTO$^+$NO$_3^-$的 $^1$H-NMR 和 $^{13}$C-NMR 图谱如图 2.20 所示。

**2. DAOTO$^+$ClO$_4^-$·H$_2$O 的合成**

90℃下，将 DAOTO(4.00g, 25.14mmol)溶于浓度为 70%的高氯酸(30mL)中，2℃下静置 1d 后，析出适用于单晶衍射测试的无色 DAOTO$^+$ClO$_4^-$·H$_2$O 晶体。过滤出晶体，乙酸洗涤和干燥后得到 DAOTO 高氯酸盐的水合物(DAOTO$^+$ClO$_4^-$·H$_2$O, 5.66g, 20.39mmol, 收率 81%)。IR, $\nu$(cm$^{-1}$)：3541(w), 3420(m), 3325(m), 3130(w), 2841(m), 1773(m), 1620(s), 1560(m), 1516(m), 1456(m), 1275(w), 1246(m), 1188(w), 1070(s), 976(m), 764(w), 727(s), 716(s), 662(m), 621(s), 501(m)。C$_3$H$_8$N$_5$O$_8$Cl(277.57)元素分析理论值：C 为 12.98%, H 为 2.91%, N 为 25.23%；实测值：C 为 12.85%, H 为 3.04%, N 为 25.07%。

在 90℃下干燥 DAOTO$^+$ClO$_4^-$·H$_2$O 可得到无水的 DAOTO$^+$ClO$_4^-$粉末，DAOTO$^+$ClO$_4^-$在室温下会重新吸收空气中的水分，快速恢复为 DAOTO$^+$ClO$_4^-$·H$_2$O。

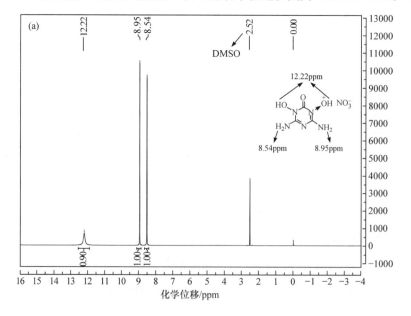

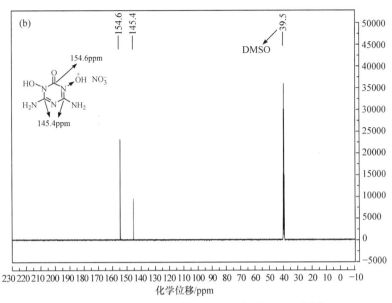

图 2.20　DAOTO⁺NO₃⁻ 的 ¹H-NMR 和 ¹³C-NMR 图谱

(a) ¹H-NMR 图谱；(b) ¹³C-NMR 图谱

### 3. 共晶 DAOTO⁺ClO₄⁻ · DAOTO 的合成

室温下,将 DAOTO⁺ClO₄⁻ · H₂O(2.00g, 7.21mmol)和 DAOTO(1.15g, 7.21mmol)在乙醇(100mL)中搅拌 1h 后将乙醇蒸干,然后将所得白色固体研磨均匀,再于室温下在乙醇(100mL)中搅拌 1h 后过滤。干燥滤饼得到 DAOTO⁺ClO₄⁻和 DAOTO 物质的量之比为 1∶1 的共晶 DAOTO⁺ClO₄⁻ · DAOTO(1.90g, 4.54mmol, 收率 63%)。IR, $\nu$(cm⁻¹): 3456(w), 3381(m), 3246(m), 3157(m), 2361(m), 2344(w), 1763(m), 1742(m), 1620(s), 1562(m), 1504(s), 1285(w), 1231(m), 1180(m), 1121(w), 1063(s), 991(w), 968(m), 934(w), 721(m), 665(m), 623(m), 567(m), 515(w), 438(m)。C₆H₁₁N₁₀O₁₀Cl(418.66)元素分析理论值: C 为 17.21%, H 为 2.65%, N 为 33.46%；实测值: C 为 17.16%, H 为 2.70%, N 为 33.3%。

缓慢挥发 DAOTO⁺ClO₄⁻ · DAOTO 的热乙醇溶液,得到适用于单晶衍射测试的无色 DAOTO⁺ClO₄⁻ · DAOTO 晶体。图 2.21 为 DAOTO⁺ClO₄⁻ · DAOTO 粉末样品的实测 XRD 曲线和通过单晶数据模拟的 XRD 曲线,实测曲线和理论模拟曲线的出峰位置一致。同时,结合元素分析结果,说明制备的粉末样品的纯度和结构与培养的晶体一致,证明了上述方法可以批量制备 DAOTO⁺ClO₄⁻和 DAOTO 的高质量共晶。

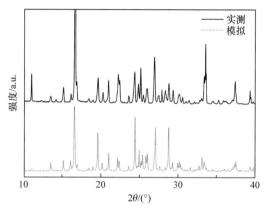

图 2.21　$DAOTO^+ClO_4^- \cdot DAOTO$ 的粉末样品实测 XRD 曲线和单晶模拟 XRD 曲线

### 4. 共晶 $DAOTO^+ClO_4^- \cdot TATDO$ 的合成

室温下, 将 $DAOTO^+ClO_4^- \cdot H_2O$(2.00g, 7.21mmol)和 TATDO(1.14g, 7.21mmol)在乙醇(100mL)中搅拌 1h 后, 将乙醇蒸干, 再将所得白色固体研磨均匀后在乙醇(100mL)中搅拌 1h 后过滤。干燥滤饼得到 $DAOTO^+ClO_4^-$和 TATDO 物质的量之比为 1∶1 的共晶 $DAOTO^+ClO_4^- \cdot TATDO$(2.41g, 5.77mmol, 收率 80%)。IR, $\nu$(cm$^{-1}$): 3422(w), 3383(m), 3277(m), 1734(w), 1717(w), 1638(s), 1576(w), 1560(w), 1541(w), 1506(s), 1458(w), 1437(w), 1420(w), 1339(w), 1275(w), 1219(w), 1180(m), 1074(s), 991(w), 878(m), 727(s), 669(s), 625(s), 573(s), 478(w), 457(w), 409(s)。$C_6H_{12}N_{11}O_9Cl$(417.68)元素分析理论值: C 为 17.25%, H 为 2.90%, N 为 36.89%; 实测值: C 为 17.04%, H 为 3.11%, N 为 36.61%。

图 2.22 为 $DAOTO^+ClO_4^- \cdot H_2O$、$DAOTO^+ClO_4^- \cdot TATDO$ 和 TATDO 样品的 XRD 曲线。$DAOTO^+ClO_4^- \cdot TATDO$ 的 XRD 曲线并非 $DAOTO^+ClO_4^- \cdot H_2O$ 和 TATDO 的

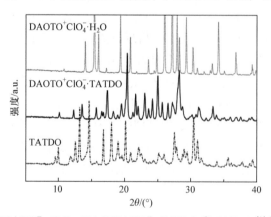

图 2.22　$DAOTO^+ClO_4^- \cdot H_2O$、$DAOTO^+ClO_4^- \cdot TATDO$ 和 TATDO 样品的 XRD 曲线

XRD 曲线的简单叠加。DAOTO⁺ClO₄⁻·H₂O 和 TATDO 的很多强衍射峰在 DAOTO⁺ClO₄⁻·TATDO 样品中消失,而 DAOTO⁺ClO₄⁻·TATDO 的 XRD 曲线上出现了一些 DAOTO⁺ClO₄⁻·H₂O 和 TATDO 样品中没有的衍射峰。因此,DAOTO⁺ClO₄⁻·TATDO 并非 DAOTO⁺ClO₄⁻和 TATDO 的简单物理混合产物,而是 DAOTO⁺ClO₄⁻和 TATDO 通过分子间相互作用形成的共晶。

### 2.3.4　DAOTO 系列含能化合物合成机理

DAOTO 系列含能化合物的合成总路线见图 2.23。DAOTO 的合成体系与 TATDO 的合成体系一致,将 TATDO 合成体系的反应温度提高至 75℃即可原位合成 DAOTO。DAOTO 实际上是 TATDO 在高温下的水解产物。DAOTO 可以被稀 NaOH 或 KOH 溶液去质子化,形成DAOTO⁻,也可以被稀酸质子化,形成DAOTO⁺,也是一个两性性质较为均衡的两性含能化合物。通过将 DAOTO 的阴、阳离子与其他不同离子组合和共晶化策略,合成了 12 种离子型含能化合物[27,28],其中共晶 DAOTO⁺ClO₄⁻·DAOTO 和 DAOTO⁺ClO₄⁻·TATDO 的形成与分子间相互作用密切相关。

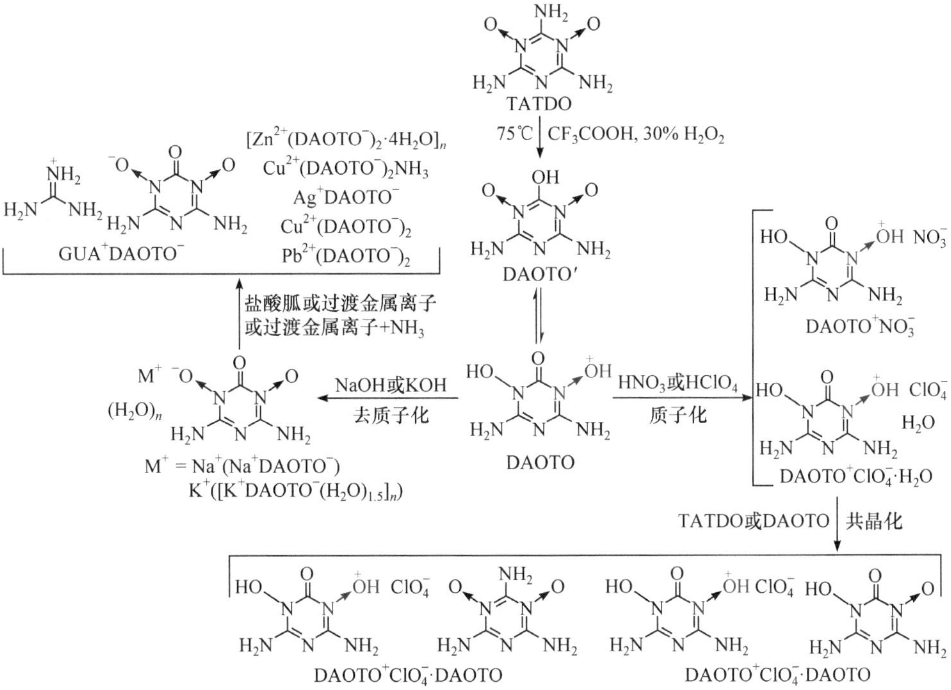

图 2.23　DAOTO 系列含能化合物的合成总路线

在较高温度下，TATDO 的两个 N→O 键中间的氨基发生了水解反应，生成 DAOTO。图 2.24 为三聚氰胺被 N-氧化前后的电子密度差等值线(相关具体计算方法见附录 A 说明 1)和 TATDO 部分原子的 NPA 电荷[29-33]，图中实线部分代表三聚氰胺在接收了两个配位氧后电子密度上升的区域，虚线部分代表三聚氰胺在接收了两个配位氧后电子密度下降的区域，最外圈等值线上的电子密度差绝对值为 0.001a.u.，向内每圈等值线上的电子密度差绝对值依次递增 0.001a.u.。三聚氰胺被 N-氧化后，最靠近 C(1)原子周围的电子密度都大幅下降，而 C(2)和 C(3)原子周围还有不少区域的电子密度上升。此外，TATDO 的 NPA 电荷计算结果显示，C(1)原子的 NPA 电荷(+0.607)比 C(2)和 C(3)原子的 NPA 电荷(+0.600)更高(正)[33]。因此，TATDO 的 C(1)原子比 C(2)和 C(3)原子更容易受到亲核试剂的进攻，这进一步使与 C(1)原子相连的氨基在高温下更易发生水解反应，并最终生成 DAOTO。TATDO 水解后，由水解生成的 O←N＝C—OH 结构发生了向 HO—N—C＝O 结构的互变异构，且由于 HO—N—C＝O 结构比 O←N＝C—OH 结构更稳定，因此生成的 DAOTO 以 HO—N—C＝O 结构形式存在，而不是以其互变异构形式 DAOTO′(图 2.23)存在。晶体结构可以证明 DAOTO 的存在形式，还可以通过比较 DAOTO 和 DAOTO′的能量高低来佐证它们的稳定性。DAOTO 在 298.15K 的内能比 DAOTO′低 29.69kJ·mol⁻¹(相关具体计算方法见附录 A 说明 2)[33]，因此 DAOTO 会以低能量的 HO—N—C＝O 稳定结构形式存在。

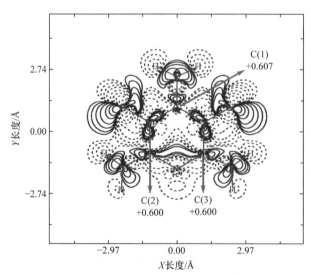

图 2.24　三聚氰胺 N-氧化前后电子密度差等值线(单位：Bohr)和 TATDO 部分原子的 NPA 电荷

对于 DAOTO，O←N＝C—OH 结构已经转变为 HO—N—C＝O 结构，该结构失去了能够接收质子的配位氧原子，因此，O←N＝C—OH 结构不能像 TATDO

的 O←N≡C—NH₂ 结构一样可以给母体化合物带来两性性质，只能利用其稳定的
HO—N—C=O 结构中 N—OH 基团的酸性，使 DAOTO 具有形成阴离子(DAOTO⁻)
的能力。由于 DAOTO 还有一个未参与互变异构的 N→O 键，其配位氧原子仍可
以接收质子，所以 DAOTO 依然具有形成阳离子(DAOTO⁺)的能力，也是一种两
性含能化合物。DAOTO 分子的范德华表面静电势分布有助于解释 DAOTO 的两
性特性。利用附录 A 说明 2 中生成 DAOTO 的 Gaussian 检查点文件，计算得到了
DAOTO 分子的范德华表面静电势分布图(图 2.25)[29-32]，DAOTO 的配位氧 O(1)附
近明显具有最负的静电势分布，且 O(1)原子附近的静电势极小值($-60.7$kcal·mol⁻¹)
同时也是整个分子静电势分布的最小值，而 N(5)原子附近的静电势要明显高于
O(1)原子附近的静电势。DAOTO 的 NPA 电荷计算结果也显示 O(1)原子的 NPA
电荷($-0.615$)比 N(5)原子的 NPA 电荷($-0.592$)更低(负)[32]。因此，DAOTO 的配位
氧 O(1)比其三嗪环上的 N(5)原子(—N≡基团)更容易接收带正电荷的质子。
DAOTO 的 O(2)原子上的氢原子附近具有很高的正静电势分布，且该氢原子具有
DAOTO 所有原子中最高的正 NPA 电荷($+0.545$)，说明 DAOTO 的 N—OH 基团的
质子容易被碱性试剂夺去，其晶体结构将进一步证实 DAOTO 两性性质的形成机
理。尽管在 DAOTO 的分子结构中也有一个 O←N≡C—NH₂ 结构，但由于
O←N≡C—NH₂ 结构比 HO—N—C=NH 结构更稳定，且 DAOTO⁻已具有较强碱
性，DAOTO⁻难以通过 HO—N—C=NH 结构进一步被碱性试剂去质子化以形成
二价 DAOTO²⁻。

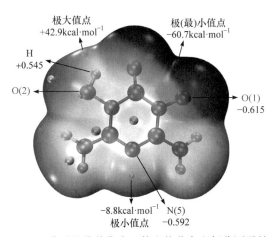

图 2.25　DAOTO 分子的范德华表面静电势分布和部分原子的 NPA 电荷

通过对 DAOTO 的离子盐水溶液 pH 的测定，获得其酸式解离常数和碱式解
离常数，用于 DAOTO 两性性质的定量表征。DAOTO⁻和 DAOTO⁺在水中分别发
生图 2.26 所示的水解和解离。

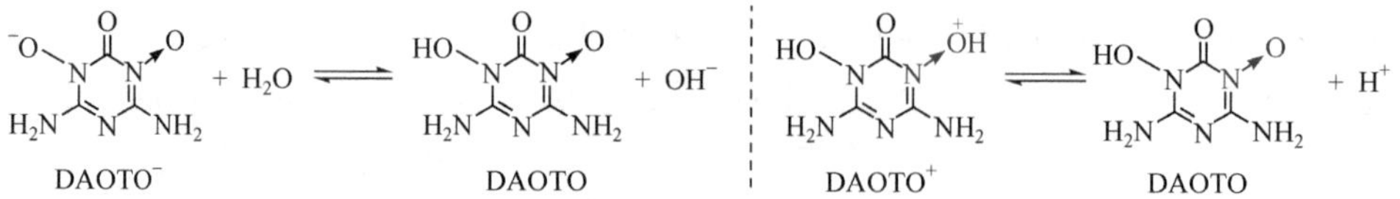

图 2.26　DAOTO⁻ 的水解和 DAOTO⁺ 的解离

DAOTO⁻ 的水解平衡常数($K_h$)和 DAOTO⁺ 的解离平衡常数($K_a$)满足式(2.8)和式(2.9):

$$K_h(\text{DAOTO}^-) = \frac{c(\text{DAOTO})c(\text{OH}^-)}{c(\text{DAOTO}^-)} = \frac{c(\text{DAOTO})c(\text{OH}^-)c(\text{H}^+)}{c(\text{DAOTO}^-)c(\text{H}^+)} = \frac{K_w}{K_a(\text{DAOTO})}$$

(2.8)

$$K_a(\text{DAOTO}^+) = \frac{c(\text{DAOTO})c(\text{H}^+)}{c(\text{DAOTO}^+)}$$

(2.9)

式中，$K_w$ 为水的离子积常数，在 25℃下为 $1.01 \times 10^{-14}$。

$[\text{K}^+\text{DAOTO}^-(\text{H}_2\text{O})_{1.5}]_n$ 在水中的溶解度较好，而 $\text{DAOTO}^+\text{ClO}_4^- \cdot \text{H}_2\text{O}$ 在水中的溶解度相对较差。分别配制浓度为 $0.200\text{mol} \cdot \text{L}^{-1}$ 的 $\text{K}^+\text{DAOTO}^-$ 水溶液和 $\text{DAOTO}^+\text{ClO}_4^-$ 水溶液，并通过 pH 计测得两种水溶液在 25℃下 pH 分别为 9.76 和 3.09。假设水的解离可以忽略，且 $\text{K}^+\text{DAOTO}^-$ 和 $\text{DAOTO}^+\text{ClO}_4^-$ 的水溶液中 DAOTO⁻ 和 DAOTO⁺ 的离子浓度分别近似等于 $\text{K}^+\text{DAOTO}^-$ 和 $\text{DAOTO}^+\text{ClO}_4^-$ 的初始浓度，则由式(2.8)和式(2.9)可得

$$K_h(\text{DAOTO}^-) = \frac{c^2(\text{OH}^-)}{c(\text{K}^+\text{DAOTO}^-)} = \frac{c^2(\text{OH}^-)c^2(\text{H}^+)}{c(\text{K}^+\text{DAOTO}^-)c^2(\text{H}^+)} = \frac{K_w^2}{c(\text{K}^+\text{DAOTO}^-)c^2(\text{H}^+)}$$

$$= \frac{(1.01 \times 10^{-14})^2}{0.200 \times (10^{-9.76})^2} = 1.69 \times 10^{-8} \gg K_w$$

(2.10)

$$c(\text{K}^+\text{DAOTO}^-)/K_h(\text{DAOTO}^-) = 0.200 \div (1.69 \times 10^{-8}) > 500$$

$$K_a(\text{DAOTO}^+) = \frac{c^2(\text{H}^+)}{c(\text{DAOTO}^+\text{ClO}_4^-)} = \frac{(10^{-3.09})^2}{0.002} = 3.30 \times 10^{-4} \gg K_w \quad (2.11)$$

$$c(\text{DAOTO}^+\text{ClO}_4^-)/K_a(\text{DAOTO}^+) = 0.002 \div (3.30 \times 10^{-4}) < 500$$

因此，水的解离可忽略，DAOTO⁻ 浓度近似等于 $\text{K}^+\text{DAOTO}^-$ 初始浓度的假设是合理的，而 DAOTO⁺ 浓度近似等于 $\text{DAOTO}^+\text{ClO}_4^-$ 初始浓度的假设是不合理的。对于式(2.9)，有

$$K_a(\text{DAOTO}^+) = \frac{c^2(\text{H}^+)}{c(\text{DAOTO}^+\text{ClO}_4^-) - c(\text{H}^+)}$$

(2.12)

又由于 DAOTO 是酸性 DAOTO$^+$的共轭碱，对 DAOTO 的解离平衡常数($K_b$)，有

$$K_b(DAOTO) = K_w \div K_a(DAOTO^+) \tag{2.13}$$

由式(2.12)和(2.13)可得 DAOTO 的解离平衡常数($K_b$)为

$$K_b = 1.01 \times 10^{-14} \div [(10^{-3.09})^2 \div (0.002 - 10^{-3.09})] = 1.81 \times 10^{-11} \tag{2.14}$$

由式(2.8)和(2.10)可得 DAOTO 的解离平衡常数($K_a$)为

$$K_a(DAOTO) = K_w \div K_h(DAOTO^-) = 1.01 \times 10^{-14} \div (1.69 \times 10^{-8}) = 5.98 \times 10^{-7} \tag{2.15}$$

由式(2.14)和式(2.15)可得，DAOTO 的酸式解离常数 p$K_a$ 和碱式解离常数 p$K_b$ 分别为 6.22 和 10.74。DAOTO 的碱性和 TATDO(p$K_b$ = 10.49)的碱性都来自于分子结构中的 N→O 键，因此它们的碱性相当，都稍弱于苯胺的碱性(p$K_b$ = 9.40)。由于 DAOTO 分子中含有酸性 N—OH 键，TATDO(p$K_a$ = 9.92)的酸性来自于不稳定互变异构体 TATDO′的酸性 N—OH 键，因此 DAOTO 的酸性显著强于 TATDO，与苯硫酚(p$K_a$ = 6.50)的酸性相当[33]。DAOTO 的 p$K_a$ 明显小于其 p$K_b$，这表明 DAOTO 的两性性质更偏向于酸性。

利用两性性质，通过复分解反应可以制备出 TATDO 二硝酰胺盐(TATDO$^+$DNA$^-$)，但在不同溶剂中通过复分解反应却难以制备 DAOTO 二硝酰胺盐，DAOTO 偏向于酸性的两性性质可以对此做出很好的解释。类似于 TATDO 和 DAOTO 的硝酸盐，TATDO 和 DAOTO 的二硝酰胺盐可以看作是 TATDO 和 DAOTO 被二硝酰胺酸质子化的产物。由于 DAOTO 的酸性显著强于 TATDO 的酸性，DAOTO 会比 TATDO 更难被二硝酰胺酸质子化，因此，TATDO$^+$DNA$^-$比较容易制得，而 DAOTO 二硝酰胺盐却难以获得。

# 2.4 DAMTO 系列含能化合物合成与机理

## 2.4.1 DAMTO 合成

室温下，将甲代三聚氰胺(40.00g，319.64mmol)缓慢加入三氟乙酸(200mL)与30%双氧水(100mL)的混合液中，然后在 15℃下搅拌并回流反应 24h，在此期间甲代三聚氰胺缓慢溶解，随后有大量白色沉淀逐渐析出。过滤出白色沉淀，将其溶于水(200mL)中，然后用浓 KOH 溶液将溶液调到中性，得到大量白色沉淀。过滤出白色沉淀，水洗和干燥后得到 2,4-二氨基-6-甲基-1,3,5-三嗪-3-氧化物(DAMTO，13.98g，99.06mmol，收率 31%)。IR，$\nu$(cm$^{-1}$): 3267(w)，3192(w)，3076(m)，2990(w)，1694(m)，1628(s)，1541(s)，1458(w)，1416(s)，1371(m)，1206(s)，1150(w)，1097(s)，1051(w)，1013(m)，841(w)，806(m)，758(s)，725(m)，638(s)，610(s)，563(s)，513(s)。C$_4$H$_7$N$_5$O(141.13)元素分析理论值：C 为 34.04%，H 为 5.00%，N 为 49.62%；

实测值: C 为 33.87%, H 为 5.13%, N 为 49.53%。

　　将 DAMTO 与等物质的量硝酸溶于热水中, 然后在室温下静置 12h, 可以得到适用于单晶衍射测试的 DAMTO 无色晶体。DAMTO 难溶于水和常见有机溶剂, 因此很难获得其 NMR 图谱。图 2.27 为 DAMTO 的粉末样品实测 XRD 曲线和通过单晶衍射数据模拟的 XRD 曲线, 结果一致, 说明制备的粉末样品与晶体结构一致, 且粉末样品的纯度很高。

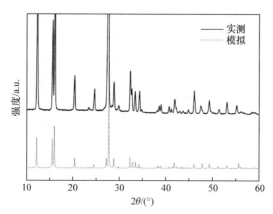

图 2.27　DAMTO 的粉末样品实测 XRD 曲线和单晶模拟 XRD 曲线

### 2.4.2　DAMTO 去质子化产物合成

1. $[(K^+)_2(DAMTO^-)_2(H_2O)_5]_n$ 的合成

　　室温下, 将 DAMTO(4.00g, 28.34mmol)溶于饱和 KOH 溶液(80mL)中, 2℃下静置所得溶液, 可得到适用于单晶衍射测试的无色$[(K^+)_2(DAMTO^-)_2(H_2O)_5]_n$ 晶体。过滤出晶体, 乙醇洗涤并干燥后得到 DAMTO 含有 2.5 个配位水分子的钾盐($[(K^+)_2(DAMTO^-)_2(H_2O)_5]_n$, 2.04g, 4.55mmol, 收率 32%)。IR, $\nu(cm^{-1})$: 3258(w), 3067(m), 1694(m), 1628(s), 1545(s), 1508(w), 1474(w), 1449(m), 1632(s), 1256(s), 1097(s), 1061(w), 1032(w), 1013(m), 986(w), 881(m), 845(w), 795(m), 756(s), 704(s), 635(s), 608(s), 565(s), 513(s), 434(w), 422(w), 413(w)。$C_8H_{22}N_{10}O_7K_2$(448.52) 元素分析理论值: C 为 21.42%, H 为 4.94%, N 为 31.23%; 实测值: C 为 21.33%, H 为 5.09%, N 为 31.01%。

2. $Cu^{2+}(DAMTO^-)_2$ 的合成

　　在 90℃下, 将$[(K^+)_2(DAMTO^-)_2(H_2O)_5]_n$(1.00g, 2.23mmol)和 Cu(NO_3)_2 · 3H_2O (0.54g, 2.23mmol)分别置于 100mL 水中搅拌 1h, 得到蓝色沉淀。过滤出蓝色沉淀, 水洗并干燥后得到 DAMTO 铜盐$[Cu^{2+}(DAMTO^-)_2$, 0.61g, 1.77mmol, 收率

79%]。IR，$\nu(\mathrm{cm}^{-1})$：3449(m)，3238(m)，2988(m)，2849(w)，2741(w)，1647(s)，1591(s)，1560(s)，1522(w)，1508(w)，1491(w)，1412(s)，1314(s)，1231(w)，1194(s)，1157(s)，1099(m)，1022(m)，999(m)，795(s)，748(s)，704(w)，677(w)，652(w)，608(s)，552(s)，517(s)，436(s)。$C_8H_{12}N_{10}O_2Cu$(343.80)元素分析理论值：C 为 27.95%，H 为 3.52%，N 为 40.74%；实测值：C 为 27.65%，H 为 3.74%，N 为 40.46%。

3. $Pb^{2+}(DAMTO^-)_2$ 的合成

在 90℃下，将$[(K^+)_2(DAMTO^-)_2(H_2O)_5]_n$(1.00g，2.23mmol)和 $Pb(NO_3)_2$(0.74g，2.23mmol)置于 100mL 水中搅拌 1h，得到白色沉淀。过滤出白色沉淀，水洗并干燥后得到 DAMTO 铅盐$[Pb^{2+}(DAMTO^-)_2$，0.64g，1.31mmol，收率 59%]。IR，$\nu(\mathrm{cm}^{-1})$：3264(m)，3190(w)，3076(m)，2843(w)，2739(w)，1695(s)，1634(s)，1545(s)，1406(s)，1371(s)，1207(s)，1099(s)，1045(m)，1013(s)，991(w)，804(m)，758(s)，651(s)，640(s)，611(s)，565(s)，513(s)，419(w)。$C_8H_{12}N_{10}O_2Pb$(487.45)元素分析理论值：C 为 19.71%，H 为 2.48%，N 为 28.74%；实测值：C 为 19.57%，H 为 2.54%，N 为 28.44%。

### 2.4.3　DAMTO 质子化产物合成

1. $DAMTO^+NO_3^-$ 的合成

90℃下，将 DAMTO(3.00g，21.26mmol)溶于硝酸(5mol·$L^{-1}$，30mL)中，在 2℃下静置 1d 后，有大量适用于单晶衍射测试的无色 $DAMTO^+NO_3^-$ 晶体析出。过滤出晶体，乙醇洗涤和干燥后得到 DAMTO 单硝酸盐($DAMTO^+NO_3^-$，1.40g，6.86mmol，收率 32%)。IR，$\nu(\mathrm{cm}^{-1})$：3032(m)，1749(w)，1734(w)，1701(w)，1670(s)，1560(s)，1508(m)，1396(s)，1362(m)，1267(s)，1192(w)，1097(s)，1043(m)，1013(s)，885(w)，820(m)，719(s)，692(s)，656(w)，623(s)，611(s)，577(s)，498(w)，405(s)。$C_4H_8N_6O_4$(204.15)元素分析理论值：C 为 23.53%，H 为 3.95%，N 为 41.17%；实测值：C 为 23.34%，H 为 4.11%，N 为 40.92%。

2. $DAMTO^{2+}(ClO_4^-)_2$ 的合成

90℃下，将 DAMTO(3.00g，21.26mmol)溶于浓度为 70%的高氯酸(30mL)中，在室温下静置后，很快会析出大量适用于单晶衍射测试的 $DAMTO^{2+}(ClO_4^-)_2$ 无色晶体。过滤出晶体，乙醇洗涤并干燥后得到 DAMTO 二高氯酸盐$[DAMTO^{2+}(ClO_4^-)_2$，1.74g，5.09mmol，收率 24%]。IR，$\nu(\mathrm{cm}^{-1})$：3373(w)，3246(w)，3177(w)，2990(w)，2972(w)，1719(m)，1676(s)，1638(s)，1558(w)，1522(m)，1508(m)，1506(m)，1497(m)，

1491(m), 1474(w), 1458(w), 1437(w), 1418(w), 1395(w), 1387(w),1362(w), 1341(w), 1283(w), 1211(w), 1190(w), 1076(s), 1051(s), 1036(s), 980(m), 928(m), 746(s), 696(w), 664(m), 615(s), 592(s), 548(m), 492(m), 467(m), 419(m), 403(m)。C$_4$H$_9$N$_5$O$_9$Cl$_2$(342.04)元素分析理论值：C 为 14.05%，H 为 2.65%，N 为 20.48%；实测值：C 为 13.84%，H 为 2.77%，N 为 20.21%。

### 2.4.4 DAMTO 系列含能化合物合成机理

DAMTO 系列含能化合物的合成总路线见图 2.28。类似于三聚氰胺，甲代三聚氰胺也可以被三氟过氧乙酸氧化体系 N-氧化，生成 N-氧化物 DAMTO。DAMTO 可以被饱和 KOH 溶液去质子化形成 DAMTO$^-$，也可以被稀酸和浓酸质子化，分别形成一价 DAMTO$^+$ 和二价 DAMTO$^{2+}$，也是两性 N-氧化三嗪化合物。通过 DAMTO 的阴、阳离子与其他不同离子的组合获得了 5 种离子型含能化合物。

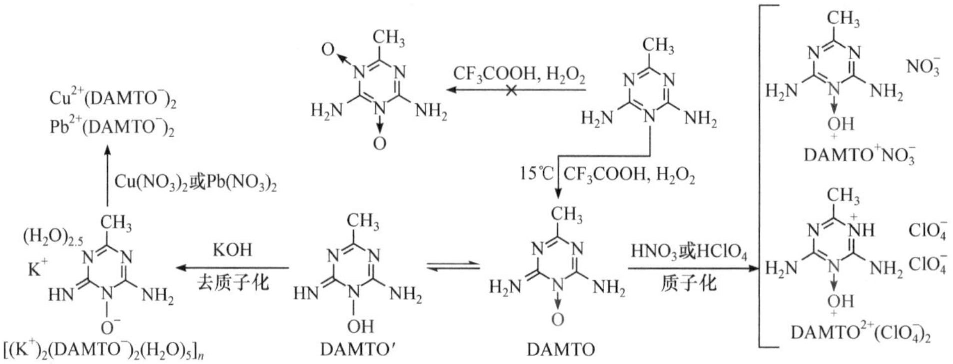

图 2.28　DAMTO 系列含能化合物的合成总路线

甲代三聚氰胺 N-氧化产物 DAMTO 的配位氧原子与三嗪环上两个氨基中间的氮原子成键，改变三氟过氧乙酸氧化体系的反应条件(如提高反应温度和双氧水浓度)，无法继续 N-氧化 DAMTO 以获得甲代三聚氰胺的二氧化物。由于甲基的给电子能力弱于氨基，甲代三聚氰胺的三嗪环上两个氨基中间的氮原子具有比三嗪环上其他两个氮原子更高的电子密度，且甲代三聚氰胺的三嗪环上电子密度会整体比三聚氰胺的三嗪环低。一方面，过氧酸的过氧键异裂形成的电正性氧原子更容易与甲代三聚氰胺的两个氨基中间的三嗪环氮原子成键，并最终生成了 DAMTO；另一方面，甲代三聚氰胺形成 N-氧化物的能力比三聚氰胺低，从而在三氟过氧乙酸氧化体系下三聚氰胺可以生成二氧化物 TATDO，而甲代三聚氰胺只能生成单氧化物 DAMTO。通过理论计算得到的甲代三聚氰胺 N-氧化前后的电子密度差等值面和部分原子的 NPA 电荷如图 2.29 所示[29-32]，图中实体表面代表甲代三聚氰胺在接收配位氧后电子密度上升的区域，画线表面代表其在接收配位氧后电子密度下降的区域。甲代三聚氰胺 N(2)原子的 NPA 电荷(−0.610)比 N(1)(−0.595)和 N(3)(−0.597)原子的 NPA 电荷更负,这也能说明 N(2)原子更容易接收过氧键释放出的电正性氧原子。在甲代三聚氰胺的 N(2)原子接收了配位氧后,N(1)和 N(3)原子上下两边的电子密度向原子中心转移,即 N(1)和 N(3)原子外围的电子密度向其中心收缩,N(1)和 N(3)原子给出孤对电子的能力下降,从而导致它们难以继续与反应体系中的电正性氧原子结合以形成 N→O 键,即在三氟过氧乙酸氧化体系下难以进一步 N-氧化 DAMTO。

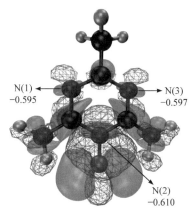

图 2.29　甲代三聚氰胺 N-氧化前后电子密度差等值面和部分原子的 NPA 电荷

　　与 TATDO 一样,DAMTO 的两性特性也来源于 O←N═C—NH$_2$ 结构和 HO—N—C═NH 结构之间的互变异构。DAMTO 主要以 O←N═C—NH$_2$ 结构的形式存在,含有 HO—N—C═NH 结构的互变异构体 DAMTO′(图 2.28)处于劣势地位,其晶体结构也可以证明这一点,同时能量高低也可以佐证它们的稳定性。DAMTO 在 298.15K 的内能比 DAMTO′低 47.52kJ · mol$^{-1}$[32],这说明 DAMTO 比 DAMTO′更稳定。DAMTO 和 TATDO 的酸性都来自从 O←N═C—NH$_2$ 结构互变异构而来的 HO—N—C═NH 结构的 N—OH 基团。虽然 DAMTO′与 DAMTO 之间的内能差值只比 TATDO′与 TATDO 之间的内能差值(40.77kJ · mol$^{-1}$)略高一点,但 DAMTO 的酸性比 TATDO 的酸性弱得多。DAMTO 的去质子化需要通过饱和 KOH 溶液来实现,而等物质的量的 NaOH 或 KOH 溶液即可有效地实现 TATDO 的去质子化。根据互变异构体内能差值,可以推断出 DAMTO 的酸性显著弱于 TATDO 并不主要是因为 DAMTO 中 O←N═C—NH$_2$ 结构和 HO—N—C═NH 结构之间的互变异构更难发生。图 2.30 给出了 O←N═C—NH$_2$ 结构与 HO—N—C═NH 结构互变异构的机理,最开始的分子内氢转移是促使互变异构发生的关键步骤。对于 TATDO,虽然其分子内存在两个独立的 O←N═C—NH$_2$ 结构,但参与去质子化的—NH$_2$ 是三个—NH$_2$ 中处于两个 N→O 键中间的—NH$_2$。对于 DAMTO,由于其分子内只含有一个 N→O 键，没有形成像 TATDO 一样两个 N→O 键包夹一个—NH₂ 的结构(O←N═C(NH₂)N→O)。对于 TATDO 来说，其 O←N═C(NH₂)N→O 结构中—NH₂ 的 H 可以向左右两边任意一个配位氧转移；而对于 DAMTO 来说，其—NH₂ 要想发生互变异构，只能向一边固定的配位氧转移 H。因此，可供 DAMTO 的—NH₂ 发生互变异构的"选择"要比 TATDO 少，DAMTO 酸性互变异构体 DAMTO′的形成机会比 TATDO 少，从而导致 DAMTO 比 TATDO 更难被去质子化。

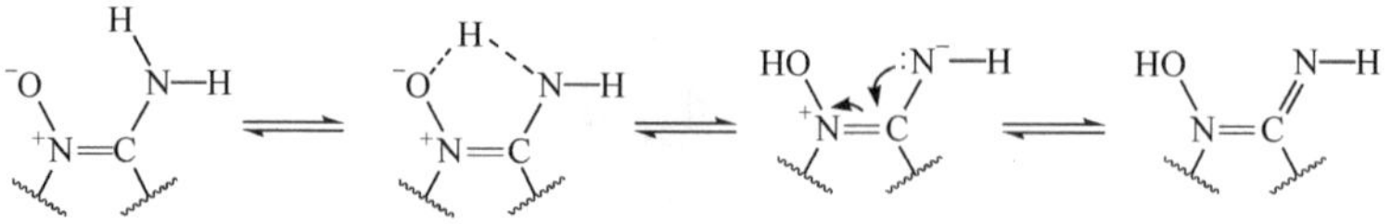

图 2.30  O←N═C—NH₂ 和 HO—N—C═NH 之间的互变异构机理

相比 DAMTO 去质子化的困难程度，其质子化显得容易得多。像 TATDO 一样，DAMTO 的 O←N═C—NH₂ 结构中配位氧原子可被稀酸质子化，形成 ⁺HO←N═C—NH₂ 结构，从而形成 DAMTO⁺。此外，DAMTO 的三嗪环上其中一个—N═基团依然可以接收质子，形成—NH⁺═，从而在浓高氯酸的作用下生成二价 DAMTO²⁺。DAMTO 的表面静电势分布可以解释 DAMTO 的质子化特性。利用附录 A 说明 2 中生成 DAMTO 的 Gaussian 检查点文件，通过与 2.2.4 小节中计算 TATDO 分子范德华表面静电势相同的方法，获得了图 2.31 所示的 DAMTO 分子范德华表面静电势分布和部分原子的 NPA 电荷[29-32]。DAMTO 的配位氧 O(1)附近明显具有最负的静电势分布，且 O(1)原子附近的静电势极小值(−37.6kcal · mol⁻¹)同时也是整个分子静电势分布的最小值，N(1)和 N(3)原子附近的静电势相近且都高于 O(1)原子附近的静电势。此外，DAMTO 的 NPA 电荷计算结果也显示，O(1)原子上的 NPA 电荷(−0.652)比 NPA 电荷相近的 N(1)(−0.570)和 N(3)(−0.568)原子更低(负)[32]。因此，DAOTO 的配位氧比三嗪环上的 N(1)和 N(3)原子(—N═基团)更容易接收带正电荷的质子，具有较强的质子亲和力，且三嗪环上两个—N═基团的质子亲和力相近。相比 TATDO 和 DAOTO 的配位氧与各自三嗪环上—N═基团之间的静电势差距(图 2.13 和图 2.25)，DAMTO 的配位氧与其三嗪环上—N═基团的静电势差距较小。因此，DAMTO 的三嗪环上其中一个—N═基团保留了接收质子的能力，即 DAMTO⁺可以继续被质子化为二价 DAMTO²⁺。后续有关晶体结构的章节将进一步证实 DAMTO 上述两性性质的形成机理。

DAMTO⁻和 DAMTO⁺在水中可以分别发生类似于 TATDO 和 DAOTO 阴、阳离子的水解和解离，如图 2.32 所示。DAMTO 难溶于水和常见有机溶剂，但

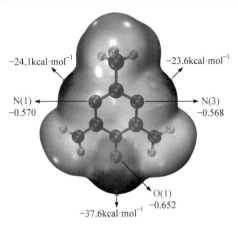

图 2.31　DAMTO 分子范德华表面静电势分布和部分原子的 NPA 电荷

DAMTO$^+$ 在水中的解离度很高。由于 DAMTO$^+$ 的解离度高, 将 DAMTO 与等物质的量硝酸的热水溶液冷却至室温会析出大量 DAMTO 的无色晶体, 因此, DAMTO 单硝酸盐(DAMTO$^+$NO$_3^-$)制备需要使用浓度稍高的硝酸以抑制 DAMTO 的生成, 高解离度和 DAMTO 在稀高氯酸中的高溶解度共同使得难以从强酸高氯酸中得到 DAMTO 单高氯酸盐。DAMTO 的离子的易解离性和其离子盐的低溶解度共同使得难以像获得 TATDO 和 DAOTO 解离常数一样, 通过测量 DAMTO 离子盐水溶液的 pH 获得其酸式解离常数和碱式解离常数。通过比较 DAMTO、TATDO 和 DAOTO 离子化产物的制备方法可以看出, 由于 DAMTO、TATDO 和 DAOTO 的碱性都来自于 N→O 键, DAMTO 的碱性与 TATDO 和 DAOTO 的碱性相当, DAMTO 的酸性比 TATDO 的酸性还要弱得多。DAMTO 的酸碱两性性质很不均衡, 显著偏向于碱性, 限制了其离子化产物的丰富性。

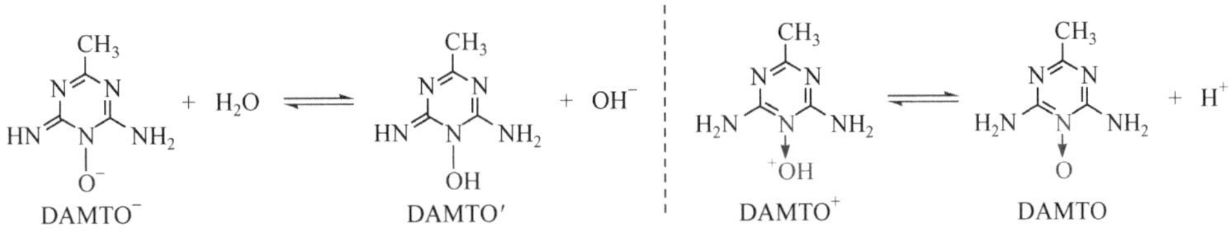

图 2.32　DAMTO$^-$ 和 DAMTO$^+$ 的水解和解离

## 2.5　其他 $N$-氧化三嗪化合物

其他三嗪类富氮化合物的 $N$-氧化反应如图 2.33 所示, 虽然没有成功获得它们的 $N$-氧化三嗪含能化合物, 而是生成了其他类型产物, 但这些反应示例可以为未来更多三嗪类化合物的 $N$-氧化和相关反应提供参考。

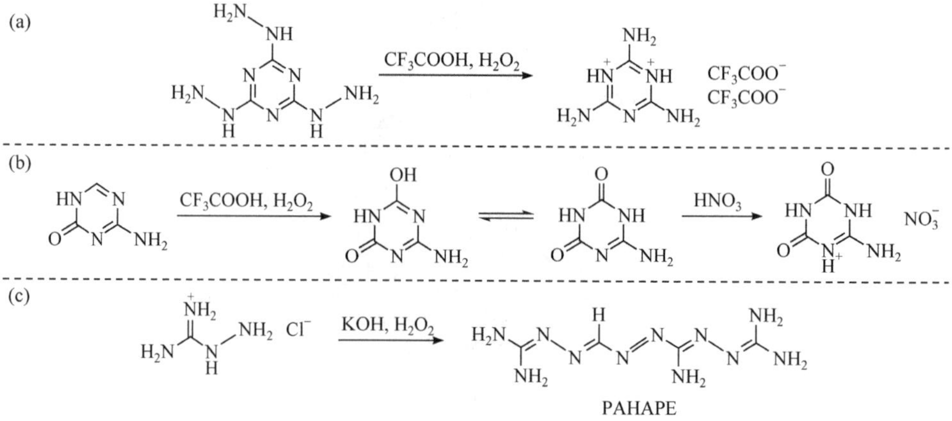

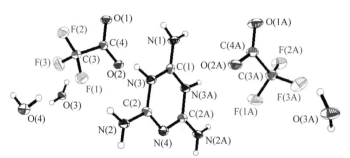

图 2.33　其他三嗪类富氮化合物的 N-氧化反应

(a) 2,4,6-三肼基-1,3,5-三嗪在三氟过氧乙酸氧化体系下的反应；(b) 5-氮胞嘧啶在三氟过氧乙酸氧化体系下的反应；
(c) 氨基胍盐酸盐的自缩合反应

室温下，将三聚氯氰和水合肼反应制备的 2,4,6-三肼基-1,3,5-三嗪(1.00g)缓慢加入三氟乙酸(10mL)与30%双氧水(5mL)的混合液中，搅拌 4h 后，2℃下静置 1d，得到大量适用于单晶衍射测试的无色三聚氰胺二三氟乙酸盐三水合物晶体(0.61g)，如图 2.33(a)所示[34]。三聚氰胺二三氟乙酸盐三水合物的晶体结构和相应精修数据结果分别如图 2.34 和附录 A 表 A.1 所示。由于肼基的强还原性，2,4,6-三肼基-1,3,5-三嗪的肼基代替其三嗪环上的—N≡基团，参与了与过氧酸的氧化还原反应，从而使 2,4,6-三肼基-1,3,5-三嗪的肼基被氧化为氨基，并最终生成三聚氰胺。类似的现象同样发生于 3,6-二肼基-1,2,4,5-四嗪的 N-氧化[35]，该化合物也会因为其肼基的强还原性而在 N-氧化过程中发生分解。

图 2.34　三聚氰胺二三氟乙酸盐三水合物的晶体结构

将5-氮胞嘧啶(2.00g)缓慢加入三氟乙酸(40mL)与30%双氧水(20mL)的混合液中，在 50℃下搅拌 6h 后，在 2℃下静置 1d，得到白色析出物。过滤出白色沉淀，水洗和干燥后得到三聚氰酸一酰胺(0.84g)[图 2.33(b)]。$^1$H-NMR(500MHz, DMSO-$d_6$)，$\delta$(ppm)：10.52(s, 1H, NH)，7.08(s, 2H, NH)。IR，$\nu$(cm$^{-1}$)：3265(w)，3123(w)，

3022(w)，2955(w)，2857(w)，2808(m)，2585(w)，2507(w)，2349(w)，2315(w)，
1811(w)，1792(w)，1728(s)，1697(w)，1670(s)，1636(s)，1558(s)，1528(s)，1456(s)，
1416(s)，1265(m)，1180(s)，1092(m)，1045(w)，982(m)，905(s)，860(s)，772(s)，
658(s)，563(s)，542(s)，446(s)。$C_3H_4N_4O_2$(128.09)元素分析理论值：C 为 28.13%，
H 为 3.15%，N 为 43.74%；实测值：C 为 28.01%，H 为 3.243%，N 为 43.51%。
三聚氰酸一酰胺的 $^1$H-NMR 图谱如图 2.35 所示。

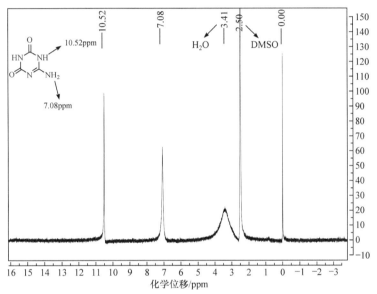

图 2.35　三聚氰酸一酰胺的 $^1$H-NMR 图谱

　　过氧酸的过氧键异裂生成的 $^+$OH 是一种高效的亲电试剂，对 5-氮胞嘧啶的芳
香性三嗪环上的 π 电子进行亲电进攻，从而发生类似于苯环上的亲电取代反应和
生成三聚氰酸一酰胺(图 2.36)。冷却三聚氰酸一酰胺的热浓硝酸溶液，可以得到
大量适用于单晶衍射测试的三聚氰酸一酰胺硝酸盐无色晶体。三聚氰酸一酰胺硝
酸盐的晶体结构和精修结果数据分别如图 2.37 和附录 A 表 A.1 所示，可进一步证
实 5-氮胞嘧啶在过氧酸的作用下生成三聚氰酸一酰胺的反应。

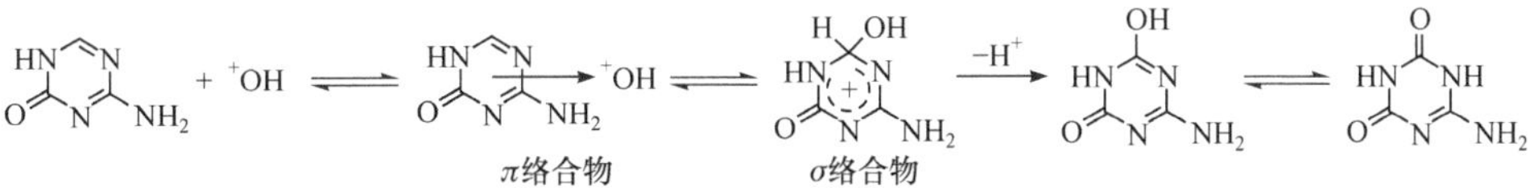

图 2.36　三聚氰酸一酰胺的生成机理

　　类似于 GUA$^+$TATDO$^-$ 和 GUA$^+$DAOTO$^-$ 的合成，在尝试通过水溶液中
K$^+$TATDO$^-$ 和 K$^+$DAOTO$^-$ 与氨基胍盐酸盐的复分解反应合成 TATDO 和 DAOTO
的氨基胍盐时，没有成功。由于需要加入过量 KOH 以抑制 TATDO$^-$ 和 DAOTO$^-$ 的

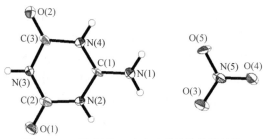

图 2.37　三聚氰酸—酰胺硝酸盐的晶体结构

水解(图 2.14 和图 2.26)，意外地从反应溶液中得到了深红色富氮长链化合物 1,1,4,10,10-五氨基-2,3,5,6,8,9-六氮杂-1,3,5,7,9-五烯(PAHAPE)，且通过对比实验发现 PAHAPE 是等物质的量氨基胍盐酸盐与 KOH 在水溶液中的产物[图 2.33(c)]。意大利 Tasso 药物研究课题组首先发现并分析了这种氨基胍盐酸盐在等物质的量 KOH 水溶液中通过自缩合反应生成 PAHAPE 的现象，并通过 NMR、元素分析、质谱和粉末 XRD 表征手段给出了 PAHAPE 的分子结构[36]。在尝试制备 TATDO 和 DAOTO 氨基胍盐的过程中意外得到了适用于单晶衍射测试的 PAHAPE 的二水合物(PAHAPE · 2H₂O)晶体(图 2.38 和附录 A 表 A.2)，进一步证实了 PAHAPE 的结构，且补充了其 IR 图谱(图 2.39)。100℃下干燥 PAHAPE · 2H₂O 可除去其结晶

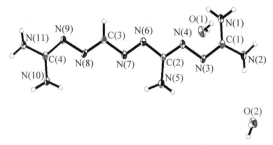

图 2.38　PAHAPE · 2H₂O 的晶体结构

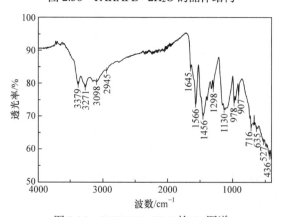

图 2.39　PAHAPE · H₂O 的 IR 图谱

水,但 PAHAPE 在室温下会重新吸收空气中的水分,快速恢复为 PAHAPE·2H₂O。

# 2.6　N-氧化产物预测

## 2.6.1　N-氧化反应位点预测方法

图 2.40 为现有含有 O←N═C—NH₂ 结构的 N-氧化含能化合物[35,37-42],根据 N-氧化产物 TATDO 和 DAMTO 性质的研究结果,这些已有的 N-氧化物都可能具有两性性质,其中虚线框中的 N-氧化物由于具有两个独立的 O←N═C—NH₂ 结构或两个 N→O 键包夹一个 C—NH₂ 基团的结构(O←N═C(NH₂)N→O),很可能是具有均衡两性性质的含能化合物。此外,根据两性 N-氧化产物 TATDO、DAOTO 和 DAMTO 系列离子化产物的合成,两性含能化合物具有提高新含能材料开发效率的巨大潜力。

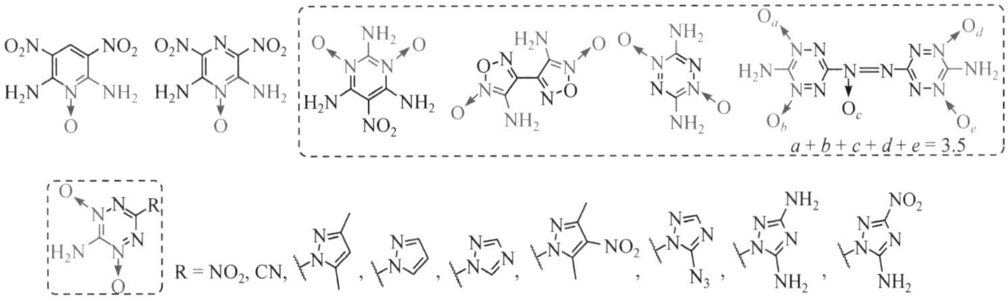

图 2.40　现有含有 O←N═C—NH₂ 结构的 N-氧化含能化合物

为了定向合成目标化合物并缩短研发周期,量子化学计算经常用于预测含能化合物的各项性能[43,44]。大部分氮杂芳环化合物不具有像合成 TATDO 的原料三聚氰胺一样高度对称的分子结构,不同 N-氧化反应位点对应的 N-氧化产物结构往往是不同的,且互为异构体。例如,合成 DAMTO 的原料甲代三聚氰胺的三嗪环上就有两种化学环境不同的 N-氧化反应位点,DAMTO 正是其中一种 N-氧化反应位点对应的 N-氧化产物,前文通过电子密度和原子电荷分析了为什么生成 DAMTO 而没有生成另一种 N-氧化反应位点对应的 N-氧化产物。为了促进更多 N-氧化含能材料的合成和提高量子化学计算对 N-氧化含能化合物性能预测的有效性,提出了氮杂芳环化合物最可能生成的 N-氧化产物(最可能的 N-氧化反应位点)的预测方法。如图 2.41 所示,选取 DAMTO 和其他 11 种文献中已合成的 N-氧化含能结构或化合物为研究模型[35,37-42,45-48],这些结构或化合物都是通过 N-氧化剂直接氧化相应氮杂芳环化合物获得的,它们与原料的区别仅在于 N→O 或

N—O 键的得失。

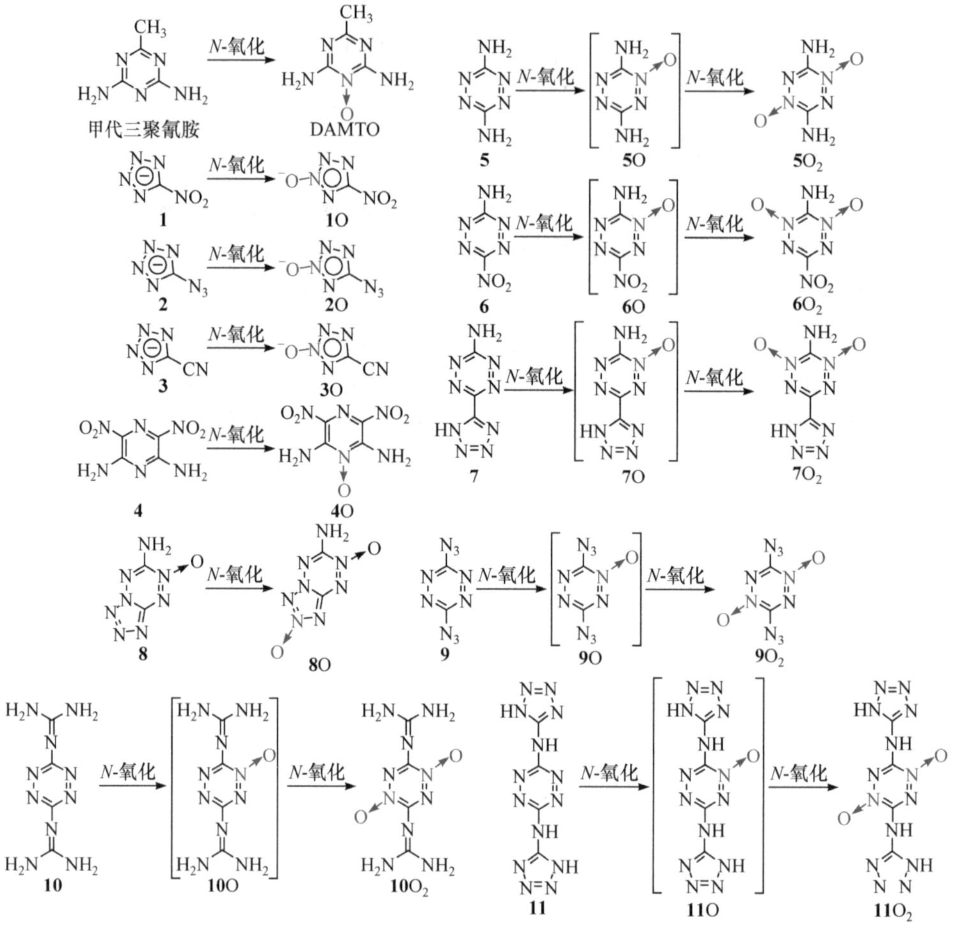

图 2.41　　N-氧化反应位点的研究模型

### 1. 反应物角度

从反应物的角度，氮杂芳环上最容易发生 N-氧化反应的氮原子最倾向于给出孤对电子，该氮原子附近的电子密度会较高，从而使其原子电荷更负。因此，可以通过比较氮杂芳环可能发生 N-氧化的氮原子 NPA 电荷，来预测最可能的 N-氧化反应位点，NPA 电荷最负的氮原子即是最可能的 N-氧化反应位点。对于图 2.41 中 N-氧化后生成二氧化物的反应物，可以假设其先生成括号中的单氧化物中间体，然后单氧化物中间体继续反应生成二氧化物。若生成单氧化物中间体时，只有一种等效 N-氧化反应位点可供选择(如图 2.41 中化合物 5)，则直接计算单氧化物中间体的 NPA 电荷；若生成单氧化物中间体时，有多于一种的等效 N-

氧化反应位点可供选择，则先计算 NPA 电荷预测出单氧化物中间体的结构，然后再通过计算中间体的 NPA 电荷预测出二氧化物的结构。使用 Gaussian 量子化学计算软件在 B3LYP/6-31 + G$^{**}$ 水平上优化反应物的结构[32]，并通过频率计算确保所得优化结构无虚频，且分子能量达到了全局极小值点或局部极小值点。对优化好的结构在同级别下进行 NPA 电荷计算，计算过程中不考虑构象异构的影响。

　　除了从电荷角度考虑外，由于周围电子密度高的氮原子容易受到亲电进攻，原子的简缩双描述符(CDD)可以用来定量表征分子的某原子亲核性与亲电性(CDD 值越小或越负，原子越容易受到亲电进攻)[49,50]，也可以通过比较氮杂芳环可能发生 N-氧化的氮原子 CDD 值大小来预测最可能的 N-氧化反应位点，CDD 值最小的氮原子即是最可能的 N-氧化反应位点。使用 Multiwfn 软件对上述方法优化的反应物结构进行 CDD 计算[29,30]，计算过程中所需化合物的原始状态和得失电子状态的波函数文件是利用 Gaussian 量子化学软件在同级别下计算得到的[32]。CDD 法的计算步骤比 NPA 电荷法的计算步骤繁琐，可作为 NPA 电荷法的补充。

　　**2. 生成物角度**

　　从生成物的角度，不同 N-氧化反应位点对应的 N-氧化产物互为异构体。对于同分异构体，分子总能量越低，则对应的结构越稳定，具有高稳定结构的产物更容易存在。因此，可以通过比较不同 N-氧化反应位点及其组合对应的 N-氧化产物的分子总能量来预测最可能的 N-氧化产物，N-氧化产物的同分异构体中分子总能量最低的 N-氧化产物，即是最可能的 N-氧化产物。使用 Gaussian 量子化学计算软件在 B3LYP/6-31 + G$^{**}$ 水平上优化 N-氧化产物的结构[32]，并通过频率计算确保所得优化结构无虚频，且分子能量达到了全局极小值点或局部极小值点。用 N-氧化产物分子在 0K 下的内能(单点能与零点能之和)表征 N-氧化产物的分子总能量。

## 2.6.2　N-氧化反应位点预测结果

　　**1. 反应物角度的预测结果**

　　图 2.42 给出了采用 NPA 电荷法对图 2.41 中 12 种模型化合物 N-氧化反应位点的预测结果，每个模型化合物所有可能发生 N-氧化的氮原子 NPA 电荷值都标注在所属氮原子附近，其中用粗体标注的 NPA 电荷值是标出的所有值中最负的，其所属氮原子就是 NPA 电荷法预测的最可能的 N-氧化反应位点。由于目前没有出现环上含氢四唑基团、肼基的=N—基团或叠氮基团的氮原子可

以被直接 N-氧化的反应例证，所以这些基团的氮原子都属于不会直接发生 N-氧化的位点，在应用 NPA 电荷法时应该先排除掉这些氮原子，否则可能会得出错误结论[51]。

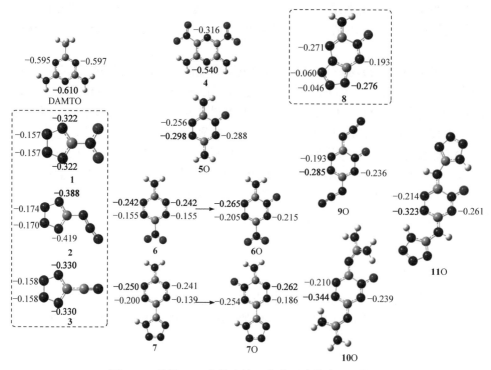

图 2.42　采用 NPA 电荷法的 N-氧化反应位点预测结果

　　根据图 2.42 的预测结果，采用 NPA 电荷法对图 2.41 中 12 种模型化合物中的 8 种模型化合物 N-氧化反应位点做出了正确预测，对剩余 4 种模型化合物(1~3 和 8)的预测结果错误。分析 NPA 电荷法的预测结果，当化合物可能的 N-氧化反应位点全部来自于六元氮杂芳环时，NPA 电荷法的预测结果全是正确的；当化合物可能的 N-氧化反应位点自于四唑环时，NPA 电荷法的预测结果全是错误的。分析化合物 1~3 和 8 的 N-氧化反应可以发现，四唑环上实际 N-氧化反应位点应该是远离碳原子的氮原子，但 NPA 电荷法预测的最可能的 N-氧化反应位点是靠近碳原子的氮原子。由于四唑环上四个氮原子相连且电负性相同，氮原子的电负性又大于碳原子，所以四唑环上靠近碳原子的氮原子周围的电子偏移最多，而远离碳原子的氮原子的电荷趋于平均化，这可能是 NPA 电荷法无法正确预测四唑环上的 N-氧化反应位点的原因。为了寻找 N-氧化反应位点可能来自于四唑环的化合物预测方法，使用 CDD 法对化合物 1~3 和 8 重新进行预测，预测结果如图 2.43 所示,每个化合物所有可能发生 *N*-氧化的氮原子 CDD 值都标注在了所属氮原子附近,其中用粗体标注的 CDD 值是标出的所有值中最负的,其所属氮原子就是 CDD 法预测的最可能的 *N*-氧化反应位点。与 NPA 电荷法不同,CDD 法对 **1**~**3** 和 **8** 的预测结果全部正确,说明 CDD 法对 *N*-氧化反应位点可能来自于四唑环的化合物具有良好的预测能力[51]。

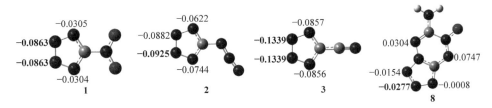

图 2.43 采用 CDD 法的 *N*-氧化反应位点预测结果

综上,NPA 电荷法对可能的 *N*-氧化反应位点全部来自于六元氮杂芳环的化合物预测准确性很高,但不适用于 *N*-氧化反应位点可能来自于四唑环的化合物,而 CDD 法可以对后者进行高准确性的预测。NPA 电荷法和 CDD 法都是从反应物的角度对最可能的 *N*-氧化反应位点进行预测,只需计算反应物本身的性质,具有简便性,但都需要事先根据化学经验排除掉不会直接发生 *N*-氧化的位点,否则可能会得出错误结果。

### 2. 生成物角度的预测结果

图 2.44 给出了采用分子总能量法对图 2.41 中 12 种模型化合物 *N*-氧化反应位点的预测结果,各模型化合物同分异构体的绝对分子总能量详见附录 A 表 A.3。图 2.44 中将每种模型化合物同分异构体中绝对分子总能量最低的分子总能量值定为 0,然后以此为基准给出了其他同分异构体的相对分子总能量的大小,并将每种模型化合物的同分异构体按分子总能量依次增加的顺序从左往右排列[51]。

根据图 2.44 的预测结果,采用分子总能量法对图 2.41 中 12 种模型化合物的 9 种模型化合物做出了正确预测,对 3 种模型化合物($5O_2$、$7O_2$ 和 $9O_2$)做出了错误预测。观察分子总能量法的预测结果可以发现,在错误预测结果中,预测分子总能量最低的结构与实际结构的分子总能量差都在 $12kJ \cdot mol^{-1}$ 以下;在大部分正确预测结果中,分子总能量最低的结构与其右边紧挨的结构分子总能量差在 $15kJ \cdot mol^{-1}$ 以上。此外,观察 $10O_2$ 和 $11O_2$ 的预测结果可以发现,构象异构对分子总能量的计算结果可产生较大影响。因此,分子总能量法的错误预测结果可能是计算精度和构象异构对分子总能量的影响导致的[51]。

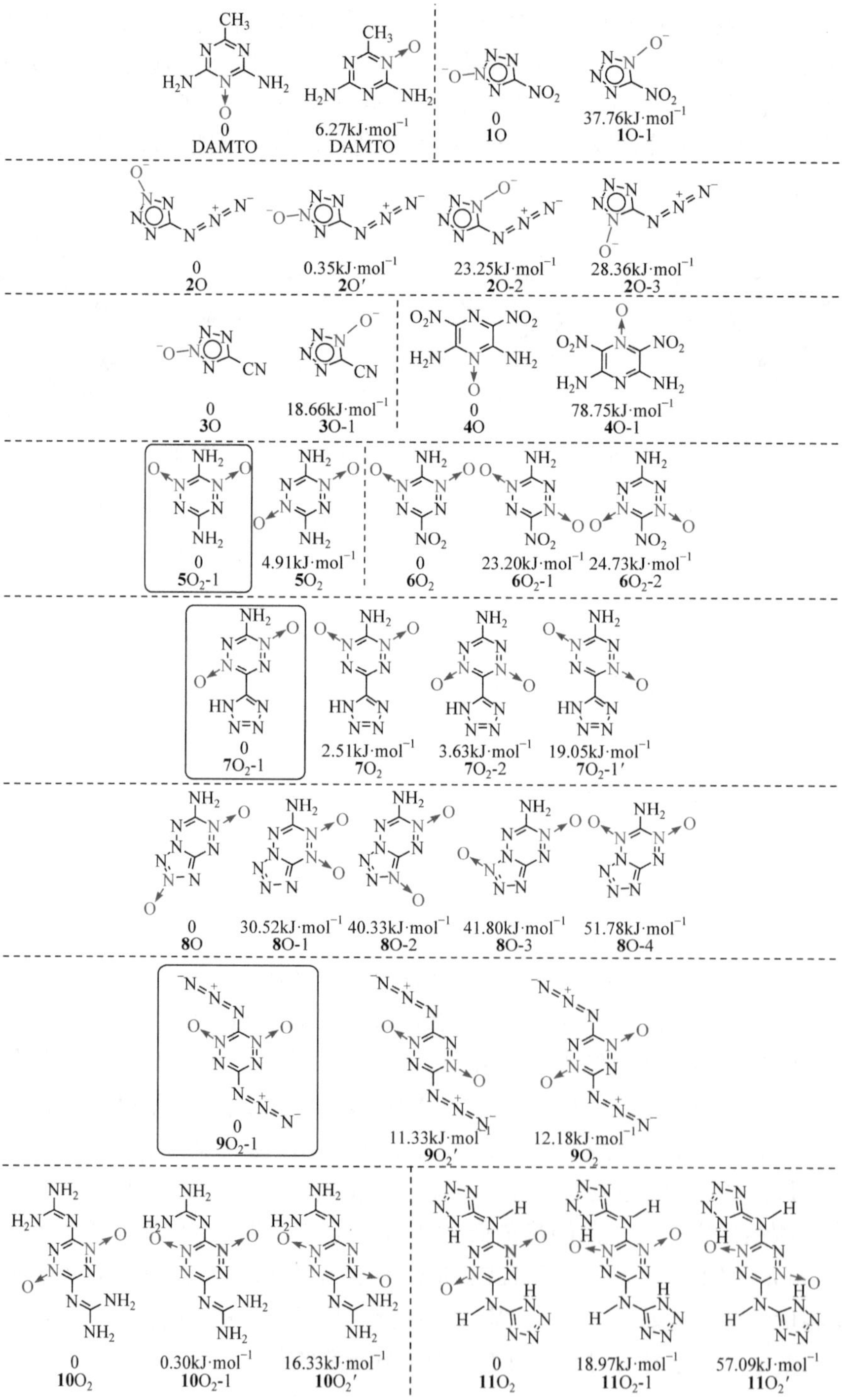

图 2.44　采用分子总能量法的 N-氧化反应位点预测结果

总之，分子总能量法也能对氮杂芳环化合物最可能的 *N*-氧化产物做出准确性较高的预测，但计算精度和构象异构可能会影响其预测结果。与 NPA 电荷法和 CDD 法相比，分子总能量法由于需要对某一氮杂芳环化合物的系列 *N*-氧化同分异构体进行能量计算，其计算量往往更大(尤其是对具有多种等效 *N*-氧化反应位点的氮杂芳环化合物的计算)，但不需要事先根据化学经验人为排除不会直接发生 *N*-氧化的位点。如图 2.45 所示，不会直接发生 *N*-氧化位点对应的 *N*-氧化产物分子总能量，都大幅高于可能会直接发生 *N*-氧化位点对应的 *N*-氧化产物分子总能量，且能量差基本在 $50kJ \cdot mol^{-1}$ 以上。因此，即使不事先排除不会直接发生 *N*-氧化的位点，分子总能量法的计算结果也能有效地将它们排除在外。

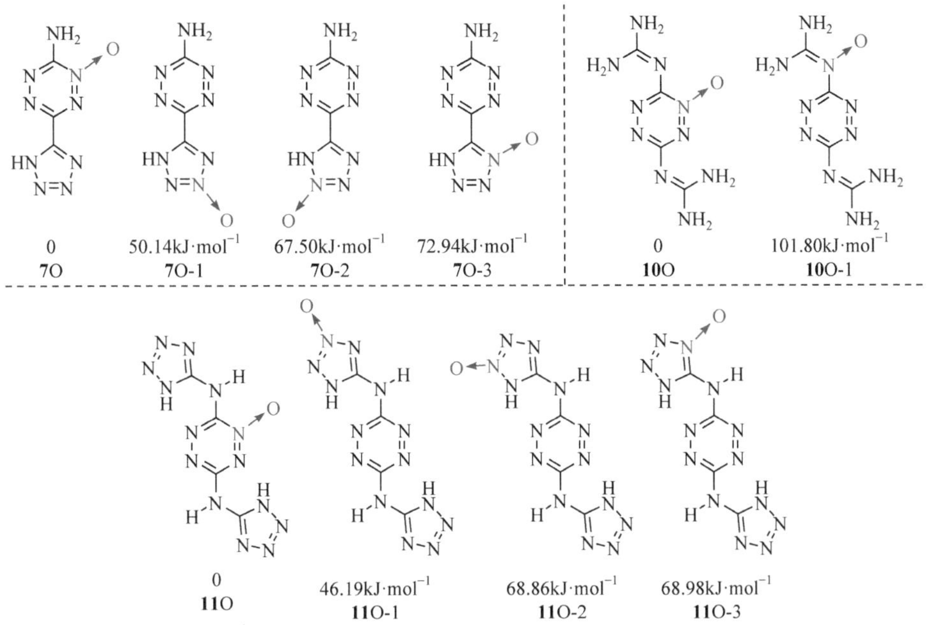

图 2.45　非常规 *N*-氧化物的相对分子总能量

## 2.7　*N*-氧化三嗪化合物合成规律

三嗪类富氮化合物也可以像四嗪类富氮化合物一样发生 *N*-氧化反应，三氟过氧乙酸氧化体系同样适用于三嗪类化合物的 *N*-氧化，但取代基对三嗪类化合物的 *N*-氧化反应的影响很大。强给电子效应取代基有助于三嗪类化合物的 *N*-氧化，而弱给电子效应或吸电子效应取代基不利于三嗪类化合物的 *N*-氧化。此外，含有肼基的富氮化合物由于肼基易与过氧酸发生氧化还原反应，在 *N*-氧化反应中会发生分解；三嗪环上含有未取代—CH=基团的三嗪类化合物，由于过氧酸释放出的

<sup>+</sup>OH 易与芳香性三嗪环发生亲电取代反应，会被氧化成醇(酮)类三嗪化合物而非
*N*-氧化三嗪化合物[51]。

N→O 键具有较强的质子亲和力，可以被稀酸质子化，它的质子化为含能化合物
的阳离子化提供了新途径。通过碱性 O←N═C—NH$_2$ 结构和酸性 HO—N—C═NH
结构之间的互变异构，O←N═C—NH$_2$ 结构可赋予 *N*-氧化三嗪化合物两性性质，
拓宽了三嗪类含能材料的去质子化途径，且可能是一种普适于 *N*-氧化含能材料的
两性结构。单独 O←N═C—NH$_2$ 结构的两性性质显著偏向于碱性，而两个 N→O
键包夹一个 C—NH$_2$ 结构(O←N═C(NH$_2$)N→O)能赋予 *N*-氧化含能化合物较为均
衡的两性性质[51]。

对于与 O←N═C—NH$_2$ 结构类似的 O←N═C—OH 结构，由于它的互变异构
结构 HO—N—C═O 更稳定，单独的该结构只能赋予*N*-氧化物被去质子化的能力，
该结构与另外 N→O 键的组合能赋予*N*-氧化含能材料较为均衡的两性性质。此外，
只发生了单 *N*-氧化的三嗪环上剩余两个—N═基团可以保留被质子化的能力。

离子化含能材料能有效地提高含能材料的开发效率，两性含能化合物，尤其
是两性性质均衡的两性含能化合物，能提高离子型含能材料的研发效率。此外，
开发出的预测氮杂芳环化合物 *N*-氧化反应位点的 NPA 电荷法、CDD 法和分子总
能量法各有长处，能够实现对 *N*-氧化反应位点的高准确性预测，有助于促进更多
新 *N*-氧化含能材料的合成。

## 参 考 文 献

[1] 杨惊, 沈一丁. 三聚氰胺甲醛树脂及其衍生物的研究现状与应用前景[J]. 化工时刊, 2004, 18(12): 12-15.

[2] 张燕, 陈雪飞, 黄韵东. 三聚氰胺二硝酸盐的合成与表征[J]. 广东化工, 2014, 41(7): 24-24.

[3] BRETTERBAUER K, SCHWARZINGER C. Melamine derivatives—A review on synthesis and application[J]. Current Organic Synthesis, 2012, 9(3): 342-356.

[4] KANAGATHARA N, MARCHEWKA M K, SIVAKUMAR N, et al. A study of thermal and dielectric behavior of melaminium perchlorate monohydrate single crystals[J]. Journal of Thermal Analysis and Calorimetry, 2013, 112(3): 1317-1323.

[5] FRAZIER A W, GAUTNEY J, CABLER J L. Preparation and characterization of melamine sulfurous and sulfuric acid addicts[J]. Industrial & Engineering Chemistry Product Research and Development, 1982, 21(3): 470-473.

[6] LIU J, WANG D, CHEN K, et al. Enhanced photovoltaic performance and reduced hysteresis in hole-conductor-free, printable mesoscopic perovskite solar cells based on melamine hydroiodide modified MAPbI$_3$[J]. Solar Energy, 2020, 206: 548-554.

[7] ZHANG H J, YAO S, GENG J, et al. Oxygen reduction reaction with efficient, metal-free nitrogen, fluoride-codoped carbon electrocatalysts derived from melamine hydrogen fluoride salt[J]. Journal of Colloid and Interface Science, 2019, 535: 436-443.

[8] ZANETTI M, PIZZI A. Low addition of melamine salts for improved melamine-urea-formaldehyde adhesive water resistance[J]. Journal of Applied Polymer Science, 2003, 88(2): 287-292.

[9] MENDENHALL I V, LUND G K. Gas generation compositions comprising melamine oxalate for use in automotive restraint devices: US20200308077[P]. 2020-10-01.

[10] 耿文浩, 刘飞, 韩寒, 等. N,P 掺杂型 C@Mo₂C 催化剂的制备及其催化 CO₂ 加氢反应研究[J]. 燃料化学学报, 2017, 45(4): 458-467.

[11] 王正洲, 徐少洪, 胡立飞. 纳米三聚氰胺氰尿酸盐的合成、表征及其在酚醛泡沫中的应用[J]. 材料研究学报, 2014, 28(6): 401-406.

[12] BANN B, MILLER S A. Melamine and derivatives of melamine[J]. Chemical Reviews, 1958, 58(1): 131-172.

[13] LIU X, SU Z, JI W, et al. Structure, physicochemical properties, and density functional theory calculation of high-energy-density materials constructed with intermolecular interaction: Nitro group charge determines sensitivity[J]. The Journal of Physical Chemistry C, 2014, 118(41): 23487-23498.

[14] GUNASEKARAN A, BOYER J H. Trinitromethanide and tricyanomethanide salts restricted to C, H, N, and O atoms[J]. Heteroatom Chemistry, 1992, 3(5-6): 611-615.

[15] LI X, LIU X, ZHANG S, et al. A low sensitivity energetic salt based on furazan derivative and melamine: Synthesis, structure, density functional theory calculation, and physicochemical property[J]. Journal of Chemical & Engineering Data, 2016, 61(1): 207-212.

[16] TANBUG R, KIRSCHBAUM K, PINKERTON A A. Energetic materials: The preparation and structural characterization of melaminium dinitramide and melaminium nitrate[J]. Journal of Chemical Crystallography, 1999, 29(1): 45-55.

[17] MARTIN A, PINKERTON A A. Melaminium diperchlorate hydrate[J]. Acta Crystallographica Section C: Crystal Structure Communications, 1995, 51(10): 2174-2177.

[18] GONG H, TANG S, ZHANG T. Catalytic hydrolysis of waste residue from the melamine process and the kinetics of melamine hydrolysis in NaOH solution[J]. Reaction Kinetics, Mechanisms and Catalysis, 2016, 118(2): 377-391.

[19] LIU N, LI T, ZHAO Z, et al. From triazine to heptazine: Origin of graphitic carbon nitride as a photocatalyst[J]. ACS Omega, 2020, 5(21): 12557-12567.

[20] HOARE J, DUDDU R, DAMAVARAPU R. A safe scalable process for synthesis of 4,6-bis(nitroimino)-1,3,5-triazinan-2-one (DNAM)[J]. Organic Process Research & Development, 2016, 20(3): 683-686.

[21] JACOBS W, GOEBEL J C. Synthesis of hydroxy functional melamine derivatives: US4312988[P]. 1982-01-26.

[22] BAY W E, JACOBS W F, GSCHNEIDER D, et al. Process for preparing isocyanate and isocyanate-based derivatives of certain amino-1,3,5-triazines by direct phosgenation: US5556971[P]. 1996-09-17.

[23] 钟爱国, 吴俊勇, 闫华, 等. 三聚氰胺金属(Ⅱ)配合物的结构、紫外-可见光谱和反应活性[J]. 物理化学学报, 2009, 25(7): 1367-1372.

[24] ZHANG H, ZHANG M, LIN P, et al. A highly energetic N-rich metal-organic framework as a new high-energy-density material[J]. Chemistry: A European Journal, 2016, 22(3): 1141-1145.

[25] SONG S, WANG Y, HE W, et al. Melamine N-oxide based self-assembled energetic materials with balanced energy & sensitivity and enhanced combustion behavior[J]. Chemical Engineering Journal, 2020, 395: 125114.

[26] ZHANG J, BI F, ZHANG J, et al. Synthetic and thermal studies of four insensitive energetic materials based on oxidation of the melamine structure[J]. RSC Advances, 2021, 11(1): 288-295.

[27] FENG Z, ZHANG Y, LI Y, et al. Adjacent N→O and C—NH₂ groups—A highly efficient amphoteric structure for energetic materials resulting from tautomerization proved by crystal engineering[J]. CrystEngComm, 2021, 23(7): 1544-1549.

[28] FENG Z, CHEN S, LI Y, et al. Amphoteric ionization and cocrystallization synergistically applied to two melamine-based N-oxides: Achieving regulation for the comprehensive performance of energetic materials[J]. Crystal Growth & Design, 2022, 22(1): 513-523.

[29] LU T, CHEN F. Multiwfn: A multifunctional wavefunction analyzer[J]. Journal of Computational Chemistry, 2012, 33(5): 580-592.

[30] LU T, CHEN F. Quantitative analysis of molecular surface based on improved marching tetrahedra algorithm[J]. Journal of Molecular Graphics and Modelling, 2012, 38: 314-323.

[31] HUMPHREY W, DALKE A, SCHULTEN K. VMD: Visual molecular dynamics[J]. Journal of Molecular Graphics, 1996, 14(1): 33-38.

[32] FRISCH M J, TRUCKS G W, SCHLEGEL H B, et al. Gaussian 09 (Revision D.01)[CP/DK]. Gaussian, Inc., Wallingford CT, 2013.

[33] DEAN J A. Lange's Handbook of Chemistry[M]. 15th ed. New York: McGraw-Hill, Inc., 1999.

[34] 康富春, 刘海明, 唐增花. 1,3,5-三嗪-2,4,6-三肼的合成及应用[J]. 热固性树脂, 2016, 31(6): 46-48.

[35] WEI H, GAO H, SHREEVE J M. N-oxide 1,2,4,5-tetrazine-based high-performance energetic materials[J]. Chemistry: A European Journal, 2014, 20(51): 16943-16952.

[36] TASSO B, PIRISINO G, NOVELLI F, et al. On the self-condensation of aminoguanidine leading to 1,1,4,10,10-pentaamino-2,3,5,6,8,9-hexaazadeca-1,3,5,7,9-pentaene (structure elucidation through X-ray powder diffraction)[J]. Tetrahedron, 2014, 70(43): 8056-8061.

[37] CHAVEZ D E, HISKEY M A, NAUD D L. Tetrazine explosives[J]. Propellants, Explosives, Pyrotechnics, 2004, 29(4): 209-215.

[38] PAGORIA P F. Synthesis, scale-up, and characterization of 2,6-diamino-3,5-dinitropyrazine-1-oxide (LLM-105)[R]. Livermore: Lawrence Livermore National Lab., 1998.

[39] WANG Y, LIU Y, SONG S, et al. Accelerating the discovery of insensitive high-energy-density materials by a materials genome approach[J]. Nature Communications, 2018, 9(1): 1-11.

[40] RITTER H, LICHT H H. Synthesis and reactions of dinitrated amino and diaminopyridines[J]. Journal of Heterocyclic Chemistry, 1995, 32(2): 585-590.

[41] COBURN M D, HISKEY M A, LEE K Y, et al. Oxidations of 3,6-diamino-1,2,4,5-tetrazine and 3,6-bis(S,S-dimethylsulfilimino)-1,2,4,5-tetrazine[J]. Journal of Heterocyclic Chemistry, 1993, 30(6): 1593-1595.

[42] FISCHER D, KLAPÖTKE T M, STIERSTORFER J. Synthesis and characterization of diaminobisfuroxane[J]. European Journal of Inorganic Chemistry, 2014, 2014(34): 5808-5811.

[43] 何飘, 杨俊清, 李彤, 等. 含能材料量子化学计算方法综述[J]. 含能材料, 2018, 26(1): 34-45.

[44] 黎小平, 张炜, 张小平, 等. 量子化学计算在含能材料合成中的应用[C]. 中国航天第三专业信息网第 27 届年会, 沈阳, 2006: 323-329.

[45] CHAVEZ D E, PARRISH D A, MITCHELL L, et al. Azido and tetrazolo 1,2,4,5-tetrazine N-oxides[J]. Angewandte Chemie International Edition, 2017, 56(13): 3575-3578.

[46] KLAPÖTKE T M, PIERCEY D G, STIERSTORFER J. The taming of $CN_7^-$: The azidotetrazolate 2-oxide anion[J]. Chemistry: A European Journal, 2011, 17: 13068-13077.

[47] GÖBEL M, KARAGHIOSOFF K, KLAPÖTKE T M, et al. Nitrotetrazolate-2N-oxides and the strategy of N-oxide introduction[J]. Journal of the American Chemical Society, 2010, 132(48): 17216-17226.

[48] BONEBERG F, KIRCHNER A, KLAPÖTKE T M, et al. A study of cyanotetrazole oxides and derivatives thereof[J]. Chemistry: An Asian Journal, 2013, 8(1): 148-159.

[49] PARR R G, YANG W. Density functional approach to the frontier-electron theory of chemical reactivity[J]. Journal of the American Chemical Society, 1984, 106(14): 4049-4050.

[50] 付蓉, 卢天, 陈飞武. 亲电取代反应中活性位点预测方法的比较[J]. 物理化学学报, 2014, 30(4): 628-639.

[51] 冯治存. 两性 N-氧化三嗪含能化合物的合成及结构性质关系研究[D]. 西安: 西北大学, 2022.

# 第 3 章 晶 体 结 构

## 3.1 晶体结构解析

通过单色化(石墨单色器)钼靶(波长 $\lambda$ = 0.71073Å)或液态镓靶(波长 $\lambda$ = 1.34139Å)X 射线，采用 $\varphi$ 扫描和 $\omega$ 扫描($\varphi$、$\omega$ 为不同旋转角)方法收集晶体衍射数据；使用最小二乘法优化衍射点的衍射角度以获得晶胞参数，使用 APEX3 软件对收集的数据进行 LP(洛伦兹-偏振因子)校正和还原，通过 SADABS 程序采用 multi-scan 法对数据进行吸收校正[1]，使用 SHELXTL 程序通过直接法和基于结构因子 $F_o^2$ 的全矩阵最小二乘法对晶体结构进行解析和精修(对非氢原子的位移参数进行各向异性化精修)[2]；根据差值傅里叶图确定所有非氢原子和与 O 和 N 相连的 H 的坐标，通过理论模型确定与 C 相连的 H 的坐标。使用 Crystal Explorer 软件对晶体进行 Hirshfeld 表面分析[3]。Hirshfeld 表面的颜色可发生由灰黑向白再向灰黑的变化，颜色越偏向于深色代表相邻原子之间存在越强的非共价相互作用。Hirshfeld 表面对应的 2D 指纹图上的点可发生由深色向浅色的变化，浅色点对应的相互作用对 Hirshfeld 表面的贡献大，深色点的贡献小。2D 指纹图上的点越靠近图谱的左下角代表参与对应相互作用的原子到 Hirshfeld 表面的距离越小，即对应相互作用越强。本书所有晶体椭球图的椭球概率为 50%。

## 3.2 TATDO 系列含能化合物晶体结构

### 3.2.1 TATDO 晶体结构

TATDO 具有较强质子亲和力的 N→O 键，是很有效的氢键受体，很容易与极性溶剂分子的—OH 形成氢键，因此很难得到 TATDO 的无结晶溶剂单晶。图 3.1 和附录 A 中表 A.4 分别给出了 TATDO · 4H$_2$O 和 TATDO · 2H$_2$O 晶体的不对称单元结构和精修结果数据，所有结晶水通过较强的氢键相互作用与 TATDO 的 N→O 键相结合，由此形成了水合 TATDO 单晶。图 3.2 和附录 A 中表 A.4 分别给出了 TATDO · 0.5CH$_3$CH$_2$OH 晶体的不对称单元结构和精修结果数据，其中结晶乙醇分子同样通过—OH 与 N→O 键之间的氢键作用与 TATDO 相结合。三种晶体的差值傅里叶图都显示 TATDO 的所有氨基 N 周围各有两个较强的 H 信号，而所有配位

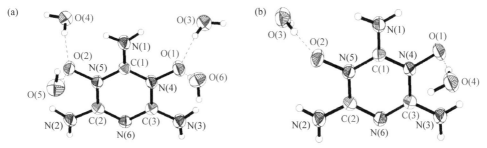

图 3.1 TATDO · 4H$_2$O 和 TATDO · 2H$_2$O 晶体的不对称单元结构

(a) TATDO · 4H$_2$O；(b) TATDO · 2H$_2$O

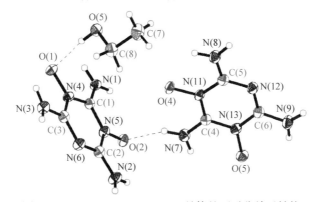

图 3.2 TATDO · 0.5CH$_3$CH$_2$OH 晶体的不对称单元结构

O 周围都没有明显的 H 信号。因此，晶体结构数据同样支持 TATDO 主要以 O←N=C—NH$_2$ 结构形式存在。

　　TATDO · 4H$_2$O 和 TATDO · 2H$_2$O 三嗪环上的碳氮键长为 1.33~1.37Å，与共轭 C=N 键长(1.34~1.38Å)一致[4]，表明 TATDO 的芳香性三嗪环上形成了离域大 π 键。TATDO 是平面分子，它的三个氨基(包括氨基上的 H)和配位 O 与三嗪环几乎处于同一平面[图 3.3(a)]。TATDO · 4H$_2$O 和 TATDO · 2H$_2$O 中的 C—NH$_2$ 键长为 1.30~1.33Å，比一般共轭 C=N 键长(1.34~1.38Å)稍小一些。因此，TATDO 三个氨基 N 的杂化方式近似于 sp$^2$，且其孤对电子占据的 2p 轨道基本垂直于三嗪环平面，与 TATDO 三嗪环上的离域 π 键发生 p-π 共轭。TATDO · 4H$_2$O 和 TATDO · 2H$_2$O 中的 N→O 键长为 1.35~1.37Å，显著短于羟胺分子中的 N—O 键长(1.41~1.42Å)[5]。因此，TATDO 中 N→O 键的配位 O 可能采用了近似于 sp$^2$ 的杂化方式，且配位 O 的一对孤电子占据的 2p 轨道近似垂直于三嗪环平面，并与三嗪环上的离域 π 键发生 p-π 共轭。

　　TATDO · 4H$_2$O 晶体的堆积方式如图 3.3(b)所示，若将虚线框中的分子层看为二维分子层，该分子层内存在一种弱 π-π 堆积相互作用(两环质心之间的距离为 3.863Å)，分子层之间充斥着结晶水分子。TATDO · 4H$_2$O 的二维分子层依靠结晶

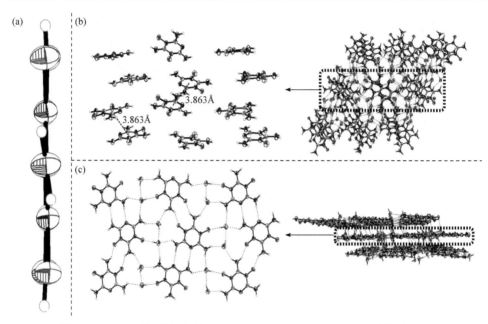

图 3.3　TATDO 分子侧面图与 TATDO·4H$_2$O、TATDO·2H$_2$O 晶体堆积图

(a) TATDO 分子侧面图；(b) TATDO·4H$_2$O 晶体堆积图；(c) TATDO·2H$_2$O 晶体堆积图

水分子参与的 13 种氢键相互作用和 1 种 TATDO 分子之间的氢键相互作用，堆积成三维晶体结构。图 3.3(c)展示了 TATDO·2H$_2$O 晶体的堆积方式，呈现出平面层状堆积结构，结晶水处于二维分子层内，每个二维分子层内有 6 种水分子参与的氢键相互作用和 2 种 TATDO 分子之间的氢键相互作用，二维分子层又通过另外 2 种水分子参与的氢键相互作用堆积成三维晶体。

### 3.2.2　TATDO 去质子化产物晶体结构

1. (Na$^+$)$_2$(TATDO$^-$)$_2$(H$_2$O)$_8$·2H$_2$O 和[K$^+$TATDO$^-$]$_n$ 的晶体结构

(Na$^+$)$_2$(TATDO$^-$)$_2$(H$_2$O)$_8$·2H$_2$O 和[K$^+$TATDO$^-$]$_n$ 晶体的结构和精修结果数据见图 3.4、表 A.4 和表 A.5。(Na$^+$)$_2$(TATDO$^-$)$_2$(H$_2$O)$_8$·2H$_2$O 和[K$^+$TATDO$^-$]$_n$ 的差值傅里叶图显示它们的 N(1)原子周围都只有一个明显的 H 信号，且它们的 C(1)—N(1)键长(1.267～1.283Å)都比 TATDO 的 C(1)—N(1)键长(1.299～1.303Å)更小。因此，TATDO 钠盐和钾盐的晶体结构数据进一步证实了 TATDO 的酸性来源于 O←N=C—NH$_2$ 结构互变异构成 HO—N—C=NH 结构。

(Na$^+$)$_2$(TATDO$^-$)$_2$(H$_2$O)$_8$·2H$_2$O 是(Na$^+$)$_2$(TATDO$^-$)$_2$(H$_2$O)$_8$ 配合物分子和 2 个晶格水 H$_2$O(7)、H$_2$O(7A)的水合物。一个单独的(Na$^+$)$_2$(TATDO$^-$)$_2$(H$_2$O)$_8$ 配合物分子由关于 Na(1)和 Na(1A)连线中点呈中心对称的 2 个 Na$^+$、2 个 TATDO$^-$和 8

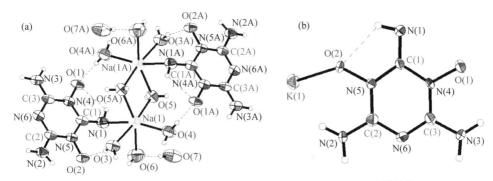

图 3.4 $(Na^+)_2(TATDO^-)_2(H_2O)_8 \cdot 2H_2O$ 和 $[K^+TATDO^-]_n$ 的晶体结构

(a) $(Na^+)_2(TATDO^-)_2(H_2O)_8 \cdot 2H_2O$；(b) $[K^+TATDO^-]_n$

个配位 $H_2O$ 组成，每个 $Na^+$ 与 5 个 $H_2O$ 和 1 个 TATDO$^-$ 的 N(1)原子组成不规则的六配位结构。配位水分子 $H_2O(5)$ 和 $H_2O(5A)$ 由于各有两对孤对电子，与 Na(1)$^+$ 和 Na(1A)$^+$ 同时配位。$(Na^+)_2(TATDO^-)_2(H_2O)_8 \cdot 2H_2O$ 中有 4 种氢键相互作用，$(Na^+)_2(TATDO^-)_2(H_2O)_8 \cdot 2H_2O$ 又通过另外 6 种氢键相互作用和 1 种弱 π-π 堆积(两环质心之间的距离为 3.771Å)相互作用形成如图 3.5(a)虚线框所示的二维分子层，二维分子层又通过另外 5 种氢键相互作用堆积成三维晶体。

[K$^+$TATDO$^-$]$_n$ 是一种三维 MOF[图 3.5(b)]，每个 TATDO$^-$ 与 5 个 K$^+$ 配位，每个 K$^+$ 与来自 5 个 TATDO$^-$ 的六个原子组成不规则的六配位结构。[K$^+$TATDO$^-$]$_n$ 的 O(1)和 O(2)的最外电子层都有 3 对孤对电子，其中 2 对孤对电子与 2 个 K$^+$ 同时配位，因此 N→O 键的 O 具有较强与金属离子发生配位的能力。配位键 K(1)—O(2) 和 K(1A)—O(2)分别处于三嗪环平面的上、下两侧，键角 K(1A)-O(2)-N(5)和扭转角 K(1A)-O(2)-N(5)-C(2)分别为 140.85° 和 72.02°，键角 K(1)-O(2)-N(5)和扭转角 K(1)-O(2)-N(5)-C(2)分别为 119.64°和−49.94°，因此 O(2)可能采用了接近于 sp$^3$ 的杂化方式。K(1B)$^+$ 倾向于与三嗪环平面共面[扭转角 K(1B)-N(1)-C(1)-N(4) 为 −20.00°]，配位键 K(1C)—O(1)倾向于与三嗪环平面相垂直[键角 K(1C)-O(1)-N(4) 和扭转角 K(1C)-O(1)-N(4)-C(3)分别为 102.42°和 110.07°]，因此 O(1)可能采用了接近于 sp$^2$ 的杂化方式。图 3.5(b)虚线框所示的[K$^+$TATDO$^-$]$_n$ 二维分子层中存在 3 种氢键相互作用和 1 种弱 π-π 堆积(两环质心之间的距离为 3.764Å)相互作用，这种二维分子层之间还存在 1 种氢键相互作用。

2. GUA$^+$TATDO$^-$ · 5.5H$_2$O 的晶体结构

GUA$^+$TATDO$^-$ · 5.5H$_2$O 晶体的不对称单元结构和精修结果数据分别见图 3.6 和表 A.5。该晶体的 H$_2$O(5)和 H$_2$O(7)水分子各有一个氢原子呈位置无序现象，且具有两个占有率接近 1∶1 的空间取向，H$_2$O(8)水分子整体呈位置占有率无序现象(占有率

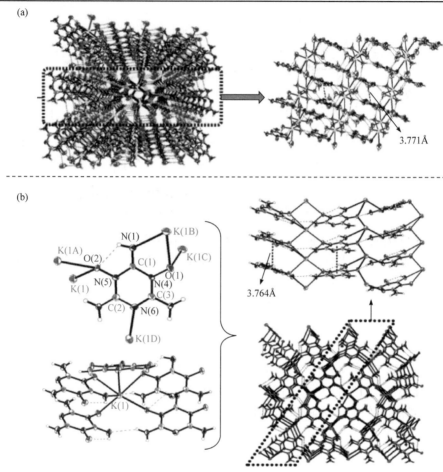

图 3.5　(Na$^+$)$_2$(TATDO$^-$)$_2$(H$_2$O)$_8$ · 2H$_2$O 和[K$^+$TATDO$^-$]$_n$晶体的堆积图

(a) (Na$^+$)$_2$(TATDO$^-$)$_2$(H$_2$O)$_8$ · 2H$_2$O；(b) [K$^+$TATDO$^-$]$_n$

为 0.5)。在其不对称单元结构中共存在 10 种氢键相互作用。GUA$^+$TATDO$^-$ · 5.5H$_2$O 晶体的堆积方式见图 3.7。该晶体呈现出平面层状堆积结构，它的二维分子层内有 20 种氢键相互作用，二维分子层之间又有另外 8 种氢键相互作用。胍离子是平面离子，它的 C 和 N 都采用了 sp$^2$ 杂化方式，未参与杂化的 2p 轨道形成了 Y 形的共轭 π 键，因此胍离子被认为具有 Y 芳香性[6]。分别处于 GUA$^+$TATDO$^-$ · 5.5H$_2$O 相邻两二维分子层的胍离子质心和 TATDO$^-$三嗪环质心，二者之间的距离最短可达 3.386Å，一般具有 π-π 堆积相互作用的芳香环质心之间的距离为 3.3～3.7Å[4]，因此可以认为相邻两二维分子层的胍离子和 TATDO$^-$之间也具有 π-π 堆积相互作用。

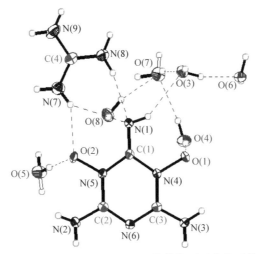

图 3.6 GUA⁺TATDO⁻·5.5H₂O 晶体的不对称单元结构

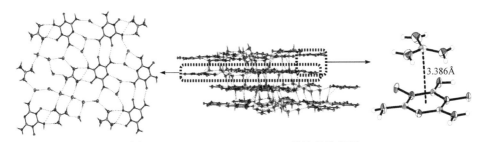

图 3.7 GUA⁺TATDO⁻·5.5H₂O 晶体的堆积图

3. $Zn^{2+}(TATDO^-)_2NH_3 \cdot 5.5H_2O$ 和 $(Cd^{2+})_2(TATDO^-)_4(NH_3)_2 \cdot 7H_2O$ 的晶体结构

$Zn^{2+}(TATDO^-)_2NH_3 \cdot 5.5H_2O$ 和 $(Cd^{2+})_2(TATDO^-)_4(NH_3)_2 \cdot 7H_2O$ 的晶体结构和精修结果数据见图 3.8、表 A.5 和表 A.6。$Zn^{2+}(TATDO^-)_2NH_3 \cdot 5.5H_2O$ 的 O(6)原子处于对称面上,占有率为 0.5。$Zn^{2+}(TATDO^-)_2NH_3 \cdot 5.5H_2O$ 中的结晶水分子均为晶格水,1 个 $Zn^{2+}$、2 个 TATDO⁻和 1 个 $NH_3$ 分子组成一个独立的 $Zn^{2+}(TATDO^-)_2NH_3$ 配合物分子,每个 TATDO⁻提供 2 个原子与 $Zn^{2+}$ 配位,并由此形成了关于 $Zn^{2+}$ 的五配位结构。同时,每个 TATDO⁻与 $Zn^{2+}$ 基本共面[扭转角 Zn(1)-O(1)-N(4)-C(1) 和 Zn(1)-O(4)-N(11)-C(4)分别为 5.59°和–2.63°],这说明参与配位的 O(1)和 O(4) 采用了接近于 $sp^2$ 的杂化方式。2 个 TATDO⁻-$Zn^{2+}$ 平面之间的夹角约为 145°。另外,在一个单独的 $Zn^{2+}(TATDO^-)_2NH_3 \cdot 5.5H_2O$ 结构中存在 4 种水参与的氢键相互作用,其中 4 个 $Zn^{2+}(TATDO^-)_2NH_3$ 配合物分子通过 1 种氢键相互作用和 1 种 π-π 堆积(两环质心之间的距离为 3.674Å)相互作用连接成一个如图 3.9(a)所示的平行四边形。在平行四边形的钝角处,$Zn^{2+}(TATDO^-)_2NH_3$ 配合物分子的 N(6)正好处于

另一个配合物分子的 TATDO⁻三嗪环边缘正上方，且该 N(6)到该三嗪环平面的距离为 3.045Å。因此，在平行四边形结构中，一个配合物的 N(6)和另一个配合物分子的缺电子芳香性三嗪环之间存在着典型的孤对电子-π 相互作用[7,8]。这些平行四边形结构的堆积形成了一个横截面积大约为 50Å² 的四棱柱孔洞，晶格水 $H_2O(6)$ 和 $H_2O(7)$被 6 种氢键相互作用固定于这些孔洞中。$Zn^{2+}(TATDO^-)_2NH_3$ 的四棱柱结构间存在 2 种 $Zn^{2+}(TATDO^-)_2NH_3$ 之间的氢键相互作用，晶格水 $H_2O(5)$、$H_2O(8)$、$H_2O(9)$和 $H_2O(10)$被 13 种氢键相互作用固定于四棱柱之间的空隙中。

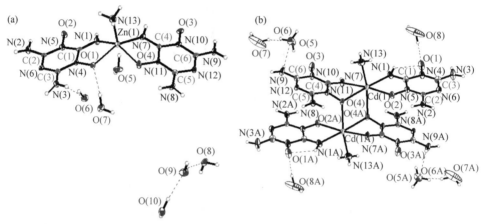

图 3.8    $Zn^{2+}(TATDO^-)_2NH_3 \cdot 5.5H_2O$ 和$(Cd^{2+})_2(TATDO^-)_4(NH_3)_2 \cdot 7H_2O$ 的晶体结构

(a) $Zn^{2+}(TATDO^-)_2NH_3 \cdot 5.5H_2O$；(b) $(Cd^{2+})_2(TATDO^-)_4(NH_3)_2 \cdot 7H_2O$

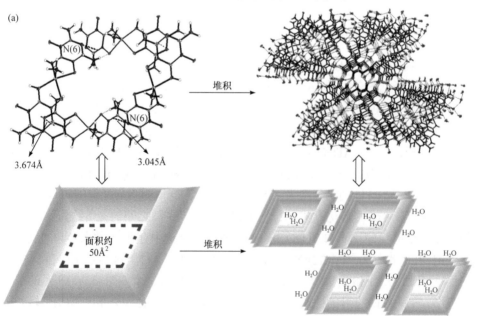

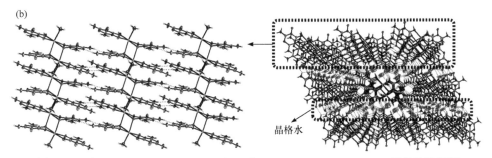

图 3.9 $Zn^{2+}(TATDO^-)_2NH_3 \cdot 5.5H_2O$ 和$(Cd^{2+})_2(TATDO^-)_4(NH_3)_2 \cdot 7H_2O$ 晶体的堆积图

(a) $Zn^{2+}(TATDO^-)_2NH_3 \cdot 5.5H_2O$；(b) $(Cd^{2+})_2(TATDO^-)_4(NH_3)_2 \cdot 7H_2O$

$(Cd^{2+})_2(TATDO^-)_4(NH_3)_2 \cdot 7H_2O$ 中的结晶水分子均为晶格水，2 个 $Cd^{2+}$、4 个 $TATDO^-$和 2 个 $NH_3$分子组成了一个关于 Cd(1)和 Cd(1A)原子连线的中点呈中心对称的独立$(Cd^{2+})_2(TATDO^-)_4(NH_3)_2$ 配合物分子。水分子 $H_2O(6)$整体呈位置占有率无序现象，占有率为 0.5。每个 $TATDO^-$提供 2 个原子与 $Cd^{2+}$配位，其中参与配位的 O(4)最外电子层有 3 对孤对电子，该原子提供 2 对孤对电子与 2 个 $Cd^{2+}$同时配位，并由此形成了关于 $Cd^{2+}$的不规则六配位结构。$(Cd^{2+})_2(TATDO^-)_4(NH_3)_2$ 中每个 $Cd^{2+}$倾向于与同侧的 $TATDO^-$共面[扭转角 Cd(1)-N(7)-C(4)-N(11) 和 Cd(1)-N(1)-C(1)-N(5)分别为–20.33°和–4.11°]，且配位键 O(4)—Cd(1A)近似垂直于 O(4)原子所在 $TATDO^-$平面[键角 Cd(1A)-O(4)-N(11)和扭转角 Cd(1A)-O(4)-N(11)-C(5)分别为 110.94°和 86.8°]，因此 O(2)和 O(4)的杂化方式可能接近于 $sp^2$。$(Cd^{2+})_2(TATDO^-)_4(NH_3)_2 \cdot 7H_2O$ 结构中存在 5 种氢键相互作用。$(Cd^{2+})_2(TATDO^-)_4(NH_3)_2$ 配合物分子之间通过 3 种氢键相互作用连接成如图 3.9(b)虚线框所示的二维分子层，二维分子层又通过$(Cd^{2+})_2(TATDO^-)_4(NH_3)_2$ 之间的另外 3 种氢键相互作用堆积成三维晶体，$(Cd^{2+})_2(TATDO^-)_4(NH_3)_2 \cdot 7H_2O$ 的所有晶格水被 11 种氢键相互作用固定于二维分子层之间的空隙中。

### 3.2.3 TATDO 质子化产物晶体结构

1. $TATDO^+NO_3^- \cdot H_2O$ 和 $TATDO^{2+}(NO_3^-)_2 \cdot H_2O$ 的晶体结构

$TATDO^+NO_3^- \cdot H_2O$ 和 $TATDO^{2+}(NO_3^-)_2 \cdot H_2O$ 晶体的不对称单元结构和精修结果数据分别见图 3.10 和表 A.6。晶体的差值傅里叶图显示，$TATDO^+NO_3^- \cdot H_2O$ 的 O(2)和 $TATDO^{2+}(NO_3^-)_2$ 的 O(1)和 O(2)周围各有一个较强的 H 信号，而 $TATDO^+NO_3^- \cdot H_2O$ 和 $TATDO^{2+}(NO_3^-)_2 \cdot H_2O$ 的 N(6)周围没有明显的 H 信号，说明了 TATDO 的 2 个配位氧比其三嗪环上的 N(6)(—N═基团)更容易接收带正电荷的质子，具有较强的质子亲和力。$TATDO^+$和 $TATDO^{2+}$中的 O—H 键与 TATDO 结构

平面不共面。TATDO$^+$NO$_3^-$ · H$_2$O 中键角 H-O(2)-N(5)和扭转角 H-O(2)-N(5)-C(2)分别为 116.93°和−92.27°，TATDO$^{2+}$(NO$_3^-$)$_2$ · H$_2$O 中键角 H-O(1)-N(4)、扭转角 H-O(1)-N(4)-C(3)、键角 H-O(2)-N(5)和扭转角 H-O(2)-N(5)-C(1)分别为 100.73°、−75.74°、104.20°和 88.46°。因此，TATDO$^+$和 TATDO$^{2+}$中的 O—H 键与各自三嗪环上的离域 π 键可发生 σ-π 超共轭。在 TATDO$^+$NO$_3^-$ · H$_2$O 的不对称单元结构中，O(6)基本处于 C(1)的正上方，且二者之间的距离为 2.822Å。因此，TATDO$^+$NO$_3^-$ · H$_2$O 的结晶水与 TATDO$^+$的缺电子芳香性三嗪环之间有典型的孤对电子-π 相互作用[7,8]。TATDO$^+$NO$_3^-$ · H$_2$O 和 TATDO$^{2+}$(NO$_3$)$_2$ · H$_2$O 的不对称单元结构中分别存在 1 种和 3 种氢键相互作用。

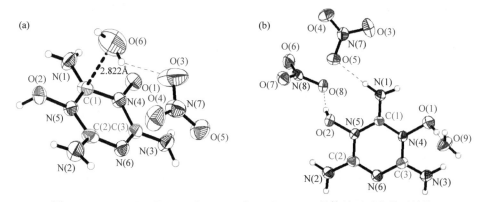

图 3.10 TATDO$^+$NO$_3^-$ · H$_2$O 和 TATDO$^{2+}$(NO$_3$)$_2$ · H$_2$O 晶体的不对称单元结构
(a) TATDO$^+$NO$_3^-$ · H$_2$O; (b) TATDO$^{2+}$(NO$_3^-$)$_2$ · H$_2$O

TATDO$^+$NO$_3^-$ · H$_2$O 和 TATDO$^{2+}$(NO$_3^-$)$_2$ · H$_2$O 晶体的堆积方式如图 3.11 所示。TATDO$^+$NO$_3^-$ · H$_2$O 呈现出波浪层状堆积结构，结晶水处于二维分子层内，每个二维分子层内存在 7 种氢键相互作用，二维分子层间又存在着另外 3 种氢键相互作用。在 TATDO$^+$NO$_3^-$ · H$_2$O 的晶体结构中，NO$_3^-$的 O(3)到相邻二维分子层 TATDO$^+$的三嗪环质心和平面之间的距离分别可达 3.022Å 和 2.942Å，这代表着 NO$_3^-$与缺电子芳香性三嗪环之间有典型的阴离子σ-π 相互作用。此外，该 NO$_3^-$的 O(4)原子基本处于此 TATDO$^+$的 C(2)正上方，且二者之间的距离为 3.289Å，这代表 NO$_3^-$与缺电子芳香性三嗪环之间还存在着弱 σ 相互作用[9,10]。TATDO$^{2+}$(NO$_3$)$_2$ · H$_2$O 呈现出平面层状堆积结构，结晶水也处于二维分子层内，每个二维分子层内和二维分子层间也分别存在着 7 种和 3 种氢键相互作用。在 TATDO$^{2+}$(NO$_3$)$_2$ · H$_2$O 的晶体结构中，NO$_3^-$的 O(3)可基本处于相邻一侧二维分子层的 TATDO$^{2+}$三嗪环质心正上方，且二者之间的距离为 2.939Å，同样表明了典型阴离子σ-π 相互作用的存在。此外，该 NO$_3^-$的 O(5)可基本处于相邻另一侧二维分子层 TATDO$^{2+}$的 C(2)原子正上方，且二者之间的距离为 2.975Å，同样表明了弱 σ 相互作用的存在[9,10]。

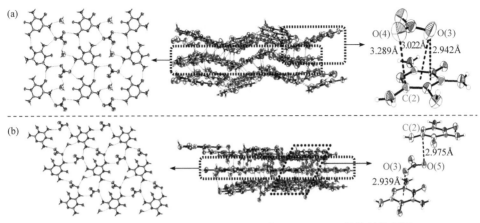

图 3.11　TATDO⁺NO₃⁻·H₂O 和 TATDO²⁺(NO₃⁻)₂·H₂O 晶体的堆积图

(a) TATDO⁺NO₃⁻·H₂O；(b) TATDO²⁺(NO₃⁻)₂·H₂O

## 2. TATDO⁺ClO₄⁻和 TATDO⁺DNA⁻的晶体结构

TATDO⁺ClO₄⁻和 TATDO⁺DNA⁻晶体的不对称单元结构和精修结果数据见图 3.12、表 A.6 和表 A.7。TATDO⁺ClO₄⁻和 TATDO⁺DNA⁻中 TATDO⁺的 O—H 键与 TATDO 结构平面不共面。TATDO⁺ClO₄⁻中键角 H-O(2)-N(5)和扭转角 H-O(2)-N(5)-C(2)分别为 103.70° 和 90.65°，TATDO⁺DNA⁻中键角 H-O(1)-N(4) 和扭转角 H-O(1)-N(4)-C(3)分别为 101.83°和 93.08°。因此，两种晶体中 TATDO⁺的 O—H 键与各自三嗪环上的离域 π 键可发生σ-π 超共轭。TATDO⁺ClO₄⁻和 TATDO⁺DNA⁻的不对称单元结构中分别存在 1 种和 2 种氢键相互作用[11-13]。

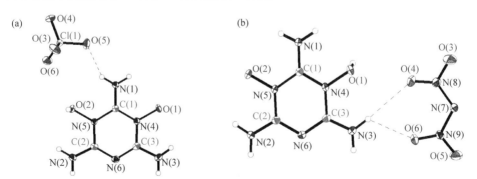

图 3.12　TATDO⁺ClO₄⁻和 TATDO⁺DNA⁻晶体的不对称单元结构

(a) TATDO⁺ClO₄⁻；(b) TATDO⁺DNA⁻

TATDO⁺ClO₄⁻和 TATDO⁺DNA⁻晶体的堆积方式如图 3.13 所示。二者都呈现出波浪层状堆积结构，TATDO⁺ClO₄⁻的每个二维分子层内有 5 种氢键相互作用，二维分子层间又存在着另外 2 种氢键相互作用；TATDO⁺DNA⁻的每个二维分子层内有 7 种氢键相互作用，二维分子层间又存在另外 2 种氢键相互作用。其详细的氢键信息见表 3.1。在 TATDO⁺ClO₄⁻的晶体结构中，ClO₄⁻与相邻一侧二维分子层的两个 TATDO⁺可组成一个 V 形包夹结构，该 ClO₄⁻的 O(4)基本处于其中一个 TATDO⁺的三嗪环质心正上方，且二者之间的距离为 2.814Å，表明 ClO₄⁻与缺电子芳香性三嗪环之间有典型的阴离子σ-π 相互作用[9,10]；此外，该 ClO₄⁻的 O(4)基本处于另一个 TATDO⁺的三嗪环边缘上方，且到该三嗪环 C(2)的距离为 3.289Å，表明 ClO₄⁻与缺电子芳香性三嗪环之间还存在着弱 σ 相互作用[9,10]。在 TATDO⁺DNA⁻的晶体结构中，二硝酰胺离子的 O(5)和 O(6)可分别基本处于相邻一侧二维分子层 TATDO⁺的 N(5)和 C(3)原子正上方，原子之间距离分别为 2.953Å 和 3.362Å。该二硝酰胺离子的 N(9)也基本处于该 TATDO⁺的三嗪环边缘正上方，且到该三嗪环平面的距离为 3.147Å，表明 DNA⁻与缺电子芳香性三嗪环之间存在着弱 σ 相互作用[9,10]。该 DNA⁻的 O(3)和 N(7)可基本处于相邻另一侧二维分子层 TATDO⁺的三嗪环边缘正上方，且它们到该三嗪环平面的距离分别为 3.039Å 和 3.183Å，也表明了弱 σ相互作用的存在[9,10]。

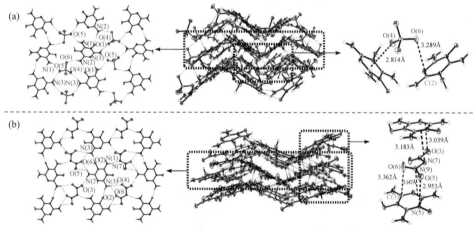

图 3.13　TATDO⁺ClO₄⁻和 TATDO⁺DNA⁻晶体的堆积图
(a) TATDO⁺ClO₄⁻；(b) TATDO⁺DNA⁻

图 3.14 给出了 TATDO⁺ClO₄⁻和 TATDO⁺DNA⁻晶体中各离子的 Hirshfeld 表面、2D 指纹图和特定原子间相互作用对整个 Hirshfeld 表面的贡献百分比。在 TATDO⁺ClO₄⁻晶体中，TATDO⁺与周围其他 TATDO⁺和 ClO₄⁻之间有大量非共价相互作用，TATDO⁺的 2D 指纹图左下角的两个长条锥形突出，分别代表总占比为 47.7%

表 3.1　TATDO⁺ClO₄⁻和 TATDO⁺DNA⁻晶体的氢键信息

| 氢键类型 | D—H⋯A | $d$(D—H)/Å | $d$(H⋯A)/Å | $d$(D⋯A)/Å | ∠DHA/(°) |
|---|---|---|---|---|---|
| TATDO⁺ClO₄⁻二维<br>分子层内氢键 | N(1)—H(2)⋯O(5) | 0.850(15) | 2.157(17) | 2.894(2) | 144.9(18) |
| | N(2)—H(5)⋯O(1)#2 | 0.863(16) | 1.952(16) | 2.809(2) | 172.0(20) |
| | N(2)—H(6)⋯O(6)#4 | 0.844(15) | 2.167(16) | 2.976(2) | 160.6(19) |
| | N(3)—H(4)⋯O(5)#2 | 0.849(16) | 2.218(17) | 3.053(2) | 168.0(20) |
| | N(3)—H(3)⋯O(4)#5 | 0.865(16) | 2.337(17) | 3.178(2) | 164.0(20) |
| TATDO⁺ClO₄⁻二维<br>分子层间氢键 | N(1)—H(1)⋯O(3)#1 | 0.853(16) | 2.122(17) | 2.936(2) | 159.7(19) |
| | O(2)—H(7)⋯O(1)#3 | 0.916(15) | 1.578(16) | 2.491(2) | 174.0(20) |
| TATDO⁺DNA⁻二维<br>分子层内氢键 | N(1)—H(1)⋯N(7)#3 | 0.894(14) | 2.117(15) | 2.976(2) | 160.8(17) |
| | N(2)—H(4)⋯O(5)#4 | 0.851(16) | 2.547(18) | 3.084(2) | 122.0(15) |
| | N(2)—H(4)⋯O(6)#4 | 0.851(15) | 2.253(16) | 3.035(2) | 152.7(17) |
| | N(2)—H(3)⋯O(3)#5 | 0.857(14) | 2.147(15) | 2.974(2) | 161.8(18) |
| | N(3)—H(6)⋯O(4) | 0.870(14) | 2.628(15) | 3.471(2) | 163.5(16) |
| | N(3)—H(6)⋯O(6) | 0.870(14) | 2.342(18) | 2.889(2) | 121.1(15) |
| | N(3)—H(5)⋯O(2)#6 | 0.856(15) | 2.083(16) | 2.876(2) | 153.6(17) |
| TATDO⁺DNA⁻二维<br>分子层间氢键 | O(1)—H(7)⋯O(2)#1 | 0.874(15) | 1.626(15) | 2.494(2) | 171.6(18) |
| | N(1)—H(2)⋯O(4)#2 | 0.870(15) | 2.087(15) | 2.939(2) | 165.9(17) |

注：TATDO⁺ClO₄⁻的对称性变换为#1, $x-1, y, z$; #2, $-x+1/2, y-1/2, -z+1/2$; #3, $x+1, y, z$; #4, $-x+2$, $-y+1, -z+1$; #5, $x-3/2, -y+3/2, z-1/2$。TATDO⁺DNA⁻的对称性变换为#1, $x, -y+1/2, z+1/2$; #2, $x$, $-y+1/2, z-1/2$; #3, $-x+1, y-1/2, -z+3/2$; #4, $-x, y-1/2, -z+1/2$; #5, $x-1, y, z-1$; #6, $-x, y+1/2$, $-z+1/2$。D 为氢键供体；H 为氢原子；A 为氢键受体；括号中数字表示不确定度。

的 H⋯O 和 O⋯H[图 3.14(a)]，说明对应着大量 N/O—H⋯O(表 3.1)的 H⋯O 和 O⋯H 是 TATDO⁺周围最重要的分子间相互作用。此外，TATDO⁺周围总占比为 9.8%的 N⋯H 和 H⋯N 暗示着晶体中弱 N⋯H/H⋯N 分子间氢键的存在，总占比为 17.4% 的 N/C⋯O 与上述 ClO₄⁻和缺电子芳香性三嗪环之间的阴离子弱σ-π 相互作用有关。同时，ClO₄⁻只和周围 TATDO⁺之间有大量非共价相互作用，ClO₄⁻的 2D 指纹图上边 的小锥形突出和下边的长条锥形突出分别代表总占比为 23.3%的 O⋯C/N 和占比为 66.9%的 O⋯H[图 3.14(b)]，同样表明了阴离子弱σ-π 相互作用和大量 N/O—H⋯O 的存在。

　　在 TATDO⁺DNA⁻晶体中，TATDO⁺与周围其他 TATDO⁺和 DNA⁻之间有大量 非共价相互作用，TATDO⁺的 2D 指纹图左下角的两个长条锥形突出分别代表总占 比为 49.1%的 H⋯O 和 O⋯H[图 3.14(c)]，说明对应于大量 N/O—H⋯O 氢键(表 3.1)

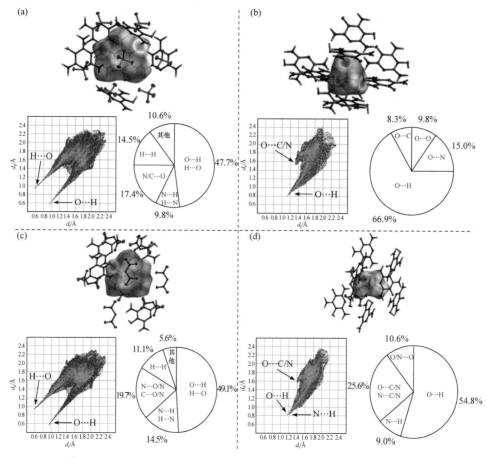

图 3.14　TATDO⁺ClO₄⁻和 TATDO⁺DNA⁻晶体中各离子的 Hirshfeld 表面、
2D 指纹图和特定原子间相互作用贡献百分比

(a) TATDO⁺ClO₄⁻晶体中的 TATDO⁺；(b) TATDO⁺ClO₄⁻晶体中的 ClO₄⁻；(c) TATDO⁺DNA⁻晶体中的 TATDO⁺；
(d) TATDO⁺DNA⁻晶体中 DNA⁻；$d_e$、$d_i$ 分别为原子到 Hirshfeld 表面不同方向的距离

的 H···O 和 O···H 是 TATDO⁺周围最重要的分子间相互作用。此外，TATDO⁺周围
总占比为 14.5%的 N···H 和 H···N 暗示着晶体中 N···H/H···N 分子间氢键的存在，
总占比为 19.7%的 N···O/N 和 C···O/N 与上述 DNA⁻和缺电子芳香性三嗪环之间
的弱 σ 相互作用有关。同时，DNA⁻主要和周围 TATDO⁺之间有大量非共价相互作
用。TATDO⁺DNA⁻中 DNA⁻的 2D 指纹图上边的小锥形突出代表总占比为 15.8%
的 O···C/N[图 3.14(d)]，该类相互作用与总占比为 9.8%的 N···C/N 相互作用一起
表明了弱 σ 相互作用的存在；该 2D 指纹图下边挨得很近的两个长条锥形突出分别
代表占比为 54.8%的 O···H 和占比为 9.0%的 N···H，同样表明了大量 N/O—H···O
和 N···H 分子间氢键的存在。

## 3.3 DAOTO 系列含能化合物晶体结构

### 3.3.1 DAOTO · 0.5H₂O 晶体结构

DAOTO 难溶于无水溶剂,其强质子亲和力的 N→O 键是很有效的氢键受体,很容易通过氢键相互作用吸引溶剂中的水分子,因此难以得到 DAOTO 的无结晶溶剂单晶。图 3.15 和表 A.7 分别给出了 DAOTO · 0.5H₂O 晶体的不对称单元结构和精修结果数据。结晶水 H₂O(4)通过氢键相互作用与 DAOTO 的 N→O 键相结合,且 O(4)处于对称面上,占有率为 0.5,由此形成了半水合物 DAOTO · 0.5H₂O。DAOTO · 0.5H₂O 晶体的差值傅里叶图显示 DAOTO 的 O(2)周围有一个较强的氢原子信号,而 O(1)和 O(3)周围没有明显的氢原子信号,且 C(1)-O(3)的键长(1.22Å)与一般 C=O 键长(1.19~1.23Å)相符[4]。因此,晶体结构数据同样支持 DAOTO以 HO—N—C=O 稳定结构形式存在[11-13]。

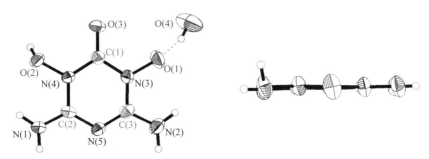

图 3.15　DAOTO · 0.5H₂O 晶体的不对称单元结构和 DAOTO 分子的侧面图

DAOTO 三嗪环上的碳氮键长为 1.33~1.37Å,与一般共轭 C=N 键长(1.34~1.38Å)相符[4],即 DAOTO 的三嗪环像 TATDO 的三嗪环一样,也具有离域大 π 键。除了 O—H 键的 H 外,DAOTO 分子的其他原子基本处于同一平面上(图 3.15)。DAOTO · 0.5H₂O 中的氨基 N—C 键长为 1.31~1.32Å,稍短于一般共轭 C=N 键长(1.34~1.38Å)[4]。因此,与 TATDO 类似,DAOTO 的两个氨基 N 的杂化方式也接近于 sp²,它们的孤对电子占据的 2p 轨道也可与 DAOTO 三嗪环上的离域 π 键发生 p-π 共轭。DAOTO · 0.5H₂O 中的 N→O 键长为 1.365Å,显著短于羟胺分子中的 N—O 单键(1.41~1.42Å)[5]。因此,DAOTO 中 N→O 键的氧原子也可能采用了接近于 sp² 的杂化方式,且该氧原子的其中一孤对电子占据的 2p 轨道也会近似垂直于三嗪环平面,并与三嗪环上的离域 π 键发生 p-π 共轭。键角 H-O(2)-N(4)和扭转角 H-O(2)-N(4)-C(1)分别为 111.40°和 67.61°,DAOTO · 0.5H₂O 的 O—H 键与三嗪环上的离域 π 键之间可能存在着 σ-π 超共轭。

　　DAOTO · 0.5H₂O 晶体呈现出波浪层状堆积结构(图 3.16)，3 种 DAOTO 分子间氢键将 DAOTO 分子连接成 DAOTO · 0.5H₂O 晶体的二维分子层，DAOTO · 0.5H₂O 晶体的二维分子层间又存在着另外 1 种 DAOTO 分子间氢键，DAOTO · 0.5H₂O 晶体的结晶水分子靠着 3 种与 DAOTO 分子间的氢键相互作用存在于二维分子层之间的间隙中。DAOTO · 0.5H₂O 晶体中 DAOTO 分子三嗪环上 C(2)、C(3)和 N(3) 的正上方附近，分别存在着来自于相邻两二维分子层中其他 DAOTO 分子的 N(1)、N(2)和 O(3)，且该 DAOTO 分子的 N(2)和 O(3)也分别基本处于相邻一侧二维分子层中其他 DAOTO 分子的 C(3)和 N(3)正上方，相对的原子之间的距离为 3.123~3.267Å。因此，DAOTO · 0.5H₂O 晶体中 DAOTO 分子的 N(1)、N(2) 和 O(3)与其他 DAOTO 分子的缺电子芳香性三嗪环之间有弱孤对电子的 σ-π 相互作用[7,8]。

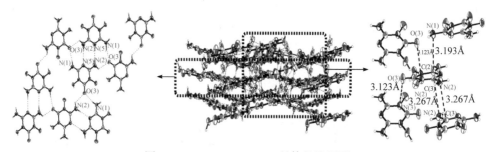

图 3.16　DAOTO · 0.5H₂O 晶体的堆积图

### 3.3.2　DAOTO 去质子化产物晶体结构

　　1. DAOTO 钠盐和钾盐的晶体结构

　　钠盐[Na⁺DAOTO⁻(H₂O)₃ · H₂O]ₙ、[(Na⁺)₂(DAOTO⁻)₂(H₂O)₃ · 2H₂O]ₙ 与钾盐 [K⁺DAOTO⁻(H₂O)₁.₅ · H₂O]ₙ 晶体的不对称单元结构和精修结果数据见图 3.17、表 A.7 和表 A.8。DAOTO 钠盐和钾盐晶体的差值傅里叶图都显示其 DAOTO⁻的全部氧原子周围都没有明显的 H 信号，DAOTO 钠盐和钾盐的晶体结构数据进一步证实，DAOTO 的酸性来源于由 O←N═C—OH 结构互变异构而来的 HO—N—C═O 结构的 N—OH 基团[11-13]。

　　[Na⁺DAOTO⁻(H₂O)₃ · H₂O]ₙ 晶体的堆积结构如图 3.18 所示，该钠盐是一种一维 MOF。在其晶体中，每个 Na⁺与 5 个水分子和 1 个 DAOTO⁻的 O(3)配位，形成了关于 Na⁺的不规则六配位结构；水分子 H₂O(7)是晶格水，不参与配位；配位水分子 H₂O(4)和 H₂O(5)由于各有 2 对孤对电子，可以同时与 2 个 Na⁺配位，由此形成了一维 MOF 结构。在该一维 MOF 结构中，存在 2 种氢键相互作用，而另外 3 种氢键相互作用将一维 MOF 结构连接成二维分子层。在该二维分子层内，一个

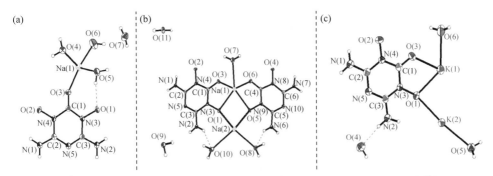

图 3.17 [Na+DAOTO−(H2O)3 · H2O]n、[(Na+)2(DAOTO−)2(H2O)3 · 2H2O]n 和

[K+DAOTO−(H2O)1.5 · H2O]n 晶体的不对称单元结构

(a) [Na+DAOTO−(H2O)3 · H2O]n；(b) [(Na+)2(DAOTO−)2(H2O)3 · 2H2O]n；(c) [K+DAOTO−(H2O)1.5 · H2O]n

一维 MOF 结构 DAOTO− 的 N(5)到另一个一维 MOF 结构三嗪环的距离可达 2.878Å。因此，在二维分子层内，一个一维 MOF 结构的 N(5)和另一个一维 MOF 结构的缺电子芳香性三嗪环之间存在着典型的孤对电子-π 相互作用[7,8]。此外，2 种二维分子层间氢键相互作用将二维分子层直接连接成三维堆积结构，晶格水分子 H2O(7)通过另外 5 种氢键相互作用被固定于二维分子层间的间隙中。

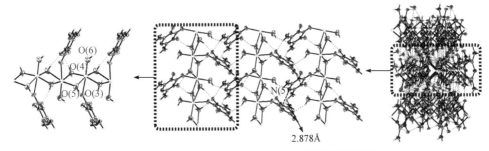

图 3.18 [Na+DAOTO−(H2O)3 · H2O]n 晶体的堆积图

钠盐[(Na+)2(DAOTO−)2(H2O)3 · 2H2O]n 和钾盐[K+DAOTO−(H2O)1.5 · H2O]n 的晶体堆积结构如图 3.19 所示，两者的结构非常相似。如果前者的不对称单元结构在晶体学上严格左右对称，那么其不对称单元结构与后者的不对称单元结构类似，也是由 1 个 DAOTO−、2 个 Na+ 和 3 个水分子组成(图 3.17)。[K+DAOTO−(H2O)1.5 · H2O]n 不对称单元结构中的 K(1)、K(2)和 O(6)处于对称面上，占有率都为 0.5。这两种结构相似的钠盐和钾盐都是一维 MOF。在这两种结构相似的晶体中，都存在两种具有不同配位环境的金属离子[Na(1)+ 和 Na(2)+，K(1)+ 和 K(2)+]。每个 Na(1)+[K(1)+] 与 4 个 DAOTO− 和 1 个水分子形成了七配位结构，每个 Na(2)+(K(2)+)与 4 个 DAOTO− 和 3 个水分子也形成了七配位结构，每个 DAOTO− 同时与 4 个 Na+(K+)离子配位。 [(Na+)2(DAOTO−)2(H2O)3 · 2H2O]n 的 O(3)、O(6)和[K+DAOTO−(H2O)1.5 · H2O]n 的 O(3)

最外电子层都有两对孤对电子，因此它们可同时与 Na(1)$^+$和 Na(2)$^+$或 K(1)$^+$和 K(2)$^+$配位；[(Na$^+$)$_2$(DAOTO$^-$)$_2$(H$_2$O)$_3$ · 2H$_2$O]$_n$ 的 O(1)和 O(5)和[K$^+$DAOTO$^-$(H$_2$O)$_{1.5}$ · H$_2$O]$_n$的 O(1)最外电子层都有三对孤对电子，因此它们可同时与 3 个 Na$^+$或 3 个 K$^+$配位。在这两种结构相似的晶体中，Na(1)$^+$、Na(2)$^+$、K(1)$^+$和 K(2)$^+$倾向于与各自两侧的 DAOTO$^-$平面共面[扭转角 Na(2)-O(1)-N(3)-C(3)、Na(1)-O(1)-N(3)-C(1)、Na(2)-O(5)-N(9)-C(5)、Na(1)- O(5)-N(9)-C(4)、K(2)-O(1)-N(3)-C(3)和 K(1)-O(1)-N(3)-C(1)分别为–40.71°、25.09°、38.69°、–24.81°、31.77°和–21.45°]，配位键 Na(1A)—O(1)、Na(1A)—O(5)和 K(1A)—O(1)倾向于与各自氧原子所在的 DAOTO$^-$平面相垂直[键角 Na(1A)-O(1)-N(3)、扭转角 Na(1A)-O(1)-N(3)-C(3)、键角 Na(1A)-O(5)-N(9)、扭转角 Na(1A)-O(5)-N(9)-c(5)、键角 K(1A)-O(1)-N(3)和扭转角 K(1A)-O(1)-N(3)-C(3)分别为 109.08°、96.08°、109.91°、–95.35°、108.77°和–91.07°]。因此，[(Na$^+$)$_2$(DAOTO$^-$)$_2$(H$_2$O)$_3$ · 2H$_2$O]$_n$ 中 O(1)、O(5)和[K$^+$DAOTO$^-$(H$_2$O)$_{1.5}$ · H$_2$O]$_n$ 中 O(1)可能采用了接近于 sp$^2$ 的杂化方式。

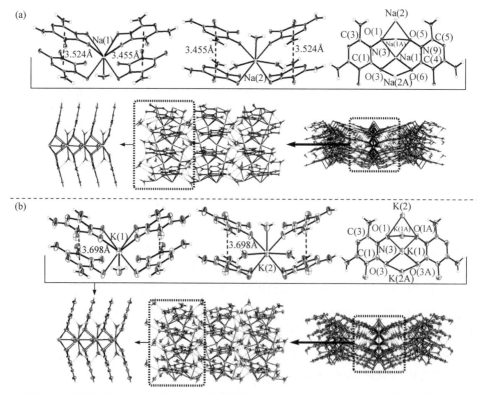

图 3.19　[(Na$^+$)$_2$(DAOTO$^-$)$_2$(H$_2$O)$_3$ · 2H$_2$O]$_n$ 和[K$^+$DAOTO$^-$(H$_2$O)$_{1.5}$ · H$_2$O]$_n$ 晶体的堆积图

(a) [(Na$^+$)$_2$(DAOTO$^-$)$_2$(H$_2$O)$_3$ · 2H$_2$O]$_n$；(b) [K$^+$DAOTO$^-$(H$_2$O)$_{1.5}$ · H$_2$O]$_n$

在[(Na⁺)₂(DAOTO⁻)₂(H₂O)₃ · 2H₂O]ₙ的一维 MOF 结构中,存在 2 种 π-π 堆积(两环质心之间的距离为 3.455Å 和 3.524Å)和 3 种氢键相互作用;在[K⁺DAOTO⁻(H₂O)₁.₅ · H₂O]ₙ 的一维 MOF 结构中,存在 1 种 π-π 堆积(两环质心之间的距离为 3.698Å)和 2 种氢键相互作用。[(Na⁺)₂(DAOTO⁻)₂(H₂O)₃ · 2H₂O]ₙ的一维 MOF 结构被 6 种氢键相互作用直接连接成二维分子层,晶格水分子 H₂O(9)和 H₂O(11)被另外 5 种氢键相互作用固定于二维分子层中一维 MOF 结构之间,二维分子层又被另外 6 种氢键相互作用(3 种涉及晶格水)连接成三维堆积结构。[K⁺DAOTO⁻(H₂O)₁.₅ · H₂O]ₙ的一维 MOF 结构被 2 种氢键相互作用直接连接成二维分子层,晶格水分子 H₂O(4)被 3 种氢键相互作用固定于二维分子层中一维 MOF 结构之间,二维分子层又被 1 种该晶格水分子参与的氢键相互作用连接成三维堆积结构。

2. GUA⁺DAOTO⁻ · 4H₂O 的晶体结构

GUA⁺DAOTO⁻ · 4H₂O 晶体的不对称单元结构和精修结果数据分别见图 3.20 和表 A.8,该晶体的不对称单元结构中存在着 6 种氢键相互作用。同时,其不对称单元结构中 Y 芳香性的胍离子平面与 DAOTO⁻平面基本平行,胍离子的 C(4) 到 DAOTO⁻三嗪环质心的距离为 3.494Å,符合具有 π-π 堆积相互作用的芳香环质心之间的一般距离范围(3.3~3.7Å)[4]。因此,与 GUA⁺TATDO⁻ · 5.5H₂O 晶体类似,GUA⁺DAOTO⁻ · 4H₂O 晶体中也存在着胍离子和芳香性三嗪环之间的 π-π 堆积相互作用。图 3.21 展示了该晶体的平面层状堆积结构,结晶水分子被归于二维分子层内,二维分子层内有 14 种氢键相互作用,二维分子层间又有另外 4 种氢键相互作用。

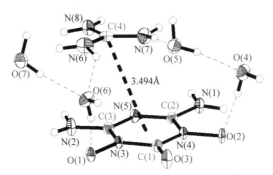

图 3.20　GUA⁺DAOTO⁻ · 4H₂O 晶体的不对称单元结构

3. [Zn²⁺(DAOTO⁻)₂ · 4H₂O]ₙ 的晶体结构

[Zn²⁺(DAOTO⁻)₂ · 4H₂O]ₙ的晶体结构和精修结果数据分别见图3.22和表A.9。其晶体结构高度对称,Zn²⁺处于四重旋转轴上,占有率为 0.25,O(2)、C(1)和 N(3)

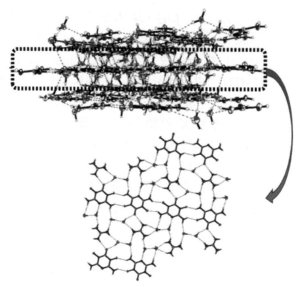

图 3.21　GUA⁺DAOTO⁻ · 4H₂O 晶体的堆积图

原子处于垂直四重旋转轴的对称面上，占有率都为 0.5。另外，其不对称单元结构仅由一个占有率为 0.25 的 $Zn^{2+}$、占有率为 0.5 的 DAOTO⁻和一个水分子组成，其中水分子为晶格水，不与 $Zn^{2+}$ 发生配位。键角 Zn(1)-O(1)-N(2) 和扭转角 Zn(1)-O(1)-N(2)-C(2) 分别为 121.11°和 91.31°，因此，DAOTO⁻的 O(1) 可能采用了近 $sp^3$ 的杂化方式[11-13]。

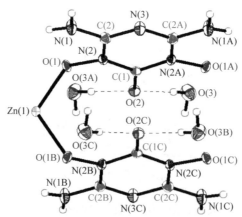

图 3.22　$[Zn^{2+}(DAOTO^-)_2 · 4H_2O]_n$ 的晶体结构

$[Zn^{2+}(DAOTO^-)_2 · 4H_2O]_n$ 晶体的堆积结构如图 3.23 所示，该晶体是一维 MOF，DAOTO⁻与 N 相连的两个 O 各与一个 $Zn^{2+}$配位，一个 $Zn^{2+}$同时与来自于四个 DAOTO⁻的四个 O(1) 配位，由此形成了关于 $Zn^{2+}$的四配位结构和一维 MOF

结构。关于 $Zn^{2+}$ 的四配位结构形成了一个等面四面体，$Zn^{2+}$ 到四面体四个顶点[四个 O(1)]的距离都为 1.968Å，四面体的四个面是四个全等的等腰三角形，该等腰三角形的腰和底边长度分别为 3.163Å 和 3.311Å。由于 $Zn^{2+}$ 处于四重旋转轴上，因此该晶体的一维 MOF 结构从两端点处看像一个四叶风车。在其一维 MOF 结构中，$DAOTO^-$ 的 C(1)—O(2) 键基本处于与其平行的另一个 $DAOTO^-$ 的 O(2)—C(1) 键正上方，且 O(2) 原子到另一 O(2)—C(1) 键的 C(1) 原子距离为 2.859Å。因此，在一维 MOF 结构中，一个 $DAOTO^-$ 的 O(2) 和另一个与其平行的 $DAOTO^-$ 缺电子芳香性三嗪环之间存在着孤对电子-π 相互作用[7,8]。该一维 MOF 结构被 1 种氢键相互作用直接连接成三维堆积结构。4 个一维 MOF 结构从两端点处看，可正好围成一个横截面积大约为 30Å² 的长方体孔洞，晶格水通过 3 种氢键相互作用被固定在这些孔洞之中。在相邻的两个一维 MOF 结构中，一个一维 MOF 结构的 N(3) 可基本处于另一个一维 MOF 结构的 C(1) 正上方，且二者之间的距离为 2.948Å。因此，一维 MOF 结构的 N(3) 和另一个相邻一维 MOF 结构的缺电子芳香性三嗪环之间存在着典型的孤对电子-π 相互作用[7,8]。

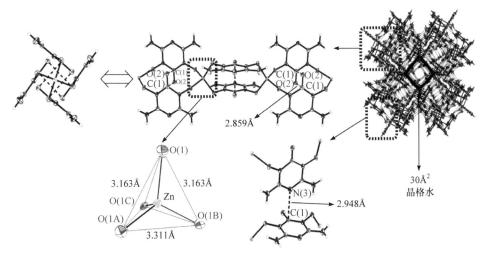

图 3.23　$[Zn^{2+}(DAOTO^-)_2 \cdot 4H_2O]_n$ 晶体的堆积图

### 3.3.3　DAOTO 质子化产物晶体结构

1. $DAOTO^+NO_3^-$ 和 $DAOTO^+ClO_4^- \cdot H_2O$ 的晶体结构

$DAOTO^+NO_3^-$ 和 $DAOTO^+ClO_4^- \cdot H_2O$ 晶体的不对称单元结构和精修结果数据分别见图 3.24 和表 A.9。两种晶体的差值傅里叶图都显示，$DAOTO^+$ 的 O(1) 和 O(2) 周围各有一个较强的氢原子信号，而 N(5) 周围没有明显的氢原子信号，这进一步说明 DAOTO 的配位氧比其三嗪环上的 N(5)(—N≡基团)更容易接收带正电荷的

质子，具有较强的质子亲和力。两种晶体 DAOTO⁺的 O—H 键与各自的 DAOTO
结构平面均不共面。DAOTO⁺NO₃⁻中键角 H-O(1)-N(3)、扭转角 H-O(1)-N(3)-C(3)、
键角 H-O(2)-N(4)和扭转角 H-O(2)-N(4)-C(1)分别为 102.28°、124.29°、98.33°和
−77.70°，DAOTO⁺ClO₄⁻ · H₂O 中键角 H-O(1)-N(3)、扭转角 H-O(1)-N(3)-C(1)、键
角 H-O(2)-N(4)和扭转角 H-O(2)-N(4)-C(1)分别为 105.97°、−78.12°、107.00°和
−83.42°。因此，DAOTO⁺NO₃⁻和 DAOTO⁺ClO₄⁻ · H₂O 中 DAOTO⁺的 O—H 键与各
自三嗪环上的离域 π 键可发生σ-π 超共轭。两种晶体的不对称单元结构中各有 1
种氢键相互作用[11-13]。

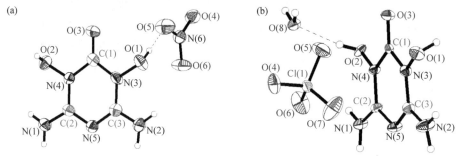

图 3.24　DAOTO⁺NO₃⁻和 DAOTO⁺ClO₄⁻ · H₂O 晶体的不对称单元结构
(a) DAOTO⁺NO₃⁻；(b) DAOTO⁺ClO₄⁻ · H₂O

　　DAOTO⁺NO₃⁻和 DAOTO⁺ClO₄⁻ · H₂O 晶体的堆积方式如图 3.25 所示，两种晶
体中的氢键的详细信息见表 3.2。DAOTO⁺NO₃⁻呈现出平面层状堆积结构，每个二
维分子层内有 3 种氢键相互作用，二维分子层间又存在另外 2 种氢键相互作用。
在 DAOTO⁺NO₃⁻的晶体结构中，DAOTO⁺的 O(2)到相邻一侧二维分子层 DAOTO⁺
三嗪环平面的距离可达 3.139Å，而后者的 O(1)又可基本处于相邻下一层二维分子
层 DAOTO⁺的 C(1)正上方，且两原子之间的距离为 2.999Å。因此，在 DAOTO⁺NO₃⁻
的晶体结构中，DAOTO⁺的 O(1)和 O(2)与其他 DAOTO⁺的缺电子芳香性三嗪环之
间有典型的孤对电子-π 相互作用[7,8]。若将图 3.25(b)左边虚线框中的分子层看为
二维分子层，DAOTO⁺ClO₄⁻ · H₂O 晶体的二维分子层内有 2 种氢键相互作用，另
外 4 种阴、阳离子之间的氢键相互作用又将 DAOTO⁺ClO₄⁻ · H₂O 的二维分子层直
接连接成三维堆积结构。结晶水分子通过 4 种氢键相互作用固定于二维分子层间
的间隙中。在 DAOTO⁺ClO₄⁻ · H₂O 的二维分子层中存在两个 DAOTO⁺包夹一个
ClO₄⁻的 V 形包夹结构。在该 V 形包夹结构中，ClO₄⁻的 O(5)、O(6)和 O(7)分别基
本处于一侧 DAOTO⁺的 C(1)、C(2)和 C(3)正上方，相对的原子之间距离分别为
2.815Å、3.113Å 和 3.093Å；此外，该 ClO₄⁻的 O(4)和 O(7)分别基本处于另一侧
DAOTO⁺的 N(3)和 C(1)正上方，相对的原子之间距离分别为 2.979Å 和 2.950Å。

因此，DAOTO$^+$ClO$_4^-$·H$_2$O 中 ClO$_4^-$和 DAOTO$^+$的缺电子芳香性三嗪环之间存在着弱 σ 相互作用[9,10]。

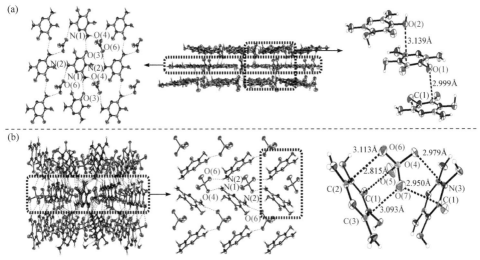

图 3.25　DAOTO$^+$NO$_3^-$和 DAOTO$^+$ClO$_4^-$·H$_2$O 晶体的堆积图

(a) DAOTO$^+$NO$_3^-$；(b) DAOTO$^+$ClO$_4^-$·H$_2$O

**表 3.2　DAOTO$^+$NO$_3^-$和 DAOTO$^+$ClO$_4^-$·H$_2$O 晶体的氢键信息**

| 氢键类型 | D—H···A | $d$(D—H)/Å | $d$(H···A)/Å | $d$(D···A)/Å | ∠DHA/(°) |
|---|---|---|---|---|---|
| DAOTO$^+$NO$_3^-$二维分子层内氢键 | N(1)—H(2)···O(4)#1 | 0.84(2) | 2.26(2) | 2.999(3) | 148(3) |
| | N(1)—H(1)···O(3)#2 | 0.83(2) | 2.14(2) | 2.862(4) | 147(3) |
| | N(2)—H(3)···O(6)#3 | 0.88(2) | 2.14(2) | 3.015(4) | 171(3) |
| DAOTO$^+$NO$_3^-$二维分子层间氢键 | O(1)—H(5)···O(5) | 0.93(2) | 1.68(2) | 2.603(3) | 173(3) |
| | O(2)—H(6)···O(4)#4 | 0.83(2) | 1.80(2) | 2.627(3) | 171(2) |
| DAOTO$^+$ClO$_4^-$·H$_2$O 二维分子层内氢键 | N(1)—H(1)···O(4)#3 | 0.87(3) | 2.14(3) | 2.951(7) | 155(5) |
| | N(2)—H(3)···O(6)#1 | 0.87(3) | 2.37(4) | 3.189(7) | 158(6) |
| DAOTO$^+$ClO$_4^-$·H$_2$O 二维分子层间氢键 | N(2)—H(4)···O(6)#4 | 0.86(3) | 2.49(4) | 3.274(7) | 151(6) |
| | N(1)—H(2)···O(2)#2 | 0.87(3) | 2.30(3) | 3.127(5) | 158(6) |
| | N(1)—H(2)···O(3)#2 | 0.87(3) | 2.44(5) | 2.979(6) | 121(5) |
| | N(2)—H(4)···O(7)#4 | 0.86(3) | 2.43(4) | 3.223(7) | 153(6) |
| | O(8)—H(7)···O(5)#5 | 0.84(2) | 2.22(4) | 2.867(6) | 134(4) |
| | O(8)—H(8)···O(3)#5 | 0.83(2) | 2.12(4) | 2.811(5) | 140(5) |
| | O(1)—H(5)···O(8)#1 | 0.83(3) | 1.88(3) | 2.680(5) | 161(6) |
| | O(2)—H(6)···O(8) | 0.81(3) | 1.85(3) | 2.648(5) | 171(6) |

注：DAOTO$^+$NO$_3^-$的对称性变换为#1, $-x+1$, $y-1$, $-z+3/2$；#2, $x$, $y-1$, $z$；#3, $-x+1/2$, $-y+1/2$, $-z+1$；#4, $x+1/2$, $y-1/2$, $z$。DAOTO$^+$ClO$_4^-$·H$_2$O 的对称性变换为#1, $x-1$, $y$, $z$；#2, $-x+1$, $y+1/2$, $-z+1/2$；#3, $-x+3/2$, $-y+1$, $z-1/2$；#4, $x-1/2$, $-y+3/2$, $-z+1$；#5, $x+1/2$, $-y+1/2$, $-z+1$。

图 3.26 给出了 DAOTO⁺NO₃⁻和 DAOTO⁺ClO₄⁻ · H₂O 晶体中各离子的 Hirshfeld 表面、2D 指纹图和特定原子间相互作用对 Hirshfeld 表面的贡献百分比。在 DAOTO⁺NO₃⁻晶体中，DAOTO⁺与周围其他 TATDO⁺和 NO₃⁻之间有大量非共价相互作用。DAOTO⁺的 2D 指纹图左下角的两个长条锥形突出分别代表总占比为 44.5% 的 H···O 和 O···H[图 3.26(a)]，说明对应于大量 N/O—H···O 氢键(表 3.2)的 H···O 和 O···H 是 DAOTO⁺周围最重要的分子间相互作用。此外，在 DAOTO⁺NO₃⁻晶体中，DAOTO⁺周围总占比为 8.5% 的 N···H 和 H···N 暗示着晶体中存在弱 N···H/ H···N 分子间氢键，总占比为 22.0% 的 N/C···O 和 O···N/C 与上述 DAOTO⁺之间的

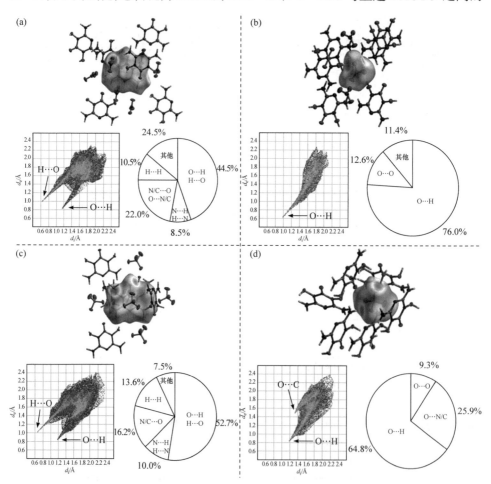

图 3.26　DAOTO⁺NO₃⁻和 DAOTO⁺ClO₄⁻ · H₂O 晶体中各离子的 Hirshfeld 表面、2D 指纹图和特定原子间相互作用贡献百分比

(a) DAOTO⁺NO₃⁻晶体中的 DAOTO⁺；(b) DAOTO⁺NO₃⁻晶体中的 NO₃⁻；

(c) DAOTO⁺ClO₄⁻晶体中的 DAOTO⁺；(d) DAOTO⁺ClO₄⁻晶体中 ClO₄⁻

孤对电子-π 相互作用有关。DAOTO⁺NO₃晶体的 NO₃主要和周围 DAOTO⁺之间有大量非共价相互作用，NO₃的 2D 指纹图左下角的长条锥形突出代表占比为 76.0%的 O···H[图 3.26(b)]，同样表明了大量 N/O—H···O 的存在。

在 DAOTO⁺ClO₄·H₂O 晶体中，DAOTO⁺与周围 DAOTO⁺、ClO₄和水分子之间有大量非共价相互作用，DAOTO⁺的 2D 指纹图左下角的两个长条锥形突出分别代表总占比为 52.7%的 H···O 和 O···H[图 3.26(c)]，说明对应于大量 N/O—H···O (表 3.2)的 H···O 和 O···H 是 DAOTO⁺周围最重要的分子间相互作用。此外，DAOTO⁺周围总占比为 10.0%的 N···H 和 H···N 暗示着晶体中弱 N···H/H···N 分子间氢键的存在，总占比为 16.2%的 N/C···O 与上述 ClO₄和缺电子芳香性三嗪环之间的弱 σ 相互作用有关。ClO₄只与周围 DAOTO⁺和水分子之间有大量非共价相互作用[图 3.26(d)]。ClO₄的 2D 指纹图上边的小锥形突出代表占比为 12.7%的 O···C，该种相互作用与占比为 13.2%的 O···N 一起表明了弱 σ 相互作用的存在；该 2D 指纹图下边的长条锥形突出代表占比为 64.8%的 O···H，同样表明了大量 N/O—H···O 的存在。

### 2. 共晶 DAOTO⁺ClO₄·DAOTO 的晶体结构

共晶 DAOTO⁺ClO₄·DAOTO 的不对称单元结构和精修结果数据分别见图 3.27 和表 A.9。晶体的差值傅里叶图显示，共晶 DAOTO⁺ClO₄·DAOTO 的 O(1)、O(2) 和 O(5)周围各有一个较强的氢原子信号，而 O(4)周围没有明显的氢原子信号。因此，O(1)和 O(2)所在 DAOTO 结构属于共晶组分 DAOTO⁺ClO₄的 DAOTO⁺，而 O(4)和 O(5)所在 DAOTO 结构属于电中性共晶组分 DAOTO 分子。共晶的晶体结构中所有原子的占有率均为 1，DAOTO 和其高氯酸盐 DAOTO⁺ClO₄以 1∶1 的物质的量之比形成了 DAOTO⁺ClO₄·DAOTO 共晶。共晶 DAOTO⁺ClO₄·DAOTO 中所有 O—H 键与各自所在 DAOTO 结构平面均不共面，键角 H-O(1)-N(3)、扭转角 H-O(1)-N(3)-C(1)、键角 H-O(2)-N(4)、扭转角 H-O(2)-N(4)-C(1)、键角 H-O(5)-N(9) 和扭转角 H-O(5)-N(9)-C(5)分别为 103.75°、−86.99°、106.23°、−70.99°、103.72° 和 86.85°。因此，像 DAOTO·0.5H₂O 和 DAOTO⁺ClO₄·H₂O 的晶体结构一样，共晶 DAOTO⁺ClO₄·DAOTO 中的 O—H 键与各自三嗪环上的离域 π 键也可发生 σ-π 超共轭。该不对称单元结构中存在 2 种氢键相互作用[11-13]。

共晶 DAOTO⁺ClO₄·DAOTO 的晶体堆积方式如图 3.28 所示。该共晶呈现出波浪层状堆积结构，一列 DAOTO⁺、一列 ClO₄和一列电中性的 DAOTO 分子在 7 种氢键相互作用的支持下交替排列成该共晶的波浪形二维分子层，该波浪形二维分子层之间又存在着另外 4 种氢键相互作用。该共晶的详细氢键信息见表 3.3。在

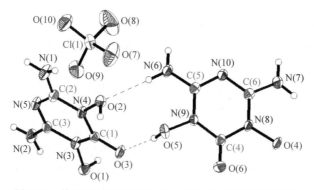

图 3.27　共晶 DAOTO⁺ClO₄⁻ · DAOTO 的不对称单元结构

晶体结构中，ClO₄⁻可被相邻一侧二维分子层的两个 DAOTO⁺包夹，从而形成 V
形包夹结构。在该 V 形包夹结构中，ClO₄⁻的 O(7) 和 O(10) 分别基本处于一侧
DAOTO⁺的 N(3) 和 C(3) 正上方，相对的原子之间距离分别为 3.147Å 和 2.995Å；
此外，该 ClO₄⁻的 O(7) 和 O(9) 又基本处于另一侧 DAOTO⁺的 N(4) 和 C(3) 正上方，
且相对的原子之间的距离分别为 3.250Å 和 3.016Å。因此，该共晶中 ClO₄⁻和
DAOTO⁺的缺电子芳香性三嗪环之间存在着弱 σ 相互作用[9,10]。此外，如图 3.28
所示，在晶体结构中，一个电中性的 DAOTO 分子(记为分子 **A**)和来自于相邻两
侧二维分子层的其他三个电中性 DAOTO 分子(分别记为分子 **B**、**C** 和 **D**)之间有
非共价相互作用，其中分子 **B** 来自一侧二维分子层，分子 **C** 和 **D** 来自另一侧二
维分子层。分子 **A** 基本平行于分子 **C**，且两分子的三嗪环质心之间距离为 4.072Å，
因此该共晶的电中性 DAOTO 分子之间存在弱 π-π 堆积相互作用。分子 **A** 的 O(5)
和 O(6) 分别基本处于分子 **D** 的 N(8) 和 C(5) 正上方，分子 **B** 的 O(5) 和 O(6) 又分别
基本处于分子 **A** 的 N(8) 和 C(5) 正上方，且 O(5) 与 N(8) 和 O(6) 与 C(5) 之间的距离

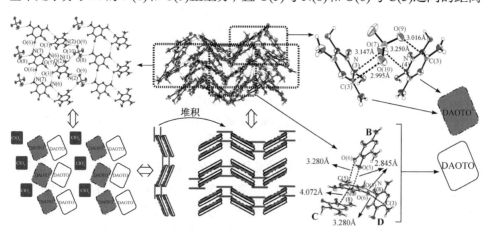

图 3.28　共晶 DAOTO⁺ClO₄⁻ · DAOTO 的堆积图

分别为 2.845Å 和 3.280Å。因此，电中性 DAOTO 分子的 O(5) 和 O(6) 与其他电中性 DAOTO 分子的缺电子芳香性三嗪环之间存在着典型的孤对电子-π 相互作用[7,8]。

表 3.3 共晶 DAOTO⁺ClO₄⁻·DAOTO 的氢键信息

| 氢键类型 | D—H···A | $d$(D—H)/Å | $d$(H···A)/Å | $d$(D···A)/Å | ∠DHA/(°) |
|---|---|---|---|---|---|
| 二维分子层内氢键 | N(1)—H(2)···O(10)#4 | 0.868(19) | 2.31(3) | 3.045(4) | 143(4) |
| | N(2)—H(3)···O(9)#5 | 0.847(19) | 2.31(2) | 3.094(4) | 154(4) |
| | O(5)—H(11)···O(3) | 0.839(19) | 1.91(2) | 2.728(3) | 164(4) |
| | N(6)—H(5)···O(2) | 0.884(19) | 2.24(2) | 3.122(3) | 176(3) |
| | N(6)—H(6)···O(3)#7 | 0.881(19) | 2.17(2) | 3.050(3) | 172(3) |
| | N(7)—H(7)···O(6)#7 | 0.866(19) | 1.96(2) | 2.823(4) | 173(4) |
| | N(7)—H(8)···O(8)#8 | 0.864(19) | 2.39(2) | 3.227(5) | 163(4) |
| 二维分子层间氢键 | O(1)—H(10)···O(4)#1 | 0.845(19) | 1.64(2) | 2.480(3) | 172(4) |
| | O(2)—H(9)···O(4)#2 | 0.837(19) | 1.69(2) | 2.524(3) | 173(4) |
| | N(1)—H(1)···O(9)#3 | 0.873(19) | 2.15(3) | 2.884(4) | 142(4) |
| | N(2)—H(4)···O(8)#6 | 0.870(19) | 2.43(2) | 3.241(5) | 156(4) |

注：DAOTO⁺ClO₄⁻·DAOTO 的对称性变换为#1，$-x+1$，$y+1/2$，$-z+3/2$；#2，$-x+1$，$y-1/2$，$-z+3/2$；#3，$x$，$y-1$，$z$；#4，$-x+2$，$y-1/2$，$-z+3/2$；#5，$-x+2$，$-y+1$，$-z+2$；#6，$x$，$-y+3/2$，$z+1/2$；#7，$x$，$-y+1/2$，$z-1/2$；#8，$-x+1$，$-y+1$，$-z+1$。

图 3.29 给出了共晶 DAOTO⁺ClO₄⁻·DAOTO 中 DAOTO⁺、ClO₄⁻ 和电中性 DAOTO 分子的 Hirshfeld 表面、2D 指纹图和特定原子间相互作用对整个 Hirshfeld 表面的贡献百分比。在该共晶中，DAOTO⁺ 与周围其他 2 个 DAOTO⁺、4 个 DAOTO 分子和 6 个 ClO₄⁻ 之间有大量非共价相互作用，DAOTO⁺ 的 2D 指纹图左下角的两个长条锥形突出分别代表总占比为 52.6% 的 H···O 和 O···H[图 3.29(a)]，说明对应于大量 N/O—H···O(表 3.3) 的 H···O 和 O···H 是 DAOTO⁺ 周围最重要的分子间相互作用。DAOTO⁺ 周围总占比为 11.8% 的 N···H 和 H···N 暗示着晶体中弱 N···H/H···N 分子间氢键的存在，总占比为 16.0% 的 N/C···O 与上述 ClO₄⁻ 和 DAOTO⁺ 的缺电子芳香性三嗪环之间的弱 σ 相互作用有关。在共晶中，ClO₄⁻ 只与周围 2 个 DAOTO 分子和 6 个 DAOTO⁺ 之间有大量非共价相互作用[图 3.29(b)]。ClO₄⁻ 的 2D 指纹图上边的小锥形突出代表总占比为 25.2% 的 O···N/C，同样表明了弱 σ 相互作用的存在；下边的长条锥形突出代表占比为 67.9% 的 O···H，说明对应于大量 N/O—H···O(表 3.3) 的 O···H 也是 ClO₄⁻ 周围最重要的分子间相互作用。DAOTO 分子与周围其他 5 个 DAOTO 分子、3 个 DAOTO⁺ 和 2 个 ClO₄⁻子之间有大量非共价

相互作用，DAOTO 分子的 2D 指纹图左下角的两个长条锥形突出代表总占比为 52.7%的 H⋯O 和 O⋯H[图 3.29(c)]，说明对应于大量 N/O—H⋯O(表 3.3)的 H⋯O 和 O⋯H 也是 DAOTO 分子周围最重要的分子间相互作用。DAOTO 分子周围总占比为 10.8%的 N⋯H 和 H⋯N 暗示着晶体中弱 N⋯H/H⋯N 分子间氢键的存在，总占比为 17.9%的 O⋯C/N、C⋯O/N 和 N⋯O/C 与上述电中性 DAOTO 分子间的孤对电子-π 和弱 π-π 堆积相互作用有关。总之，促使共晶形成的内聚力主要来自于大量高强度的 N/O—H⋯O 氢键相互作用。此外，弱 N⋯H/H⋯N 分子间氢键相互作用，以及 ClO$_4^-$和缺电子芳香性三嗪环参与的弱 σ 相互作用、弱 π-π 堆积相互作用和孤对电子-π 相互作用，对共晶 DAOTO$^+$ClO$_4^-$ · DAOTO 的形成起到了重要的辅助作用。

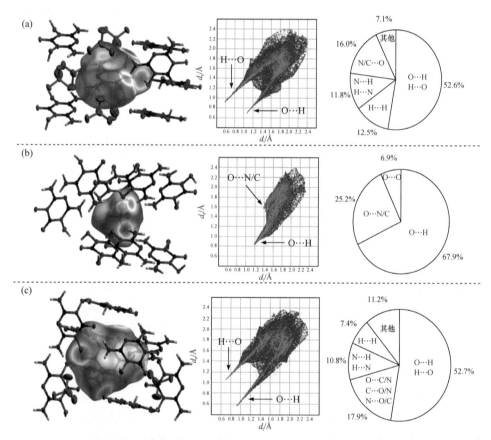

图 3.29　共晶 DAOTO$^+$ClO$_4^-$ · DAOTO 中 DAOTO$^+$、ClO$_4^-$和电中性 DAOTO 分子的 Hirshfeld 表面、2D 指纹图和特定原子间相互作用贡献百分比

(a) DAOTO$^+$；(b) ClO$_4^-$；(c) DAOTO

# 3.4 DAMTO 系列含能化合物晶体结构

### 3.4.1 DAMTO 晶体结构

DAMTO 的晶体结构和精修结果数据分别见图 3.30 和表 A.10。该晶体的不对称单元里存在两种结构高度相似但在晶体学上又独立的 DAMTO 分子，O(1)所在的 DAMTO 分子(记为 DAMTO 分子 **A**)处于一般位置，其各原子的占有率均为 1，O(2)所在的 DAMTO 分子(记为 DAMTO 分子 **B**)的 O(2)、N(6)、C(5)和 C(6)处于二重旋转轴上，占有率均为 0.5。因此，该晶体的不对称单元由一个 DAMTO 分子 **A** 和半个 DAMTO 分子 **B** 组成。晶体的差值傅里叶图显示，DAMTO 的 N(4)、N(5) 和 N(8)周围各有两个较强的氢原子信号，而 O(1)和 O(2)周围没有明显的氢原子信号，晶体结构数据同样支持 DAMTO 主要以 O←N═C—NH₂ 结构形式存在[11-13]。

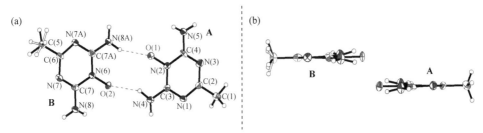

图 3.30  DAMTO 的晶体结构和分子侧面图
(a) 晶体结构；(b) 分子侧面图

DAMTO 三嗪环上的碳氮键长为 1.33~1.37Å，与一般共轭 C═N 键长(1.34~1.38Å)相符[4]，这说明与 TATDO 和 DAOTO 类似，DAMTO 具有芳香性的三嗪环上也形成了离域大 π 键。若不考虑甲基上的 H，DAMTO 基本上属于平面分子，它的配位 O 与三嗪环处于同一平面，氨基上的 H 也近似与三嗪环处于同一平面(图 3.30)。DAMTO 中的氨基碳氮键长为 1.32~1.33Å，比一般共轭 C═N 键长(1.34~1.38Å)还稍小一些[4]。因此，与 TATDO 和 DAOTO 类似，DAMTO 两个氨基 N 的杂化方式也接近于 sp²，它们的孤对电子占据的基本垂直于三嗪环平面的 2p 轨道也可与三嗪环上的离域 π 键发生 p-π 共轭。此外，与 TATDO 和 DAOTO 类似，DAMTO 中的 N→O 键长(1.329~1.347Å)也显著小于羟胺分子中的 N—O 单键长(1.41~1.42Å)[4]。因此，DAMTO 的 N→O 键的配位 O 也可能采用了接近于 sp² 的杂化方式，且配位 O 的其中一对孤对电子占据的 2p 轨道也会近似垂直于三嗪环平面，并与三嗪环上的离域 π 键发生 p-π 共轭。

DAMTO 晶体的堆积方式如图 3.31 所示。DAMTO 晶体的详细氢键信息见

表 3.4。若将图 3.31 中虚线框中的分子层看为 DAMTO 的二维分子层，该二维分子层中每行 DAMTO 分子的所有分子基本共面，且行内存在 3 种分子间氢键相互作用。每行 DAMTO 分子中相邻两个 DAMTO 分子的甲基朝向前后相反，且每隔两个 DAMTO 分子 **A** 出现一个 DAMTO 分子 **B**。在 DAMTO 的二维分子层中，每列 DAMTO 分子只由 DAMTO 分子 **A** 和 **B** 中的一种组成，每列 DAMTO 分子中上下相邻的两个 DAMTO 分子的甲基朝向前后相反，且每隔两列 DAMTO 分子 **A** 出现一列 DAMTO 分子 **B**。在 DAMTO 的二维分子层中，每行 DAMTO 分子平面之间基本相互平行，且每列上下相邻两分子三嗪环质心之间的距离为 $3.446 \sim 3.447$Å，符合一般具有 π-π 堆积相互作用的芳香环质心之间的距离($3.3 \sim 3.7$Å)[4]。因此，在 DAMTO 晶体中存在较强的 π-π 堆积相互作用。3 种分子间氢键相互作用将 DAMTO 的二维分子层连接成三维堆积结构，且二维分子层每行 DAMTO 分子平面的水平位置基本处于相邻一侧二维分子层两行 DAMTO 分子平面之间。

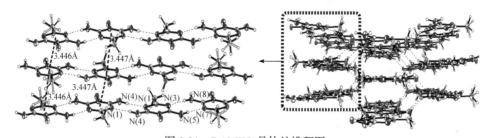

图 3.31　DAMTO 晶体的堆积图

**表 3.4　DAMTO 晶体的氢键信息**

| 氢键类型 | D—H⋯A | $d$(D—H)/Å | $d$(H⋯A)/Å | $d$(D⋯A)/Å | ∠DHA/(°) |
|---|---|---|---|---|---|
| DAMTO 二维分子层内氢键 | N(4)—H(1)⋯N(1)#2 | 0.881(19) | 2.11(2) | 2.992(5) | 175(4) |
|  | N(5)—H(3)⋯N(7)#3 | 0.872(19) | 2.13(2) | 2.997(5) | 174(4) |
|  | N(8)—H(6)⋯N(3)#5 | 0.899(19) | 2.10(2) | 2.997(5) | 172(4) |
| DAMTO 二维分子层间氢键 | N(4)—H(2)⋯O(2) | 0.873(19) | 2.15(3) | 2.877(5) | 141(4) |
|  | N(5)—H(4)⋯O(1)#4 | 0.884(19) | 2.12(3) | 2.875(5) | 143(4) |
|  | N(8)—H(5)⋯O(1)#1 | 0.871(19) | 2.12(3) | 2.874(5) | 145(4) |

注：DAMTO 的对称性变换为#1，$-x+1$，$y$，$-z+3/2$；#2，$-x+1$，$-y+1$，$-z+1$；#3，$x+1/2$，$y+1/2$，$z$；#4，$-x+3/2$，$-y+1/2$，$-z+1$；#5，$x-1/2$，$y-1/2$，$z$。

### 3.4.2　DAMTO 去质子化产物晶体结构

$[(K^+)_2(DAMTO^-)_2(H_2O)_5]_n$ 晶体的不对称单元结构和精修结果数据分别见图 3.32 和表 A.10。该晶体的不对称单元结构由 2 种 $K^+$、2 种 $DAMTO^-$ 和 5 种水分子构成。该晶体的差值傅里叶图显示 N(4)和 N(10)周围都只有一个明显的氢原子信号，且 C(3)—N(4)和 C(8)—N(10)的键长(1.291~1.297Å)比 C(4)—N(5)和 C(7)—N(9)的键长(1.320~1.322Å)、DAMTO 的氨基 N—C 键长(1.321~1.328Å)更小。因此，DAMTO 钾盐的晶体结构数据可以进一步证实 DAMTO 的酸性来源于由 O←N═C—NH$_2$ 结构互变异构而来的 HO—N—C═NH 结构[11-13]。

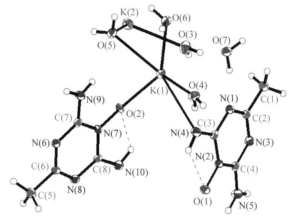

图 3.32 [(K$^+$)$_2$(DAMTO$^-$)$_2$(H$_2$O)$_5$]$_n$ 晶体的不对称单元结构

[(K$^+$)$_2$(DAMTO$^-$)$_2$(H$_2$O)$_5$]$_n$ 晶体的堆积方式如图 3.33 所示，该钾盐是一种一维 MOF。在[(K$^+$)$_2$(DAMTO$^-$)$_2$(H$_2$O)$_5$]$_n$ 的晶体中，2 个 DAMTO$^-$ 都只与 K(1)$^+$ 发生配位，其中一个 DAMTO$^-$ 只拿出其 N(4)与 K(1)$^+$ 配位，另一个 DAMTO$^-$ 只拿出其 O(2)与 K(1)$^+$ 配位，键角 K(1)-O(2)-N(7)和扭转角 K(1)-O(2)-N(7)-C(7)分别为 136.56°和 49.58°，说明 O(2)可能采用了接近于 sp$^3$ 的杂化方式；5 种水分子都与 K$^+$ 发生配位，由于水分子有两对孤对电子，每种水分子都同时与 2 个 K$^+$ 发生配位，并由此形成了一维 MOF 结构；K(1)$^+$ 与 2 个 DAMTO$^-$ 和 3 个水分子形成了五配位结构，且与 K(1)$^+$ 配位的 5 个原子处于同一个平面附近；K(2)$^+$ 只与水分子发生配位，与全部 5 种水分子形成了不规则七配位结构。[(K$^+$)$_2$(DAMTO$^-$)$_2$(H$_2$O)$_5$]$_n$ 的一维 MOF 结构内存在 4 种氢键相互作用，另外 3 种氢键相互作用又将一维 MOF 结构连接成如图 3.33 右下角虚线框所示的二维分子层。[(K$^+$)$_2$(DAMTO$^-$)$_2$(H$_2$O)$_5$]$_n$ 的二维分子层之间突出的 DAMTO$^-$ 结构部分相互吻合，形成了三维堆积结构，在二维分子层之间又存在其他 3 种氢键相互作用。

### 3.4.3 DAMTO 质子化产物晶体结构

图 3.34 和表 A.10 分别为 DAMTO$^+$NO$_3^-$和 DAMTO$^{2+}$(ClO$_4^-$)$_2$ 晶体的不对称单元结构和精修结果数据。DAMTO$^+$NO$_3^-$晶体的差值傅里叶图显示其 O(1)周围有 1

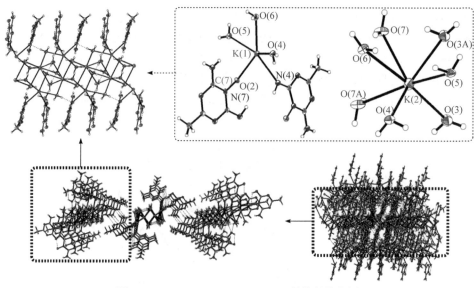

图 3.33  $[(K^+)_2(DAMTO^-)_2(H_2O)_5]_n$ 晶体的堆积图

个较强的氢原子信号，而 N(1)和 N(3)周围没有明显的氢原子信号，这进一步说明
DAMTO 的配位氧比其三嗪环上的 N(1)和 N(3)(—N=基团)更容易接收正电荷质
子，具有较强的质子亲和力。$DAMTO^{2+}(ClO_4^-)_2$ 晶体的差值傅里叶图显示其 O(1)
和 N(3)周围各有 1 个较强的氢原子信号，这进一步说明 DAMTO 的三嗪环上其
中 1 个—N=基团保留了接收质子的能力。$DAMTO^+NO_3^-$ 和 $DAMTO^{2+}(ClO_4^-)_2$ 中
$DAMTO^+$ 的 O—H 键与各自 DAMTO 结构平面不共面。$DAMTO^+NO_3^-$ 中键角
H-O(1)-N(2)和扭转角 H-O(1)-N(2)-C(4)分别为 105.06°和–93.58°，$DAMTO^{2+}(ClO_4^-)_2$
中键角 H-O(1)-N(2)和扭转角 H-O(1)-N(2)-C(3)分别为 103.20°和 88.22°。因此，
$DAMTO^+NO_3^-$ 和 $DAMTO^{2+}(ClO_4^-)_2$ 中 $DAMTO^+$ 的 O—H 键与各自三嗪环上的离域
π 键可发生σ-π 超共轭。在 $DAMTO^+NO_3^-$ 的不对称单元结构中，$NO_3^-$ 的 O(3)基本处
于 $DAMTO^+$ 的 N(2)正上方，且二者之间的距离为 2.834Å。因此，$DAMTO^+NO_3^-$ 的
$NO_3^-$ 与 $DAMTO^+$ 的缺电子芳香性三嗪环之间有弱 σ 相互作用[9,10]。$DAMTO^+NO_3^-$
和 $DAMTO^{2+}(ClO_4^-)_2$ 的不对称单元结构中分别存在 2 种和 3 种氢键相互作用。

　　图 3.35 展示了 $DAMTO^+NO_3^-$ 和 $DAMTO^{2+}(ClO_4^-)_2$ 晶体的堆积方式。
$DAMTO^+NO_3^-$ 和 $DAMTO^{2+}(ClO_4^-)_2$ 晶体的详细氢键信息见表 3.5。图 3.35(a)虚线框
中的堆积结构为 $DAMTO^+NO_3^-$ 的 2 个二维分子层以同面相对的方式堆积而成的
二维分子层组，二维分子层组的 1 个二维分子层内存在 3 种氢键相互作用，二维
分子层组的 2 个二维分子层之间又存在另外 3 种氢键相互作用。在 $DAMTO^+NO_3^-$
的二维分子层组中，$DAMTO^+$ 的 N(4)到另一层二维分子层 $DAMTO^+$ 三嗪环平面的

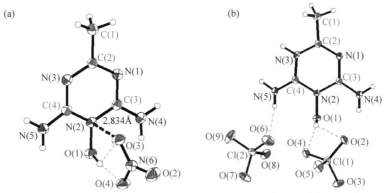

图 3.34 DAMTO⁺NO₃⁻和 DAMTO²⁺(ClO₄⁻)₂ 晶体的不对称单元结构

(a) DAMTO⁺NO₃⁻；(b) DAMTO²⁺(ClO₄⁻)₂

距离可达 3.205Å。因此，DAMTO⁺的 N(4)和缺电子芳香性三嗪环之间存在弱孤对电子-π 相互作用[7,8]。此外，DAMTO⁺NO₃⁻晶体的二维分子层组之间还存在着另外1 种氢键相互作用。

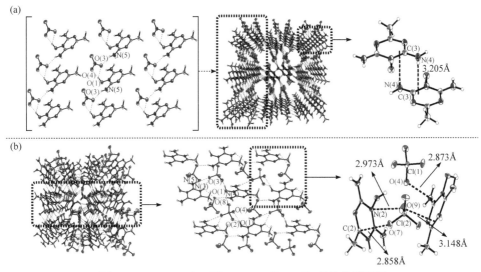

图 3.35 DAMTO⁺NO₃⁻和 DAMTO²⁺(ClO₄⁻)₂ 晶体的堆积图

(a) DAMTO⁺NO₃⁻；(b) DAMTO²⁺(ClO₄⁻)₂

表 3.5 DAMTO⁺NO₃⁻和 DAMTO²⁺(ClO₄⁻)₂ 晶体的氢键信息

| 氢键类型 | D—H⋯A | $d$(D—H)/Å | $d$(H⋯A)/Å | $d$(D⋯A)/Å | ∠DHA/(°) |
|---|---|---|---|---|---|
| DAMTO⁺NO₃⁻<br>二维分子层内氢键 | O(1)—H(8)⋯O(3) | 0.887(14) | 2.56(2) | 3.155(2) | 125(1) |
| | O(1)—H(8)⋯O(4) | 0.887(14) | 1.70(2) | 2.581(1) | 172(2) |
| | N(5)—H(7)⋯O(3)#4 | 0.868(14) | 2.00(2) | 2.809(2) | 155(2) |

| 氢键类型 | D—H···A | $d$(D—H)/Å | $d$(H···A)/Å | $d$(D···A)/Å | ∠DHA/(°) |
|---|---|---|---|---|---|
| DAMTO⁺NO₃⁻<br>二维分子层组内氢键 | N(4)—H(4)···N(1)#1 | 0.890(15) | 2.10(2) | 2.982(2) | 173(2) |
| | N(4)—H(5)···O(2)#2 | 0.875(14) | 2.05(2) | 2.890(2) | 161(2) |
| | N(4)—H(5)···O(4)#2 | 0.875(14) | 2.58(2) | 3.095(2) | 119(1) |
| DAMTO⁺NO₃⁻<br>二维分子层间氢键 | N(5)—H(6)···N(3)#3 | 0.872(15) | 2.08(2) | 2.953(2) | 176(2) |
| DAMTO²⁺(ClO₄⁻)₂<br>二维分子层内氢键 | O(1)—H(2)···O(2) | 0.820(18) | 2.60(2) | 3.268(3) | 140(3) |
| | O(1)—H(2)···O(4) | 0.820(18) | 1.88(2) | 2.633(2) | 152(3) |
| | N(3)—H(4)···O(3)#1 | 0.852(17) | 2.04(2) | 2.781(3) | 145(3) |
| | N(3)—H(4)···O(8)#2 | 0.852(17) | 2.55(3) | 3.116(3) | 125(2) |
| | N(4)—H(1)···O(8)#4 | 0.868(18) | 2.11(2) | 2.918(3) | 155(3) |
| | N(5)—H(6)···O(3)#1 | 0.875(18) | 2.50(3) | 3.105(3) | 127(2) |
| DAMTO²⁺(ClO₄⁻)₂<br>二维分子层间氢键 | N(4)—H(5)···O(7)#3 | 0.862(18) | 2.19(2) | 3.017(3) | 162(3) |
| | N(5)—H(6)···O(2)#5 | 0.875(18) | 2.52(3) | 3.173(3) | 132(2) |
| | N(5)—H(6)···O(5)#5 | 0.875(18) | 2.29(2) | 3.036(3) | 143(3) |
| | N(5)—H(3)···O(6) | 0.866(18) | 2.001(19) | 2.859(3) | 171(3) |

注：DAMTO⁺NO₃⁻的对称性变换为#1，$-x+1$，$-y+1$，$-z+1$；#2，$-x+1$，$-y+2$，$-z+1$；#3，$-x+2$，$-y+1$，$-z+2$；#4，$x+1$，$y$，$z$。DAMTO²⁺(ClO₄⁻)₂的对称性变换为#1，$x+1/2$，$-y+1/2$，$z-1/2$；#2，$-x+1$，$-y+1$，$-z+1$；#3，$x-1/2$，$-y+1/2$，$z-1/2$；#4，$-x+1/2$，$y-1/2$，$-z+3/2$；#5，$-x+3/2$，$y+1/2$，$-z+3/2$。

若将图 3.35(b)左边虚线框中的分子层看为 DAMTO²⁺(ClO₄⁻)₂ 晶体的二维分子层，则该二维分子层由 DAMTO²⁺ 和两种 ClO₄⁻[Cl(1)O₄⁻和Cl(2)O₄⁻]共同组成，且层内存在 6 种氢键相互作用。在 DAMTO²⁺(ClO₄⁻)₂ 的二维分子层内，存在 2 个 DAMTO²⁺ 包夹 2 个 ClO₄⁻的 V 形包夹结构。在该 V 形包夹结构中，Cl(1)O₄⁻的 O(4)处于一侧 DAMTO²⁺ 三嗪环边缘的正上方，其到三嗪环边缘的距离为 2.873Å；Cl(2)O₄⁻的 O(7) 和 O(9)分别基本处于一侧 DAMTO²⁺的 C(2)和 N(2)正上方，相对的原子之间距离分别为 2.858Å 和 2.973Å；同时，O(9)也近似处于另一侧 DAMTO²⁺三嗪环边缘的正上方，其到该另一侧三嗪环边缘的距离为 3.148Å。因此，DAMTO²⁺(ClO₄⁻)₂ 中 ClO₄⁻和 DAMTO²⁺的缺电子芳香性三嗪环之间存在着弱 σ 相互作用[9,10]。此外，在 DAMTO²⁺(ClO₄⁻)₂ 晶体的二维分子层之间还存在着另外 4 种氢键相互作用。

图 3.36 给出了 DAMTO⁺NO₃⁻和 DAMTO²⁺(ClO₄⁻)₂ 晶体中各离子的 Hirshfeld 表面、2D 指纹图和特定原子间相互作用对整个 Hirshfeld 表面的贡献百分比。在

DAMTO$^+$NO$_3^-$晶体中，DAMTO$^+$与周围其他 DAMTO$^+$和 NO$_3^-$之间有大量非共价相互作用[图 3.36(a)]，DAMTO$^+$的 2D 指纹图上边的长条锥形突出由两个分别代表 H···N 和 H···O 的挨得很近的长条锥形突出组成，下边的长条锥形突出代表 N···H。H···O 和 O···H、H···N 和 N···H 分别占 DAMTO$^+$的 Hirshfeld 表面相互作用的 33.7%、25.3%。因此，对应于大量 N/O—H···O 和 N—H···N(表 3.5)的 H···O/N 和 O/N···H 是 DAMTO$^+$NO$_3^-$的 DAMTO$^+$周围最重要的分子间相互作用。此外，DAMTO$^+$NO$_3^-$晶体的 DAMTO$^+$周围总占比为 6.8%的 C···N/O 和 N···O/C，与上述 NO$_3^-$和缺电子芳香性三嗪环之间的弱 σ 相互作用和 DAMTO$^+$之间的弱孤对电子-π 相互作用有关。在 DAMTO$^+$NO$_3^-$晶体中，NO$_3^-$主要和周围 DAMTO$^+$之间有大量非共价相互作用[图 3.36(b)]。DAMTO$^+$NO$_3^-$中 NO$_3^-$的 2D 指纹图上边的小锥形突出代表占比为 3.4%的 O···N，该相互作用与占比为 2.5%的 O···C 一起表明弱σ 相互作用存在；该 2D 指纹图下边的长条锥形突出代表占比为 79.2%的 O···H，同样表明大量 N/O—H···O 存在。

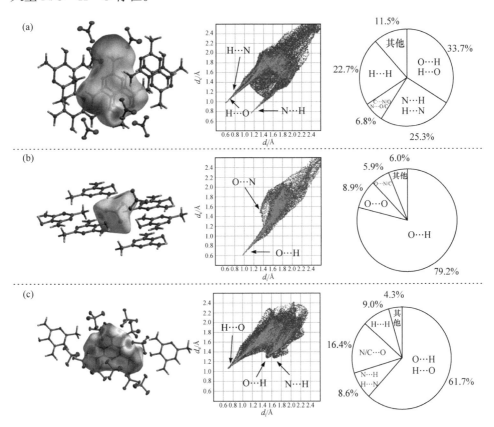

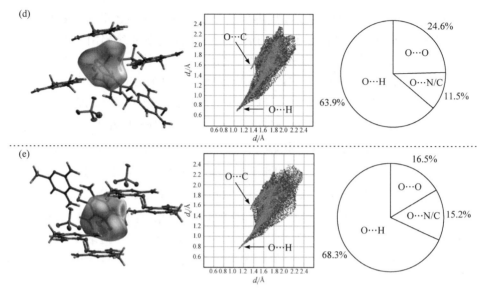

图 3.36　DAMTO⁺NO₃⁻和 DAMTO²⁺(ClO₄⁻)₂ 晶体中各离子的 Hirshfeld 表面、
2D 指纹图和特定原子间相互作用所贡献分比

(a) DAMTO⁺；(b) NO₃⁻；(c) DAMTO²⁺；(d) Cl(1)O₄⁻；(e) Cl(2)O₄⁻

　　在 DAMTO²⁺(ClO₄⁻)₂ 晶体中，DAMTO²⁺主要与周围 Cl(1)O₄⁻和 Cl(2)O₄⁻之间有大量非共价相互作用[图 3.36(c)]。DAMTO²⁺的 2D 指纹图左边的长条锥形突出代表 H···O，中间和右边的小锥形突出分别代表 O···H 和 N···H。H···O 和 O···H 共占 DAMTO²⁺(ClO₄⁻)₂ 中 DAMTO²⁺的 Hirshfeld 表面相互作用的 61.7%。因此，对应于大量 N/O—H···O(表 3.5)的 H···O 和 O···H 是 DAMTO²⁺周围最重要的分子间相互作用，总占比为 8.6%的 H···N 和 N···H 暗示着 DAMTO²⁺(ClO₄⁻)₂ 晶体中弱 N···H/H···N 分子间氢键相互作用的存在。此外，在 DAMTO²⁺(ClO₄⁻)₂ 晶体中，DAMTO²⁺周围总占比为 16.4%的 N/C···O 与上述 ClO₄⁻和缺电子芳香性三嗪环之间的弱 σ 相互作用有关。在 DAMTO²⁺(ClO₄⁻)₂ 晶体中，Cl(1)O₄⁻和 Cl(2)O₄⁻都主要和周围 DAMTO²⁺之间有大量非共价相互作用[图 3.36(d)和(e)]。Cl(1)O₄⁻和 Cl(2)O₄⁻的 2D 指纹图下边的长条锥形突出分别代表占比为 63.9%和 68.3%的 O···H，同样表明大量 N/O—H···O 的存在；上边的小锥形突出都代表 O···C，Cl(1)O₄⁻和 Cl(2)O₄⁻总占比分别为 11.5%和 15.2%的 O···N/C 同样表明弱 σ 相互作用存在。

## 3.5　晶体结构共性

　　TATDO 和 DAMTO 的 O←N=C—NH₂ 结构形式比其 HO—N—C=NH 互变

异构结构形式更稳定，DAOTO 的 HO—N—C═O 结构形式比其 O←N═C—OH 互变异构结构形式更稳定。TATDO 和 DAMTO 被去质子化的能力(酸性)来源于其 O←N═C—NH₂ 互变异构的 HO—N—C═NH 结构中 N—OH 基团，DAOTO 被去质子化的能力(酸性)来源于其结构中稳定 HO—N—C═O 结构的 N—OH 基团。TATDO、DAOTO 和 DAMTO 被质子化的能力(碱性)都来源于其结构中 N→O 键的氧原子，DAMTO 三嗪环上的其中一个—N═基团保留了接收质子的能力[11-13]。

具有芳香性的三嗪环上会形成离域大 π 键，三嗪环上的氨基 N 杂化方式接近于 sp²，其孤对电子占据的 2p 轨道可与三嗪环上的离域 π 键发生 p-π 共轭。三嗪环上 N→O 键的配位氧也可能采用了接近于 sp² 的杂化方式。三嗪环上 N—OH 或 N→OH⁺ 结构的 O—H 键与三嗪环上的离域 π 键之间可存在 σ-π 超共轭。具有 Y 芳香性的胍离子与芳香性三嗪环之间可形成 π-π 堆积相互作用。N→O 或 N—O⁻ 结构中的氧原子由于最外电子层有三对孤对电子，可同时与一个、两个或三个金属离子配位，展现出较强的配位能力，且参与配位时可采用接近于 sp² 或 sp³ 的杂化方式[13]。

阴离子与缺电子芳香性三嗪环之间容易形成阴离子-π 或弱 σ 相互作用，其中，ClO₄⁻与 TATDO、DAOTO 和 DAMTO 的阳离子在阴离子-π 和弱 σ 相互作用的帮助下，都会形成两个三嗪类阳离子包夹 ClO₄⁻的 V 形包夹结构。氢键相互作用是所有产物晶体中最主要的分子间相互作用，具有离域大 π 键的缺电子芳香性三嗪环容易参与 π-π 堆积、孤对电子-π、阴离子-π 和弱 σ 相互作用。共晶 DAOTO⁺ClO₄⁻·DAOTO 是在高强度的 N/O—H⋯O 主要支持下，以及弱 H⋯N 分子间氢键、孤对电子-π、弱 σ 相互作用和弱 π-π 堆积相互作用的重要辅助下形成的[11-13]。

## 参 考 文 献

[1] SHELDRICK G M. SADABS, Program for empirical absorption correction of area detector data[CP/DK]. University of Göttingen, 1996.

[2] SHELDRICK G M. Crystal structure refinement with SHELXL[J]. Acta Crystallographica Section C: Structural Chemistry, 2015, 71(1): 3-8.

[3] SPACKMAN P R, TURNER M J, MCKINNON J J, et al. Crystal explorer: A program for hirshfeld surface analysis, visualization and quantitative analysis of molecular crystals[J]. Journal of Applied Crystallography, 2021, 54(3): 1006-1011.

[4] 陈小明, 蔡继文. 单晶结构分析原理与实践[M]. 2 版. 北京: 科学出版社, 2007.

[5] TANG Y, MITCHELL L A, IMLER G H, et al. Ammonia oxide as a building block for high-performance and insensitive energetic materials[J]. Angewandte Chemie International Edition, 2017, 56(21): 5894-5898.

[6] GUANIDINE G P. Trimethylenemethane, and "Y-delocalization" can acyclic compounds have "aromatic" stability?[J]. Journal of Chemical Education, 1972, 49(2): 100-103.

[7] WANG D X, ZHENG Q Y, WANG Q Q, et al. Halide recognition by tetraoxacalix[2]arene[2]triazine receptors:

Concurrent noncovalent halide-π and lone-pair-π interactions in host-halide-water ternary complexes[J]. Angewandte Chemie International Edition, 2008, 47(39): 7485-7488.

[8] WANG D X, WANG Q Q, HAN Y, et al. Versatile anion-π interactions between halides and a conformationally rigid bis(tetraoxacalix[2]arene[2]triazine) cage and their directing effect on molecular assembly[J]. Chemistry: A European Journal, 2010, 16(44): 13053-13057.

[9] BERRYMAN O B, SATHER A C, HAY B P, et al. Solution phase measurement of both weak σ and C—H···X⁻ hydrogen bonding interactions in synthetic anion receptors[J]. Journal of the American Chemical Society, 2008, 130(33): 10895-10897.

[10] HAY B P, BRYANTSEV V S. Anion-arene addicts: C—H hydrogen bonding, anion-π interaction, and carbon bonding motifs[J]. Chemical Communications, 2008, 2008(21): 2417-2428.

[11] FENG Z, CHEN S, LI Y, et al. Amphoteric ionization and cocrystallization synergistically applied to two melamine-based *N*-oxides: Achieving regulation for comprehensive performance of energetic materials[J]. Crystal Growth & Design, 2022, 22: 513-523.

[12] FENG Z, ZHANG Y, LI Y, et al. Adjacent N→O and C—NH$_2$ groups—A high-efficient amphoteric structure for energetic materials resulting from tautomerization proved by crystal engineering[J]. CrystEngComm, 2021, 23: 1544-1549.

[13] 冯治存. 两性 *N*-氧化三嗪含能化合物的合成及结构性质关系研究[D]. 西安: 西北大学, 2022.

# 第 4 章  热分解和热性质

## 4.1  热分析理论方法

在氮气气氛下，对样品进行差示扫描量热分析(differential scanning calorimetry, DSC)、热重(TG)和微商热重(DTG)分析。在氩气气氛下，对样品热分解气相产物(热分解升温速率为 10℃·min⁻¹)的红外吸收峰和质荷比(m/z)进行检测，其中气相产物质荷比(m/z)的检测范围为 1~60。通过多重扫描速率的非等温 Kissinger 法和 Ozawa 法，获得产物热分解反应的动力学参数表观活化能 $E_a$ 和指前因子 $A$[1-3]。样品热分解反应的活化焓($\Delta H^{\neq}$)、活化熵($\Delta S^{\neq}$)和活化自由能($\Delta G^{\neq}$)的表达式为[4]

$$\Delta H^{\neq} = E_K - RT_p \tag{4.1}$$

$$A_K \exp\left(-\frac{E_K}{RT_p}\right) = \frac{k_B T_p}{h}\exp\left(\frac{\Delta S^{\neq}}{R}\right)\exp\left(-\frac{\Delta H^{\neq}}{RT_p}\right) \tag{4.2}$$

$$\Delta G^{\neq} = \Delta H^{\neq} - T_p\Delta S^{\neq} \tag{4.3}$$

式中，$E_K$ 和 $A_K$ 分别为通过 Kissinger 法获得的表观活化能(J·mol⁻¹)和指前因子(s⁻¹)；$R$ 为气体常数(8.314J·mol⁻¹·K⁻¹)；$T_p$ 为通过 Kissinger 法计算 $E_K$ 和 $A_K$ 时所用的峰顶温度(K)；$k_B$ 为玻尔兹曼常数(1.381×10⁻²³ J·K⁻¹)；$h$ 为普朗克常数(6.626×10⁻³⁴J·s)。

产物的自加速分解温度($T_{SADT}$)和热爆炸临界温度($T_b$)的表达式为[4]

$$T_{SADT} = T_{e0} \tag{4.4}$$

$$T_b = \frac{E_K - \sqrt{E_K^2 - 4E_K RT_{e0}}}{2R} \tag{4.5}$$

$$T_{ei} = T_{e0} + b\beta_i + c\beta_i^2 + d\beta_i^3 \quad (i 为1~4) \tag{4.6}$$

式中，$E_K$ 为通过 Kissinger 法获得的表观活化能(J·mol⁻¹)；$R$ 为气体常数(8.314J·mol⁻¹·K⁻¹)；$\beta$ 为升温速率(K·min⁻¹)；$T_{ei}$ 为 $\beta_i$ 升温速率下的外推始点温度(K)；$T_{e0}$ 为通过最小二乘法对外推始点温度 $T_e$ 和 $\beta$ 进行回归分析所得到的回归参数(K)；$b$、$c$、$d$ 为拟合系数。

通过微量差式扫描量热仪在室压下对产物的比热容进行测定，测试温度为

283.15～333.15K，测试原理为

$$C_p = \frac{A_s - A_b}{m_s \times \beta} \tag{4.7}$$

式中，$C_p$ 为比热容(J · g$^{-1}$ · K$^{-1}$)；$A_s$ 和 $A_b$ 分别为装测试样品坩埚和空白参比坩埚的热流(mW)；$m_s$ 为测试样品的质量(mg)；$\beta$ 为升温速率(K · s$^{-1}$)。利用最小二乘法对 $C_p$ 和温度 $T$ 进行回归分析，最终获得所测温度范围内的比热容表达式为

$$C_p = \sum_{i=m}^{n} a(i) \times T^i \quad (-3 \leqslant m \leqslant n \leqslant 5) \tag{4.8}$$

式中，$C_p$ 为比热容(J · g$^{-1}$ · K$^{-1}$)；$T$ 为温度(K)；$a(i)$ 为拟合系数。

结合式(4.8)并通过式(4.9)～式(4.11)所示的热力学关系，可以得到以 298.15K 下状态为基准的所测样品的焓、熵和吉布斯自由能[4]：

$$H_T - H_{298.15} = \int_{298.15}^{T} C_p \mathrm{d}T \tag{4.9}$$

$$S_T - S_{298.15} = \int_{298.15}^{T} C_p \cdot T^{-1} \mathrm{d}T \tag{4.10}$$

$$G_T - G_{298.15} = \int_{298.15}^{T} C_p \mathrm{d}T - T \int_{298.15}^{T} C_p \cdot T^{-1} \mathrm{d}T \tag{4.11}$$

式中，$C_p$ 为摩尔热容(J · mol$^{-1}$ · K$^{-1}$)；$T$ 为温度(K)；$H_T$ 为任意温度下样品的焓(J · mol$^{-1}$)；$S_T$ 为任意温度下样品的熵(J · mol$^{-1}$ · K$^{-1}$)；$G_T$ 为任意温度下样品的吉布斯自由能(J · mol$^{-1}$)。

对[Zn$^{2+}$(DAOTO$^-$)$_2$ · 4H$_2$O]$_n$、DAOTO$^+$ClO$_4^-$ · H$_2$O 和 PAHAPE · 2H$_2$O 在未除去其非配位结晶水的状态下进行测试，对其他含有非配位结晶水的产物都在事先除去非配位结晶水的情况下进行测试。

## 4.2　TATDO 系列含能化合物热分解和热性质

### 4.2.1　TATDO 热分解和热性质

图 4.1 为 TATDO 在升温速率为 10℃ · min$^{-1}$ 时的 DSC 曲线和 TG-DTG 曲线。DSC 曲线显示 TATDO 在 280～334℃有一个明显的放热分解峰，该放热分解峰的外推始点温度 $T_e$ 为 295.2℃，峰顶温度 $T_p$ 为 315.8℃，放热量约为 1532J · g$^{-1}$。TG 曲线显示 TATDO 在 275～330℃有一个质量损失约为 41%的快速失重过程，DTG 曲线显示该失重过程的 $T_e$ 为 294.5℃，最大失重速率点对应的温度为 319.4℃。TATDO 的 DSC 曲线的放热分解过程基本对应于其 TG-DTG 曲线显示的快速失重过程。500℃时 TATDO 热分解残渣余量约为 53%。

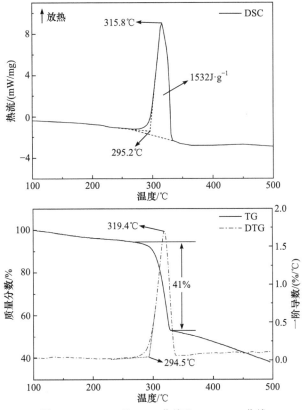

图 4.1　TATDO 的 DSC 曲线和 TG-DTG 曲线

　　图 4.2(a)为 TATDO 热分解过程中气相产物的 IR 图谱，在 290～335℃检测到了其热分解气相产物明显的 IR 信号。TATDO 热分解峰温处的 IR 图谱[图 4.2(b)]显示，TATDO 的热分解气相产物在 3539cm$^{-1}$、3511cm$^{-1}$、3333cm$^{-1}$、2355cm$^{-1}$、2284cm$^{-1}$、2249cm$^{-1}$、1626cm$^{-1}$、964cm$^{-1}$、930cm$^{-1}$、714cm$^{-1}$ 和 669cm$^{-1}$ 处有明显的吸收峰，这表明生成了气相产物 $H_2O$(3500～4000cm$^{-1}$)、$NH_3$[约 3340(m)、1640(m)、970(s)、920(s)和 620(m)cm$^{-1}$]、CO[约 2190(s)和 2110(s)cm$^{-1}$]和 $CO_2$[约 2360(s)cm$^{-1}$][5]。图 4.3 为在 TATDO 热分解过程中出现的气相产物的质荷比($m/z$)信号，在 295～335℃出现了相对较弱的 $m/z$ 信号 12、14、15、26 与 43 和相对较强的 $m/z$ 信号 16、17、18、27、28、30、44，这表明出现了气相产物 $H_2O$($m/z$ 信号为 16、17 和 18)、$NH_3$($m/z$ 信号为 14、15、16 和 17)、CO($m/z$ 信号为 12、16 和 28)、$CO_2$($m/z$ 信号为 44)、NO($m/z$ 信号为 30)、HCN($m/z$ 信号为 26 和 27)和 HNCO($m/z$ 信号为 43)。气相产物 $H_2O$、$NH_3$ 和 CO 的 $m/z$ 信号较强，IR 吸收峰也很明显，因此它们是 TATDO 最主要的热分解气体产物。缺氧含能化合物 TATDO 热分解气体产物 $CO_2$ 的 $m/z$ 信号和 IR 吸收峰强度明显弱于 CO，TATDO 热分解产

生的 $CO_2$ 数量显著少于 CO。由于 TATDO 热分解气相产物的 IR 图谱中没有
NO($1860cm^{-1}$ 和 $1788cm^{-1}$)和 HCN($2009cm^{-1}$)的吸收峰[6,7]，HNCO(约 $2330cm^{-1}$)的

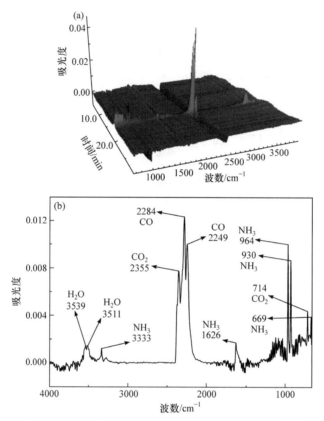

图 4.2　TATDO 热分解过程中和热分解峰温处的气相产物 IR 图谱
(a) 热分解过程中；(b) 热分解峰温处

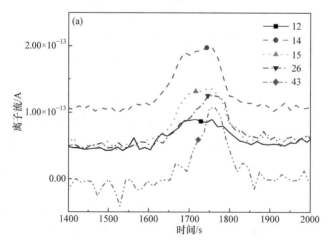

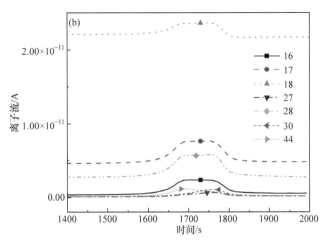

图 4.3 TATDO 热分解过程中气相产物的较弱和较强 $m/z$ 信号

(a) 较弱 $m/z$ 信号; (b) 较强 $m/z$ 信号

吸收峰与 $CO_2$ 的吸收峰难以区分[8]，且 NO、HCN 和 HNCO 的 $m/z$ 信号强度显著弱于 $H_2O$、$NH_3$ 和 CO 的 $m/z$ 信号强度，因此，质谱检测到的 NO、HCN 和 HNCO 可能来源于 $H_2O$、$NH_3$ 和 CO 电离出的 H、C、N 和 O 之间的重新组合。

TATDO 中存在 $O \leftarrow N = C — NH_2$ 结构和 $HO — N — C = NH$ 结构之间的互变异构，互变异构体 TATDO′ 的化学键解离示意图如图 4.4 所示，a~e 和 A~E 分别为相关解离路径和结构的代号。其中，$N \rightarrow O$ 配位键异裂并生成中性氧原子，其他键都均裂并生成相应的自由基。使用 Gaussian 计算软件在 B3LYP/6-31+G** 水平上优化图 4.4 中的所有结构[9]，并通过频率计算确保所得优化结构无虚频，分子能量达到全局极小值点或局部极小值点。用解离后的产物在 0K 下内能(单点能与零点能之和)的总和与解离前物质在 0K 下内能之差表征相应键解离能，具体计算结果见表 4.1。TATDO′氮氧键的解离能(132.25~218.78kJ · mol⁻¹)远低于其 NH/NH₂ 与碳原子之间碳氮键的解离能(454.50~690.48kJ · mol⁻¹)，且 TATDO 的热分解气体产物 $H_2O$ 的离子流出现时间相对较早，热分解气相产物的 IR 图谱中没有 NO 的吸收峰。因此，TATDO 的热分解可能是由分子内氢转移(从 TATDO 到 TATDO′ 的互变异构)和紧接着的氮氧键断裂引发的(图 4.5)。氮氧键断裂生成的羟基自由基和氧原子可以夺取三嗪环上氨基的氢原子，从而生成 $H_2O$；剩余三嗪环框架破裂后形成链状碎片，羟基自由基和氧原子有机会氧化链状碎片的碳原子，从而生成 CO 和少量的 $CO_2$，并形成胼类和氨基类热解碎片；煅烧三嗪类和胼类化合物可使其发生缩聚并得到氮化碳聚合物[10,11]，TATDO 的胼类和氨基类热解碎片可发生类似的缩聚，从而在生成 $NH_3$ 的同时产生一些碳氮聚合物最终热分解残渣。固相 TATDO 的热分解是众多 TATDO 分子的热分解碎片之间相互反应的综合结果，一个 TATDO 分子的热分解高能碎片可能会促进另一个 TATDO 分子的热分解。

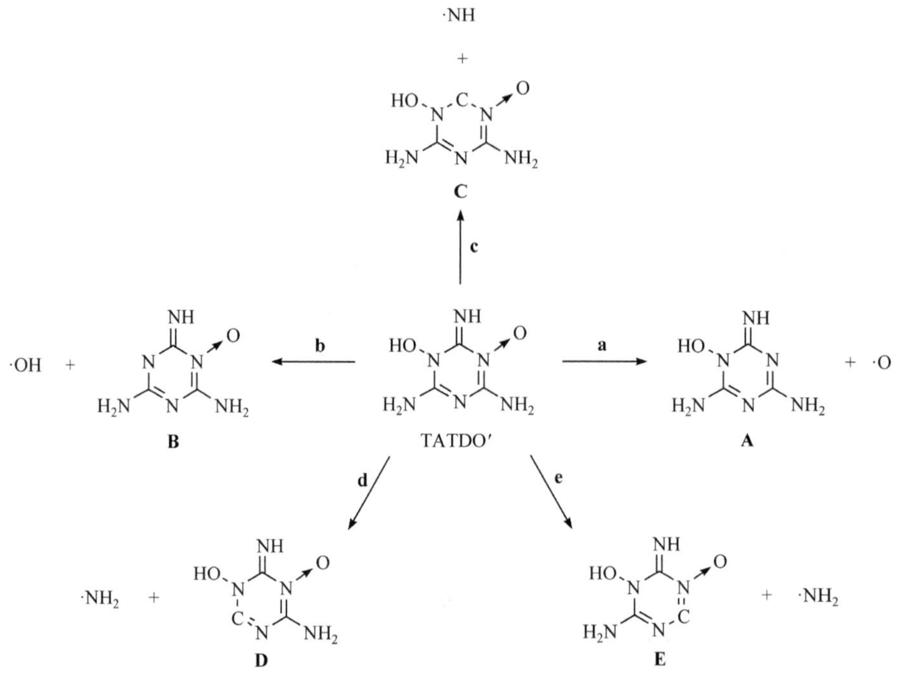

图 4.4　TATDO′的化学键解离示意图

**表 4.1　TATDO′的键解离能**

| 结构代号和自由基 | 内能/hartree | 解离路径代号 | 键解离能/(kJ · mol⁻¹) |
|:---:|:---:|:---:|:---:|
| A | −521.562994 | a | 218.78 |
| B | −520.932967 | b | 132.25 |
| C | −541.231238 | c | 690.48 |
| D | −540.674384 | d | 454.50 |
| E | −540.665041 | e | 479.04 |
| TATDO′ | −596.713893 | — | — |
| ·O | −75.067607 | — | — |
| ·OH | −75.730577 | — | — |
| ·NH | −55.219781 | — | — |
| ·NH₂ | −55.866476 | — | — |

注：1hartree = $110.5 \times 10^{-21}$ J。

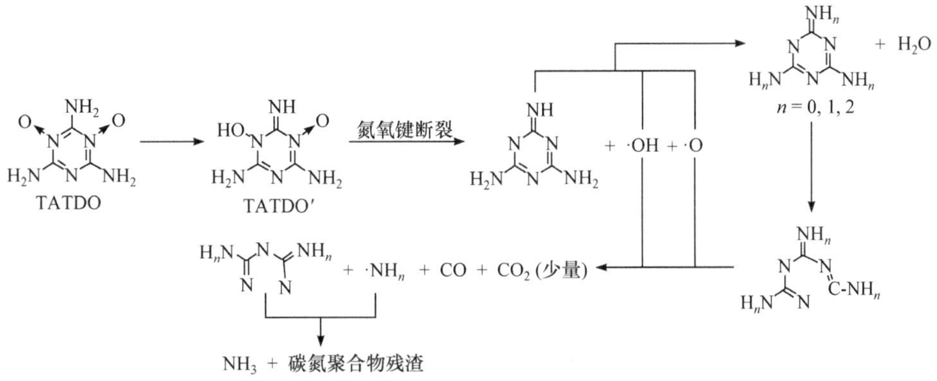

图 4.5　TATDO 可能的热分解机理

表 4.2 给出了 TATDO 在不同升温速率下热分解的特征温度及通过 Kissinger 法和 Ozawa 法算得的动力学参数。通过两种方法获得的 $E_a$ 值相近，且线性相关系数都非常接近于 1，因此计算结果是可信的。利用得到的 $E_a$ 和 $A$ 并结合式(4.1)～式(4.3)可得，当升温速率为 $10℃ \cdot min^{-1}$ 时，TATDO 在 $T_p$ 处的 $\Delta H^{\neq}$、$\Delta S^{\neq}$ 和 $\Delta G^{\neq}$ 分别为 $372.20 kJ \cdot mol^{-1}$、$349.89 J \cdot mol^{-1} \cdot K^{-1}$ 和 $166.14 kJ \cdot mol^{-1}$。利用 $E_a$、$A$ 和 $T_e$ 并结合式(4.4)～式(4.6)可得，TATDO 的 $T_{SADT}$ 和 $T_b$ 分别为 $290.8℃$ 和 $298.0℃$。

表 4.2　TATDO 热分解的特征温度和动力学参数

| $\beta/(℃ \cdot min^{-1})$ | $T_e/℃$ | $T_p/℃$ | $E_K/E_O/[(kJ \cdot mol^{-1})/(kJ \cdot mol^{-1})]$ | $A_K/s^{-1}$ | $r_K/r_O$ |
|---|---|---|---|---|---|
| 5.0 | 291.9 | 310.2 | | | |
| 10.0 | 295.2 | 315.8 | 377.10/367.90 | $10^{31.80}$ | 0.9956/0.9958 |
| 15.0 | 299.4 | 318.9 | | | |
| 20.0 | 303.2 | 320.2 | | | |

注：$r_K$ 和 $r_O$ 分别为 Kissinger 法(下标为 K)和 Ozawa 法(下标为 O)的线性相关系数。

TATDO 的 $C_p$ 曲线如图 4.6 所示，该曲线难以通过一个方程表达，因此对其进行分段拟合。TATDO 的 $C_p$ 方程如下：

$C_p(J \cdot g^{-1} \cdot K^{-1}) = 9.458701 \times 10 - (9.758496 \times 10^{-1})T + (3.379509 \times 10^{-3})T^2 - (3.880185 \times 10^{-6})T^3$，$283.15K \leqslant T < 313.15K$；

$C_p(J \cdot g^{-1} \cdot K^{-1}) = 2.907997 \times 10^3 - (4.517950 \times 10)T + (2.529466 \times 10^{-1})T^2 - (6.120044 \times 10^{-4})T^3 + (5.438870 \times 10^{-7})T^4$，$313.15K \leqslant T \leqslant 333.15K$。

由 TATDO 的 $C_p$ 方程计算得到，其在 298.15K 下的比热容和摩尔热容分别为 $1.21 J \cdot g^{-1} \cdot K^{-1}$ 和 $191.33 J \cdot mol^{-1} \cdot K^{-1}$。此外，结合式(4.9)～式(4.11)可得 TATDO 以 298.15K 下状态为基准的焓变、熵变和吉布斯自由能变，如表 4.3 所示。

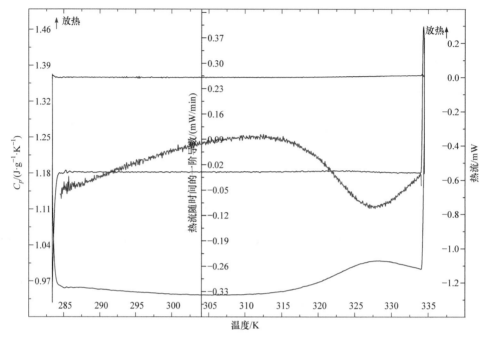

图 4.6　TATDO 的 $C_p$ 曲线

**表 4.3　TATDO 的热力学数据**

| $T/K$ | $H_T - H_{298.15}/(\text{J} \cdot \text{mol}^{-1})$ | $S_T - S_{298.15}/(\text{J} \cdot \text{mol}^{-1} \cdot \text{K}^{-1})$ | $G_T - G_{298.15}/(\text{J} \cdot \text{mol}^{-1})$ |
|---|---|---|---|
| 283.15 | −2791.30 | −9.60 | −72.19 |
| 293.15 | −950.86 | −3.22 | −8.05 |
| 303.15 | 968.79 | 3.22 | −8.06 |
| 313.15 | 2938.82 | 9.62 | −72.35 |
| 323.15 | 4855.66 | 15.64 | −199.19 |
| 333.15 | 6637.30 | 21.07 | −382.92 |

### 4.2.2　TATDO 去质子化产物热分解和热性质

1. Na⁺TATDO⁻和[K⁺TATDO⁻]ₙ 的热分解和热性质

图 4.7 和图 4.8 分别为 Na⁺TATDO⁻和[K⁺TATDO⁻]ₙ在升温速率为 $10℃ \cdot \text{min}^{-1}$时的 DSC 曲线和 TG-DTG 曲线。DSC 曲线显示 Na⁺TATDO⁻在 310～330℃有一个剧烈的快速放热分解过程，该放热分解过程的外推始点温度 $T_e$ 为 324.2℃，峰顶温度 $T_p$ 为 325.3℃，放热量约为 931J · g⁻¹；[K⁺TATDO⁻]ₙ在 250～300℃有一个剧烈的放热分解峰，该放热分解峰的 $T_e$ 和 $T_p$ 分别为 288.0℃和 297.2℃，放热量约为 942J · g⁻¹。TG 曲线显示 Na⁺TATDO⁻在 275～335℃有一个质量损失约为 19%

的快速失重过程，相应 DTG 曲线显示该失重过程的 $T_e$ 为 311.8℃，最大失重速率点对应的温度为 325.2℃；$[K^+TATDO^-]_n$ 在 210～300℃有一个质量损失约为 34% 的快速失重过程，相应 DTG 曲线显示该失重过程的 $T_e$ 为 272.3℃，最大失重速率点对应的温度为 294.4℃。$Na^+TATDO^-$ 和 $[K^+TATDO^-]_n$ 的 DSC 曲线放热分解过程与其 TG-DTG 曲线显示的快速失重过程一致。

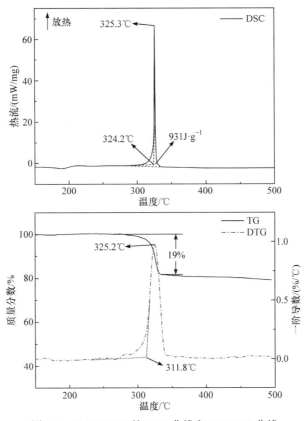

图 4.7  $Na^+TATDO^-$ 的 DSC 曲线和 TG-DTG 曲线

$Na^+TATDO^-$ 和 $[K^+TATDO^-]_n$ 的热稳定性与 $TATDO(T_p = 315.8℃)$ 的热稳定性相当，但它们的放热分解过程比 TATDO 的放热分解过程更剧烈(图 4.1)。$Na^+TATDO^-$ 和 $[K^+TATDO^-]_n$ 的热分解可能与 TATDO 一样，都是其结构中氮氧键断裂引发的，因此它们具有相当的热稳定性。晶体结构中 $Na^+$ 和 $K^+$ 易与 $N$-氧化三嗪类阴离子氮氧键的氧原子配位键形成含能 MOF，因此，$Na^+TATDO^-$ 和 $[K^+TATDO^-]_n$ 的剧烈热分解过程可能是氮氧键断裂、大量配位键的瞬间链式断裂造成的。在放热分解过程刚结束时，其热分解残渣余量分别约为 82%和 66%，最终热分解残渣应该是由相应金属氧化物和与 TATDO 最终热分解残渣类似的碳氮聚合物组成的。

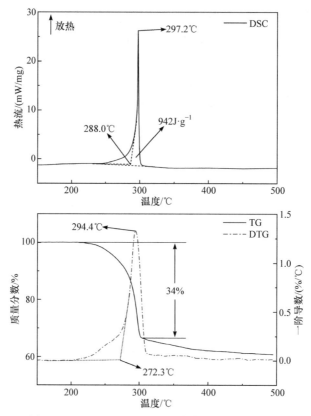

图 4.8　[K⁺TATDO⁻]ₙ 的 DSC 曲线和 TG-DTG 曲线

表 4.4 给出了 Na⁺TATDO⁻和[K⁺TATDO⁻]ₙ 在不同升温速率下热分解的特征温度及通过 Kissinger 法和 Ozawa 法算得的动力学参数。两种方法对同一产物的 $E_a$ 计算结果相近，且线性相关系数都接近于 1，因此计算结果是可信的。利用得到的 $E_a$ 和 $A$ 并结合式(4.1)~式(4.3)可得，当升温速率为 10℃ · min⁻¹ 时，在 $T_p$ 处 Na⁺TATDO⁻的$\Delta H^{\neq}$、$\Delta S^{\neq}$和$\Delta G^{\neq}$分别为 407.98kJ · mol⁻¹、398.57J · mol⁻¹ · K⁻¹ 和 169.46kJ · mol⁻¹，[K⁺TATDO⁻]ₙ 的$\Delta H^{\neq}$、$\Delta S^{\neq}$和$\Delta G^{\neq}$分别为 202.25kJ · mol⁻¹、67.78J · mol⁻¹ · K⁻¹ 和 163.59kJ · mol⁻¹。利用 $E_a$、$A$ 和表 4.4 中的 $T_e$ 可得，Na⁺TATDO⁻的 $T_{SADT}$ 和 $T_b$ 分别为 314.2℃和 321.3℃，[K⁺TATDO⁻]ₙ 的 $T_{SADT}$ 和 $T_b$ 分别为 279.1℃和 291.9℃。

表 4.4　Na⁺TATDO⁻和[K⁺TATDO⁻]ₙ热分解的特征温度和动力学参数

| 化合物 | $\beta$/(℃ · min⁻¹) | $T_e$/℃ | $T_p$/℃ | $E_K/E_O$ /[(kJ · mol⁻¹)/(kJ · mol⁻¹)] | $A_K$ /s⁻¹ | $r_K/r_O$ |
|---|---|---|---|---|---|---|
| Na⁺TATDO⁻ | 5.0 | 317.8 | 321.9 | 412.96/402.18 | 10³⁴·³⁵ | 0.9730/ |
| | 10.0 | 324.2 | 325.3 | | | 0.9743 |

续表

| 化合物 | $\beta/(℃ \cdot min^{-1})$ | $T_e/℃$ | $T_p/℃$ | $E_K/E_O$<br>$/[(kJ \cdot mol^{-1})/(kJ \cdot mol^{-1})]$ | $A_K /s^{-1}$ | $r_K/r_O$ |
|---|---|---|---|---|---|---|
| Na⁺TATDO⁻ | 15.0 | 329.5 | 330.2 | | | |
| | 20.0 | 329.8 | 330.5 | | | |
| [K⁺TATDO⁻]ₙ | 5.0 | 281.6 | 289.0 | 206.99/205.85 | $10^{17.05}$ | 0.9987/<br>0.9988 |
| | 10.0 | 288.0 | 297.2 | | | |
| | 15.0 | 295.3 | 303.1 | | | |
| | 20.0 | 300.5 | 306.0 | | | |

Na⁺TATDO⁻和[K⁺TATDO⁻]ₙ 的 $C_p$ 曲线如图 4.9 所示，在 283.15～313.15K，它们的 $C_p$ 方程如下：

$C_p$(Na⁺TATDO⁻, $J \cdot g^{-1} \cdot K^{-1}$) $= -1.206236 + (1.330918 \times 10^{-2})T - (1.491610 \times 10^{-5})T^2$;

$C_p$([K⁺TATDO⁻]ₙ, $J \cdot g^{-1} \cdot K^{-1}$) $= -6.445277 \times 10^{-1} + (9.301305 \times 10^{-3})T - (1.104209 \times 10^{-5})T^2$。

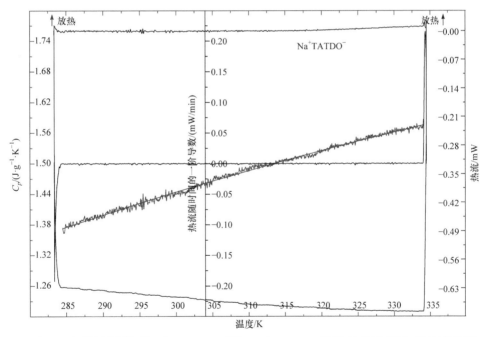

由 $C_p$ 方程计算得到，在 298.15K 下，Na⁺TATDO⁻的比热容和摩尔热容分别为 1.44J $\cdot g^{-1} \cdot K^{-1}$ 和 259.34J $\cdot mol^{-1} \cdot K^{-1}$，[K⁺TATDO⁻]ₙ的比热容和摩尔热容分别为 1.15J $\cdot g^{-1} \cdot K^{-1}$ 和 225.64J $\cdot mol^{-1} \cdot K^{-1}$，以各自 298.15K 下状态为基准的焓变、熵变和吉布斯自由能变如表 4.5 所示。

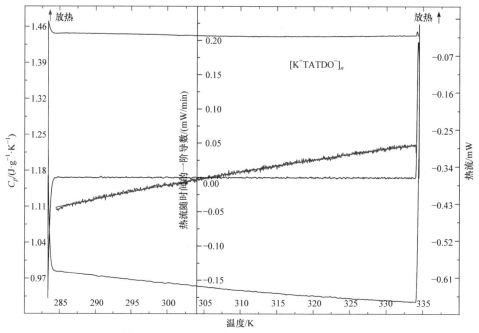

图 4.9    Na$^+$TATDO$^-$和[K$^+$TATDO$^-$]$_n$ 的 $C_p$ 曲线

**表 4.5    Na$^+$TATDO$^-$和[K$^+$TATDO$^-$]$_n$ 的热力学数据**

| 化合物 | $T$/K | $H_T - H_{298.15}$/(J·mol$^{-1}$) | $S_T - S_{298.15}$/(J·mol$^{-1}$·K$^{-1}$) | $G_T - G_{298.15}$/(J·mol$^{-1}$) |
|---|---|---|---|---|
| | 283.15 | −3786.76 | −13.03 | −97.68 |
| | 293.15 | −1283.02 | −4.34 | −10.85 |
| Na$^+$TATDO$^-$ | 303.15 | 1302.90 | 4.33 | −10.84 |
| | 313.15 | 3965.65 | 12.97 | −97.41 |
| | 323.15 | 6699.85 | 21.57 | −270.18 |
| | 333.15 | 9500.13 | 30.10 | −528.59 |
| | 283.15 | −3313.64 | −11.40 | −85.32 |
| | 293.15 | −1118.60 | −3.78 | −9.45 |
| [K$^+$TATDO$^-$]$_n$ | 303.15 | 1131.92 | 3.76 | −9.42 |
| | 313.15 | 3433.58 | 11.23 | −84.49 |
| | 323.15 | 5782.05 | 18.62 | −233.82 |
| | 333.15 | 8173.00 | 25.90 | −456.50 |

**2. GUA$^+$TATDO$^-$的热分解和热性质**

图 4.10 为 GUA$^+$TATDO$^-$在升温速率为 10℃·min$^{-1}$时的 DSC 曲线和 TG-DTG 曲线。DSC 曲线显示 GUA$^+$TATDO$^-$在 160~320℃有一个先剧烈后平缓的长放热分解过程，该放热分解过程的外推始点温度 $T_e$ 为 188.3℃，峰顶温度 $T_p$ 为 199.1℃，放热量约为

1073J·g$^{-1}$。TG 曲线显示 GUA$^+$TATDO$^-$在 170~320℃有一个质量损失约为 40%的先迅速后缓慢的失重过程，DTG 曲线显示该失重过程的 $T_e$ 为 179.9℃，最大失重速率点对应的温度为199.6℃。DSC 曲线的放热分解过程与其TG-DTG曲线显示的失重过程一致。

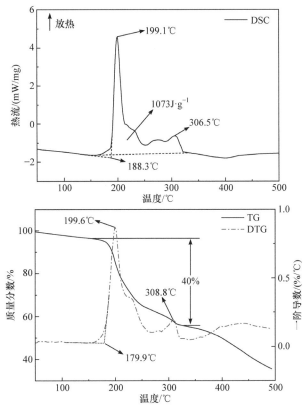

图 4.10　GUA$^+$TATDO$^-$的 DSC 曲线和 TG-DTG 曲线

　　硝酸胍(10℃·min$^{-1}$ 升温速率下放热分解峰的 $T_e$ 为 284℃)的热分解被认为很可能是从由离子间氢转移生成硝酸和胍分子开始的[12,13]。TATDO 是一种弱酸，TATDO$^-$比 NO$_3^-$ 更易接收质子，且 GUA$^+$TATDO$^-$的热稳定性显著低于 TATDO($T_e$ = 295.2℃)的热稳定性。因此，GUA$^+$TATDO$^-$的热分解很可能与硝酸胍的热分解类似，也是从由离子间氢转移生成 TATDO 和胍分子开始的。因为 TATDO$^-$比 NO$_3^-$ 更容易接收质子，所以离子间氢转移在 GUA$^+$TATDO$^-$中更容易发生。GUA$^+$TATDO$^-$的热分解比硝酸胍的热分解更容易被引发，即 GUA$^+$TATDO$^-$的热稳定性显著低于硝酸胍的热稳定性。GUA$^+$TATDO$^-$的 DSC 曲线和 TG-DTG 曲线在 307℃左右的小幅放热分解失重过程与 TATDO($T_p$ = 315.8℃)(图 4.1)放热分解峰的位置基本相符，因此，该小幅热分解过程可能是 GUA$^+$TATDO$^-$离子间氢转移生成 TATDO 导致的。GUA$^+$TATDO$^-$在放热分解过程刚结束时的热分解残渣余量约为 56%。由于煅烧三嗪类化合物可以制备氮化碳聚合物，且硝酸胍的热分解残渣中含有三聚氰胺、氨腈和氰基胍等[13]，所以 GUA⁺TATDO⁻的最终热分解残渣可能是由氨腈、氰基胍和一些碳氮聚合物等组成的。

表 4.6 给出了 GUA⁺TATDO⁻在不同升温速率下热分解的特征温度及通过 Kissinger 法和 Ozawa 法算得的动力学参数。通过两种方法获得的 $E_a$ 值相近，且线性相关系数都非常接近于 1，因此计算结果可信。利用得到的 $E_a$ 和 $A$ 并结合式(4.1)～式(4.3)可得，当升温速率为 10℃·min⁻¹时，GUA⁺TATDO⁻在 $T_p$ 处的 $\Delta H^{\neq}$、$\Delta S^{\neq}$和$\Delta G^{\neq}$ 分别为 203.73kJ·mol⁻¹、149.18J·mol⁻¹·K⁻¹ 和 133.28kJ·mol⁻¹。利用 $E_a$、$A$ 和表 4.6 中的 $T_e$ 可得，GUA⁺TATDO⁻的 $T_{SADT}$ 和 $T_b$ 分别为 184.0℃和 192.69℃。

表 4.6　GUA⁺TATDO⁻的热分解的特征温度和动力学参数

| $\beta/(\text{℃}\cdot\text{min}^{-1})$ | $T_e/\text{℃}$ | $T_p/\text{℃}$ | $E_K/E_O$ /[(kJ·mol⁻¹)/(kJ·mol⁻¹)] | $A_K/\text{s}^{-1}$ | $r_K/r_O$ |
|---|---|---|---|---|---|
| 5.0 | 184.3 | 193.7 | | | |
| 10.0 | 188.3 | 199.1 | 207.66/204.94 | $10^{21.22}$ | 0.9911/0.9918 |
| 15.0 | 192.7 | 203.9 | | | |
| 20.0 | 194.2 | 204.9 | | | |

GUA⁺TATDO⁻的 $C_p$ 曲线如图 4.11 所示，该 $C_p$ 曲线难以通过一个方程表达，

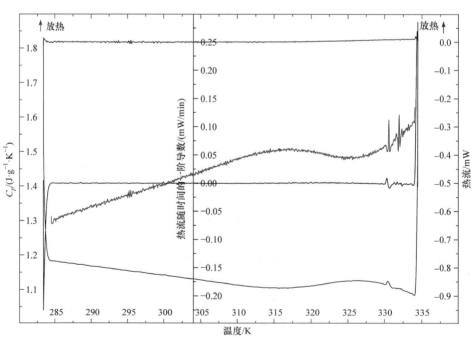

图 4.11　GUA⁺TATDO⁻的 $C_p$ 曲线

因此对其进行分段拟合。其 $C_p$ 方程如下：

$C_p(\text{J} \cdot \text{g}^{-1} \cdot \text{K}^{-1}) = -6.721814 \times 10^{-1} + (6.933022 \times 10^{-3})T, 283.15\text{K} \leqslant T < 313.15\text{K};$

$C_p(\text{J} \cdot \text{g}^{-1} \cdot \text{K}^{-1}) = -2.150571 \times 10^3 + (2.012538 \times 10)T - (6.272385 \times 10^{-2})T^2 + (6.515106 \times 10^{-5})T^3 \ (313.15\text{K} \leqslant T \leqslant 333.15\text{K})$。

由 $C_p$ 方程计算得到，$GUA^+TATDO^-$ 在 298.15K 下的比热容和摩尔热容分别为 1.39J · $\text{g}^{-1}$ · $\text{K}^{-1}$ 和 301.89J · $\text{mol}^{-1}$ · $\text{K}^{-1}$，以 298.15K 下状态为基准的焓变、熵变和吉布斯自由能变如表 4.7 所示。

**表 4.7　$GUA^+TATDO^-$ 的热力学数据**

| $T(\text{K})$ | $H_T - H_{298.15}/(\text{J} \cdot \text{mol}^{-1})$ | $S_T - S_{298.15}/(\text{J} \cdot \text{mol}^{-1} \cdot \text{K}^{-1})$ | $G_T - G_{298.15}/(\text{J} \cdot \text{mol}^{-1})$ |
|---|---|---|---|
| 283.15 | −4374.97 | −15.05 | −113.37 |
| 293.15 | −1495.97 | −5.06 | −12.67 |
| 303.15 | 1533.61 | 5.10 | −12.74 |
| 313.15 | 4713.77 | 15.42 | −115.22 |
| 323.15 | 7969.89 | 25.66 | −320.93 |
| 333.15 | 11238.86 | 35.62 | −627.14 |

3. $Zn^{2+}(TATDO^-)_2NH_3$ 和 $(Cd^{2+})_2(TATDO^-)_4(NH_3)_2$ 的热分解和热性质

图 4.12 和图 4.13 分别为 $Zn^{2+}(TATDO^-)_2NH_3$ 和 $(Cd^{2+})_2(TATDO^-)_4(NH_3)_2$ 在升温速率为 10℃ · $\text{min}^{-1}$ 时的 DSC 曲线和 TG-DTG 曲线。DSC 曲线显示 $Zn^{2+}(TATDO^-)_2NH_3$ 在 215~400℃有一个明显的放热分解峰，该放热分解峰的外推始点温度 $T_e$ 为 245.2℃，峰顶温度 $T_p$ 为 283.7℃，放热量约为 1080J · $\text{g}^{-1}$。$(Cd^{2+})_2(TATDO^-)_4(NH_3)_2$ 在 250~380℃有一个明显的放热分解峰，该放热分解峰的 $T_e$ 和 $T_p$ 分别为 288.2℃ 和 337.5℃，放热量约为 729J · $\text{g}^{-1}$。TG 曲线显示 $Zn^{2+}(TATDO^-)_2NH_3$ 在 230~450℃有一个质量损失约为 42%的失重过程，相应 DTG 曲线显示该失重过

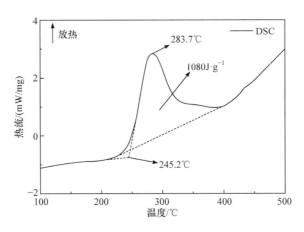

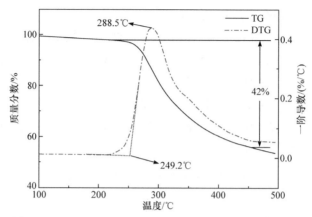

图 4.12　Zn$^{2+}$(TATDO$^-$)$_2$NH$_3$ 的 DSC 曲线和 TG-DTG 曲线

程的 $T_e$ 为 249.2℃，最大失重速率点对应的温度为 288.5℃；(Cd$^{2+}$)$_2$(TATDO$^-$)$_4$(NH$_3$)$_2$ 在 255~365℃有一个质量损失约为 34%的快速失重过程，相应 DTG 曲线显示该失重过程的 $T_e$ 为 288.7℃，最大失重速率点对应的温度为 342.2℃。Zn$^{2+}$(TATDO$^-$)$_2$NH$_3$ 和(Cd$^{2+}$)$_2$(TATDO$^-$)$_4$(NH$_3$)$_2$ 的 DSC 曲线放热分解过程基本对应于其 TG-DTG 曲线显示的失重过程。

　　Zn$^{2+}$(TATDO$^-$)$_2$NH$_3$ 放热分解峰的 $T_e$ 显著低于 TATDO 放热分解峰的 $T_e$(295.2℃)，但其 $T_p$ 与 TATDO 的 $T_e$ 较为接近。因此，Zn$^{2+}$(TATDO$^-$)$_2$NH$_3$ 的热分解可能是其结构中的配位键断裂引发的，随后其 TATDO$^-$部分发生了与 TATDO 起始热分解机理相似的氮氧键断裂。(Cd$^{2+}$)$_2$(TATDO$^-$)$_4$(NH$_3$)$_2$ 放热分解峰的 $T_e$ 与 TATDO 的 $T_e$ 较为接近，因此它的热分解可能与 TATDO 一样，也是由氮氧键断裂引发的。相比于 TATDO 和三维 MOF[K$^+$TATDO$^-$]$_n$(图 4.1 和图 4.8)，非 MOF 型含能配合物 Zn$^{2+}$(TATDO$^-$)$_2$NH$_3$ 和(Cd$^{2+}$)$_2$(TATDO$^-$)$_4$(NH$_3$)$_2$ 的放热分解过程显得更温和缓慢，类似的现象也出现在含能化合物 2-(二硝基亚甲基)-1,3-二氮杂环戊烷的系列含能配合物和 MOF 上[14,15]。推

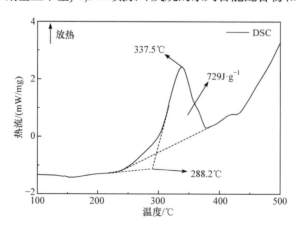

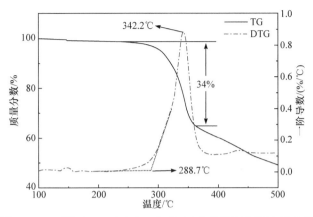

图 4.13　$(Cd^{2+})_2(TATDO^-)_4(NH_3)_2$ 的 DSC 曲线和 TG-DTG 曲线

测产生这种现象的原因：非 MOF 型含能配合物的初始热分解碎片比其含能配体的初始热分解碎片大，又无法像含能 MOF 一样引起链式结构的迅速链式分解，其后续热分解反应的进行主要依靠较大的初始热分解碎片之间复杂且漫长的反应，从而整个热分解过程显得较为缓和。$Zn^{2+}(TATDO^-)_2NH_3$ 和 $(Cd^{2+})_2(TATDO^-)_4(NH_3)_2$ 在放热分解过程刚结束时，热分解残渣余量分别约为 56% 和 65%，最终热分解残渣应该是由相应金属氧化物和与 TATDO 最终热分解残渣类似的碳氮聚合物组成的。

　　表 4.8 给出了 $Zn^{2+}(TATDO^-)_2NH_3$ 和 $(Cd^{2+})_2(TATDO^-)_4(NH_3)_2$ 在不同升温速率下热分解的特征温度及通过 Kissinger 法和 Ozawa 法算得的动力学参数。两种方法对同一产物的 $E_a$ 计算结果相近，且线性相关系数都接近于 1，因此计算结果是可信的。利用得到的 $E_a$ 和 $A$ 并结合式(4.1)~式(4.3)可得，当升温速率为 $10℃ \cdot min^{-1}$ 时，在 $T_p$ 处 $Zn^{2+}(TATDO^-)_2NH_3$ 的 $\Delta H^{\neq}$、$\Delta S^{\neq}$ 和 $\Delta G^{\neq}$ 分别为 $301.89kJ \cdot mol^{-1}$、$258.08J \cdot mol^{-1} \cdot K^{-1}$ 和 $158.18kJ \cdot mol^{-1}$，$(Cd^{2+})_2(TATDO^-)_4(NH_3)_2$ 的 $\Delta H^{\neq}$、$\Delta S^{\neq}$ 和 $\Delta G^{\neq}$ 分别为 $355.97kJ \cdot mol^{-1}$、$299.24J \cdot mol^{-1} \cdot K^{-1}$ 和 $173.24kJ \cdot mol^{-1}$。利用 $E_a$、$A$ 和表 4.8 中的 $T_e$ 可得，$Zn^{2+}(TATDO^-)_2NH_3$ 的 $T_{SADT}$ 和 $T_b$ 分别为 $238.0℃$ 和 $245.3℃$，$(Cd^{2+})_2(TATDO^-)_4(NH_3)_2$ 的 $T_{SADT}$ 和 $T_b$ 分别为 $283.5℃$ 和 $290.8℃$。

表 4.8　$Zn^{2+}(TATDO^-)_2NH_3$ 和 $(Cd^{2+})_2(TATDO^-)_4(NH_3)_2$ 热分解的特征温度和动力学参数

| 化合物 | $\beta$/(℃ · min⁻¹) | $T_e$/℃ | $T_p$/(℃) | $E_K/E_O$/[(kJ · mol⁻¹)/(kJ · mol⁻¹)] | $A_K$/s⁻¹ | $r_K/r_O$ |
|---|---|---|---|---|---|---|
| $Zn^{2+}(TATDO^-)_2NH_3$ | 5.0 | 238.2 | 280.2 | 306.52/300.32 | $10^{26.98}$ | 0.9789/0.9801 |
|  | 10.0 | 245.2 | 283.7 |  |  |  |
|  | 15.0 | 254.2 | 287.9 |  |  |  |
|  | 20.0 | 260.4 | 291.3 |  |  |  |
| $(Cd^{2+})_2(TATDO^-)_4(NH_3)_2$ | 5.0 | 285.3 | 332.0 | 361.05/353.00 | $10^{29.17}$ | 0.9991/0.9991 |
|  | 10.0 | 288.2 | 337.5 |  |  |  |
|  | 15.0 | 291.4 | 340.8 |  |  |  |
|  | 20.0 | 294.1 | 343.7 |  |  |  |

Zn$^{2+}$(TATDO$^-$)$_2$NH$_3$ 和(Cd$^{2+}$)$_2$(TATDO$^-$)$_4$(NH$_3$)$_2$ 的 $C_p$ 曲线如图 4.14 所示，在 283.15～313.15K，其 $C_p$ 方程如下：

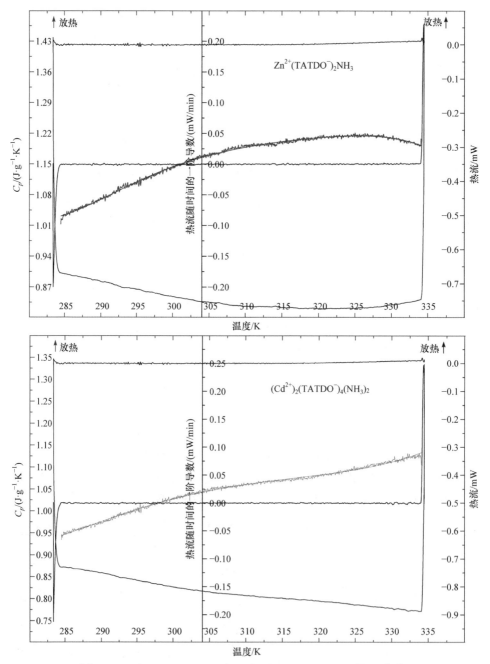

图 4.14　Zn$^{2+}$(TATDO$^-$)$_2$NH$_3$ 和(Cd$^{2+}$)$_2$(TATDO$^-$)$_4$(NH$_3$)$_2$ 的 $C_p$ 曲线

$C_p(\text{Zn}^{2+}(\text{TATDO}^-)_2\text{NH}_3, \text{J} \cdot \text{g}^{-1} \cdot \text{K}^{-1}) = (8.028253 \times 10^{10}) T^{-3} - (8.932275 \times 10^8) T^{-2} + (3.197656 \times 10^6) T^{-1} - 4.089456 \times 10^3 + 5.979480 T + (1.527432 \times 10^{-2}) T^2 - (3.230723 \times 10^{-4}) T^3 + (1.028438 \times 10^{-6}) T^4 - (9.847135 \times 10^{-10}) T^5$；

$C_p((\text{Cd}^{2+})_2(\text{TATDO}^-)_4(\text{NH}_3)_2, \text{J} \cdot \text{g}^{-1} \cdot \text{K}^{-1}) = (5.908665 \times 10^7) T^{-2} - (7.848304 \times 10^5) T^{-1} + 3.899998 \times 10^3 - 8.589993 T + (7.084558 \times 10^{-3}) T^2$。

由 $C_p$ 方程计算得到，在 298.15K 下，$\text{Zn}^{2+}(\text{TATDO}^-)_2\text{NH}_3$ 的比热容和摩尔热容分别为 1.13J·$\text{g}^{-1}$·$\text{K}^{-1}$ 和 448.20J·$\text{mol}^{-1}$·$\text{K}^{-1}$，$(\text{Cd}^{2+})_2(\text{TATDO}^-)_4(\text{NH}_3)_2$ 的比热容和摩尔热容分别为 1.02J·$\text{g}^{-1}$·$\text{K}^{-1}$ 和 905.09J·$\text{mol}^{-1}$·$\text{K}^{-1}$，以各自 298.15K 下状态为基准的焓变、熵变和吉布斯自由能变如表 4.9 所示。

表 4.9　$\text{Zn}^{2+}(\text{TATDO}^-)_2\text{NH}_3$ 和 $(\text{Cd}^{2+})_2(\text{TATDO}^-)_4(\text{NH}_3)_2$ 的热力学数据

| 化合物 | $T$/K | $H_T - H_{298.15}$/(J·$\text{mol}^{-1}$) | $S_T - S_{298.15}$/(J·$\text{mol}^{-1}$·$\text{K}^{-1}$) | $G_T - G_{298.15}$/(J·$\text{mol}^{-1}$) |
|---|---|---|---|---|
| $\text{Zn}^{2+}(\text{TATDO}^-)_2\text{NH}_3$ | 283.15 | −6428.94 | −22.11 | −167.31 |
| | 293.15 | −2218.92 | −7.51 | −18.81 |
| | 303.15 | 2285.93 | 7.60 | −18.98 |
| | 313.15 | 6995.28 | 22.89 | −171.45 |
| | 323.15 | 11808.85 | 38.02 | −476.17 |
| | 333.15 | 16641.15 | 52.74 | −930.48 |
| $(\text{Cd}^{2+})_2(\text{TATDO}^-)_4(\text{NH}_3)_2$ | 283.15 | −13027.87 | −44.82 | −338.06 |
| | 293.15 | −4466.26 | −15.11 | −37.82 |
| | 303.15 | 4569.18 | 15.20 | −37.97 |
| | 313.15 | 13932.33 | 45.58 | −342.03 |
| | 323.15 | 23501.00 | 75.66 | −948.54 |
| | 333.15 | 33312.97 | 105.56 | −1854.55 |

### 4. $\text{Cu}^{2+}(\text{TATDO}^-)_2\text{NH}_3$ 的热分解

图 4.15 为 $\text{Cu}^{2+}(\text{TATDO}^-)_2\text{NH}_3$ 在升温速率为 10℃·$\text{min}^{-1}$ 时的 DSC 曲线和 TG-DTG 曲线。DSC 曲线显示 $\text{Cu}^{2+}(\text{TATDO}^-)_2\text{NH}_3$ 在 220～320℃有一个不明显的缓慢放热分解过程，该放热分解过程的外推始点温度 $T_e$ 为 230.7℃，放热量约为 119J·$\text{g}^{-1}$；在 325～365℃有一个剧烈的放热分解峰，该放热分解峰的 $T_e$ 为 353.8℃，峰顶温度 $T_p$ 为 357.9℃，放热量约为 711J·$\text{g}^{-1}$。TG 曲线显示 $\text{Cu}^{2+}(\text{TATDO}^-)_2\text{NH}_3$ 在 220～375℃有两段质量损失共约为 32%的连续失重过程。其中第一段失重过程是出现在 220～300℃的质量损失约为 5.6%的小幅缓慢失重过程，DTG 曲线显示该失重过程的 $T_e$ 为 232.8℃；第二段失重过程是紧随第一段失重过程的大幅迅速失重过程，DTG 曲线显示该失重过程的 $T_e$ 为 339.0℃，最大失重速率点对应的温

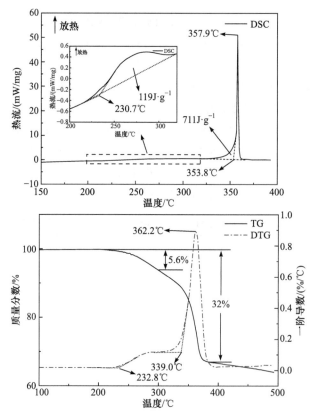

图 4.15　$Cu^{2+}(TATDO^-)_2NH_3$ 的 DSC 曲线和 TG-DTG 曲线

度为 362.2℃。

$Cu^{2+}(TATDO^-)_2NH_3$ 第一阶段缓慢小幅放热分解过程的质量损失与其分子式中 $NH_3$ 的质量分数(4.3%)相近。因此，$Cu^{2+}(TATDO^-)_2NH_3$ 的热分解可能是从小分子配体 $NH_3$ 释放开始的，随后剩余的 $TATDO^-$ 部分可能发生了与 TATDO 起始热分解机理相似的氮氧键断裂，并由此引发了 $Cu^{2+}(TATDO^-)_2NH_3$ 第二阶段剧烈放热分解过程。$Cu^{2+}(TATDO^-)_2NH_3$ 在第二阶段剧烈放热分解过程刚结束时的热分解残渣余量约为 67%，它的最终热分解残渣应该是由氧化铜和与 TATDO 最终热分解残渣类似的碳氮聚合物组成的。

5. $Ag^+TATDO^-$、$Cu^{2+}(TATDO^-)_2$ 和 $Pb^{2+}(TATDO^-)_2$ 的热分解

图 4.16 为 $Ag^+TATDO^-$、$Cu^{2+}(TATDO^-)_2$ 和 $Pb^{2+}(TATDO^-)_2$ 在升温速率为 10℃ · $min^{-1}$ 时的 DSC 曲线。$Ag^+TATDO^-$ 在 160～300℃有一个明显的放热分解峰，且该放热分解峰的外推始点温度 $T_e$ 为 204.8℃，峰顶温度 $T_p$ 为 219.2℃，放热量约为 762J · $g^{-1}$。$Cu^{2+}(TATDO^-)_2$ 在 190～390℃有两个连续的放热分解峰，第一个

放热分解峰的 $T_e$ 和 $T_p$ 分别为 228.3 和 253.8℃，第二个放热分解峰的 $T_p$ 为 372.9℃，两个峰的放热量共约为 1609J·$g^{-1}$。$Pb^{2+}(TATDO^-)_2$ 在 230～385℃有一个明显的放热分解峰，该放热分解峰的 $T_e$ 和 $T_p$ 分别为 269.8℃和 290.8℃，放热量约为 955J·$g^{-1}$。TATDO 的上述三种金属盐展现出的热行为迥异。TATDO 的铅盐热稳定性最高且接近于 TATDO 的热稳定性(图 4.1)，铜盐热稳定性居中且其热分解放热量(607.83kJ·$mol^{-1}$)高于铅盐的热分解放热量(497.97kJ·$mol^{-1}$)，银盐热稳定性最低且是 TATDO 的含金属系列含能材料中最低的。

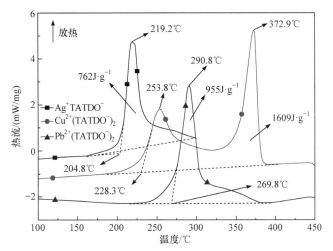

图 4.16 $Ag^+TATDO^-$、$Cu^{2+}(TATDO^-)_2$ 和 $Pb^{2+}(TATDO^-)_2$ 的 DSC 曲线

### 4.2.3 TATDO 质子化产物热分解和热性质

1. $TATDO^+NO_3^-$ 和 $TATDO^{2+}(NO_3^-)_2$ 的热分解和热性质

图 4.17 和图 4.18 分别为 $TATDO^+NO_3^-$ 和 $TATDO^{2+}(NO_3^-)_2$ 在升温速率为 10℃·$min^{-1}$ 时的 DSC 曲线和 TG-DTG 曲线。DSC 曲线显示 $TATDO^+NO_3^-$ 在 210～235℃有一个剧烈且迅速的放热分解过程，该放热分解过程的外推始点温度 $T_e$ 为 226.3℃，峰顶温度 $T_p$ 为 226.8℃，放热量约为 877J·$g^{-1}$；$TATDO^{2+}(NO_3^-)_2$ 在 215～250℃有一个剧烈的放热分解峰，该放热分解峰的 $T_e$ 和 $T_p$ 分别为 245.9℃和 247.1℃，放热量约为 995J·$g^{-1}$。TG 曲线显示 $TATDO^+NO_3^-$ 在 205～255℃有一个质量损失约为 32%的快速失重过程，相应 DTG 曲线显示该失重过程的 $T_e$ 为 219.1℃，最大失重速率点对应的温度为 233.3℃；$TATDO^{2+}(NO_3^-)_2$ 在 210～270℃有一个质量损失约为 56%的快速失重过程，相应 DTG 曲线显示该失重过程的 $T_e$ 为 229.6℃，最大失重速率点对应的温度为 251.9℃。$TATDO^+NO_3^-$ 和 $TATDO^{2+}(NO_3^-)_2$ 的 DSC 曲线放热分解过程基本对应于其 TG-DTG 曲线显示的快速失重过程。

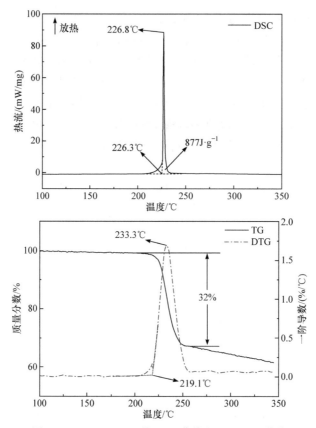

图 4.17    TATDO⁺NO₃⁻的 DSC 曲线和 TG-DTG 曲线

TATDO$^+$NO$_3^-$和 TATDO$^{2+}$(NO$_3^-$)$_2$ 的热稳定性明显低于 TATDO($T_p$ = 315.8℃)的热稳定性，而且它们的放热分解过程明显比 TATDO 的放热分解过程更剧烈(图 4.1)。硝酸铵的热分解是从由离子间氢转移生成硝酸和氨分子开始的，TATDO(p$K_b$ = 10.49)

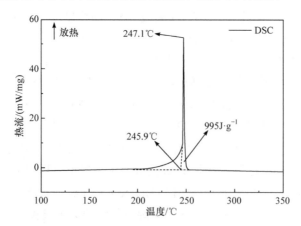

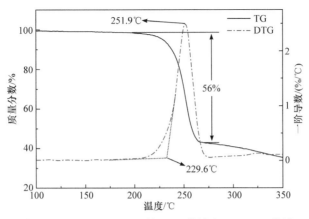

图 4.18  TATDO$^{2+}$(NO$_3^-$)$_2$ 的 DSC 曲线和 TG-DTG 曲线

比氨水(p$K_b$ = 4.75)具有更弱的碱性[16,17]，TATDO 的阳离子比 NH$_4^+$更容易给出质子。因此，TATDO$^+$NO$_3^-$和 TATDO$^{2+}$(NO$_3^-$)$_2$ 的热分解很可能与硝酸铵的热分解类似，也是从由离子间氢转移生成 TATDO 和硝酸开始的。这种离子间氢转移可能比 TATDO 起始热分解机理中的氮氧键断裂更容易发生，因此，TATDO$^+$NO$_3^-$和 TATDO$^{2+}$(NO$_3^-$)$_2$ 的热稳定性显著低于 TATDO 的热稳定性。离子间氢转移生成的 TATDO 和硝酸分子之间可以发生剧烈的氧化还原反应，并瞬间释放大量的热量，因此，TATDO$^+$NO$_3^-$和 TATDO$^{2+}$(NO$_3^-$)$_2$ 的放热分解过程明显比 TATDO 的放热分解过程更剧烈。TATDO$^+$NO$_3^-$和 TATDO$^{2+}$(NO$_3^-$)$_2$ 在剧烈放热分解过程刚结束时的热分解残渣余量分别约为 67%和 42%。因为 TATDO$^{2+}$(NO$_3^-$)$_2$ 的氧含量高于 TATDO$^+$NO$_3^-$，所以 TATDO$^{2+}$(NO$_3^-$)$_2$ 热分解的氧化还原反应进行得更彻底，从而使其最终热分解残渣余量更少。TATDO$^+$NO$_3^-$和 TATDO$^{2+}$(NO$_3^-$)$_2$ 的最终热分解残渣可能是一些与 TATDO 最终热分解残渣类似的碳氮聚合物。

表 4.10 给出了 TATDO$^+$NO$_3^-$和 TATDO$^{2+}$(NO$_3^-$)$_2$ 在不同升温速率下热分解的特征温度及通过 Kissinger 法和 Ozawa 法算得的动力学参数。两种方法对同一产物的 $E_a$ 计算结果相近，且线性相关系数都接近于 1，因此计算结果是可信的。利用得到的 $E_a$ 和 $A$ 并结合式(4.1)~式(4.3)可得，当升温速率为 10℃ · min$^{-1}$时，在 $T_p$ 处 TATDO$^+$NO$_3^-$的$\Delta H^{\neq}$、$\Delta S^{\neq}$和$\Delta G^{\neq}$分别为 259.88kJ · mol$^{-1}$、237.34J · mol$^{-1}$ · K$^{-1}$ 和 141.22kJ · mol$^{-1}$，TATDO$^{2+}$(NO$_3^-$)$_2$ 的$\Delta H^{\neq}$、$\Delta S^{\neq}$和$\Delta G^{\neq}$分别为 376.58kJ · mol$^{-1}$、443.38J · mol$^{-1}$ · K$^{-1}$ 和 145.92kJ · mol$^{-1}$。利用 $E_a$、$A$ 和表 4.10 中的 $T_e$ 可得，TATDO$^+$NO$_3^-$的 $T_{SADT}$ 和 $T_b$ 分别为 204.5℃和 211.91℃，TATDO$^{2+}$(NO$_3^-$)$_2$ 的 $T_{SADT}$ 和 $T_b$ 分别为 215.1℃和 220.42℃。

表 4.10　TATDO$^+$NO$_3^-$和 TATDO$^{2+}$(NO$_3^-$)$_2$热分解的特征温度和动力学参数

| 化合物 | $\beta/(℃ \cdot min^{-1})$ | $T_e/℃$ | $T_p/℃$ | $E_K/E_O$ /[(kJ $\cdot$ mol$^{-1}$)//(kJ $\cdot$ mol$^{-1}$)] | $A_K/s^{-1}$ | $r_K/r_O$ |
|---|---|---|---|---|---|---|
| TATDO$^+$NO$_3^-$ | 5.0 | 218.5 | 223.4 | 264.04/259.01 | $10^{25.85}$ | 0.9833/ 0.9843 |
| | 10.0 | 226.3 | 226.8 | | | |
| | 15.0 | 230.3 | 231.0 | | | |
| | 20.0 | 232.9 | 233.7 | | | |
| TATDO$^{2+}$(NO$_3^-$)$_2$ | 5.0 | 236.4 | 244.6 | 380.91/370.47 | $10^{36.63}$ | 0.9811/ 0.9819 |
| | 10.0 | 245.9 | 247.1 | | | |
| | 15.0 | 248.8 | 250.2 | | | |
| | 20.0 | 250.3 | 252.4 | | | |

　　TATDO$^+$NO$_3^-$和 TATDO$^{2+}$(NO$_3^-$)$_2$的 $C_p$ 曲线如图 4.19 所示，在 283.15～313.15K，其 $C_p$ 方程如下：

　　$C_p$(TATDO$^+$NO$_3^-$, J $\cdot$ g$^{-1}$ $\cdot$ K$^{-1}$) = $-5.895633 \times 10^{-1} + (8.566778 \times 10^{-3})T - (8.823750 \times 10^{-6})T^2$；

　　$C_p$(TATDO$^{2+}$(NO$_3^-$)$_2$, J $\cdot$ g$^{-1}$ $\cdot$ K$^{-1}$) = $-1.280304 + (1.336233 \times 10^{-2})T - (1.721334 \times 10^{-5})T^2$。

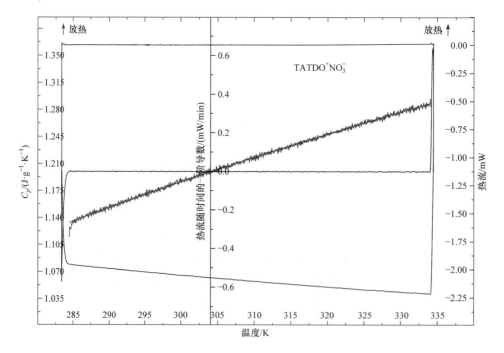

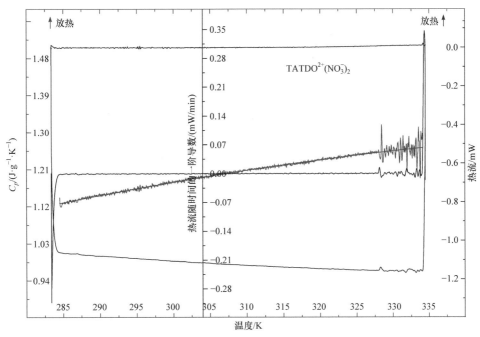

图 4.19　TATDO⁺NO₃⁻ 和 TATDO²⁺(NO₃⁻)₂ 的 $C_p$ 曲线

由 $C_p$ 方程计算得到，在 298.15K 下，TATDO⁺NO₃⁻ 的比热容和摩尔热容分别为 $1.18J \cdot g^{-1} \cdot K^{-1}$ 和 $260.93J \cdot mol^{-1} \cdot K^{-1}$，TATDO²⁺(NO₃⁻)₂ 的比热容和摩尔热容分别为 $1.17J \cdot g^{-1} \cdot K^{-1}$ 和 $332.46J \cdot mol^{-1} \cdot K^{-1}$，以各自 298.15K 下状态为基准的焓变、熵变和吉布斯自由能变如表 4.11 所示。

表 4.11　TATDO⁺NO₃⁻ 和 TATDO²⁺(NO₃⁻)₂ 的热力学数据

| 化合物 | $T$(K) | $H_T - H_{298.15}/(J \cdot mol^{-1})$ | $S_T - S_{298.15}/(J \cdot mol^{-1} \cdot K^{-1})$ | $G_T - G_{298.15}/(J \cdot mol^{-1})$ |
|---|---|---|---|---|
| TATDO⁺NO₃⁻ | 283.15 | −3830.41 | −13.18 | −98.73 |
| | 293.15 | −1295.72 | −4.38 | −10.95 |
| | 303.15 | 1314.00 | 4.37 | −10.93 |
| | 313.15 | 3994.85 | 13.07 | −98.19 |
| | 323.15 | 6742.94 | 21.71 | −272.14 |
| | 333.15 | 9554.36 | 30.28 | −532.12 |
| TATDO²⁺(NO₃⁻)₂ | 283.15 | −4897.31 | −16.85 | −126.21 |
| | 293.15 | −1656.07 | −5.60 | −14.00 |
| | 303.15 | 1678.08 | 5.58 | −13.96 |
| | 313.15 | 5095.38 | 16.67 | −125.32 |
| | 323.15 | 8586.03 | 27.64 | −347.00 |
| | 333.15 | 12140.25 | 38.48 | −677.72 |

## 2. TATDO⁺ClO₄⁻和 TATDO²⁺(ClO₄⁻)₂ 的热分解和热性质

图 4.20 和图 4.21 分别为 $TATDO^+ClO_4^-$ 和 $TATDO^{2+}(ClO_4^-)_2$ 在升温速率为 $10℃ \cdot min^{-1}$ 时的 DSC 曲线和 TG-DTG 曲线。DSC 曲线显示 $TATDO^+ClO_4^-$ 在 250~290℃有一个剧烈且迅速的放热分解过程，该放热分解过程的外推始点温度 $T_e$ 为 272.7℃，峰顶温度 $T_p$ 为 281.3℃，放热量约为 $1285J \cdot g^{-1}$；$TATDO^+ClO_4^-$ 上述放热分解过程的剩余产物在 300~405℃还有一个不明显的缓慢放热分解过程，该放热分解过程的 $T_p$ 为 351.3℃，放热量约为 $461J \cdot g^{-1}$。TG 曲线显示 $TATDO^+ClO_4^-$ 在 245~400℃有两段质量损失共约为 69%的连续失重过程。第一段失重过程是出现在 245~300℃质量损失约为 27%的快速失重过程，DTG 曲线显示该失重过程的 $T_e$ 为 259.1℃，最大失重速率点对应的温度为 275.3℃；第二段失重过程是出现在 300~400℃质量损失约为 42%的较为缓慢的失重过程，DTG 曲线显示该失重过程的最大失重速率点出现在 337.5℃。DSC 曲线显示 $TATDO^{2+}(ClO_4^-)_2$ 在 150~200℃有一个剧烈的放热分解峰，该放热分解峰的 $T_e$ 和 $T_p$ 分别为 171.1℃和 174.1℃，

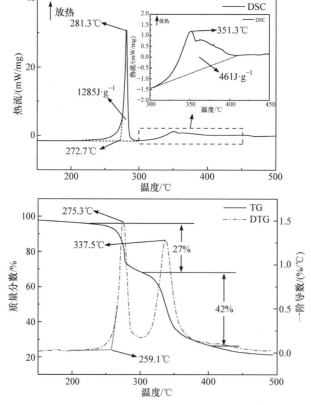

图 4.20　$TATDO^+ClO_4^-$ 的 DSC 曲线和 TG-DTG 曲线

放热量约为 1141J·g$^{-1}$。TG 曲线显示 TATDO$^{2+}$(ClO$_4^-$)$_2$ 在 160～200℃有一个质量损失约为 68%的快速失重过程，DTG 曲线显示该失重过程的 $T_e$ 为 165.0℃，最大失重速率点对应的温度为 181.4℃。TATDO$^+$ClO$_4^-$ 和 TATDO$^{2+}$(ClO$_4^-$)$_2$ 的 DSC 曲线放热分解过程基本对应于其 TG-DTG 曲线显示的失重过程。

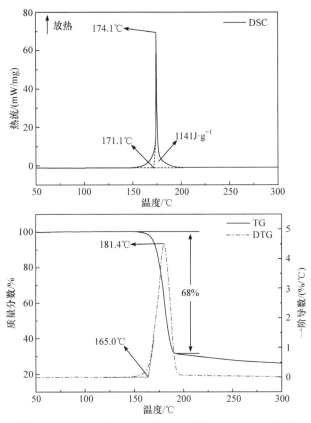

图 4.21　TATDO$^{2+}$(ClO$_4^-$)$_2$ 的 DSC 曲线和 TG-DTG 曲线

　　与 TATDO$^+$NO$_3^-$ 和 TATDO$^{2+}$(NO$_3^-$)$_2$ 类似，TATDO$^+$ClO$_4^-$ 和 TATDO$^{2+}$(ClO$_4^-$)$_2$ 的热稳定性也低于 TATDO($T_p$ = 315.8℃)的热稳定性，而且它们的放热分解过程也明显比 TATDO 的放热分解过程更剧烈(图 4.1)。高氯酸铵的热分解被认为很可能是从由离子间氢转移生成高氯酸和氨分子开始的，且生成的高氯酸和氨分子之间进一步发生了氧化还原反应[18]。与前述 TATDO$^+$NO$_3^-$ 和 TATDO$^{2+}$(NO$_3^-$)$_2$ 热分解类似，由于 TATDO 的阳离子比 NH$_4^+$ 更容易给出质子，TATDO$^+$ClO$_4^-$ 和 TATDO$^{2+}$(ClO$_4^-$)$_2$ 热分解也被认为是从由离子间氢转移生成 TATDO 和高氯酸开始的，生成的高氯酸分子与 TATDO 的氨基之间可发生剧烈的氧化还原反应，从而使 TATDO 的高氯酸盐具有比 TATDO 更剧烈的放热分解。此外，由于 TATDO 的阳离子比 NH$_4^+$ 更容易给出质子，$TATDO^+ClO_4^-$和$TATDO^{2+}(ClO_4^-)_2$的热稳定性也低于高氯酸铵($10℃·min^{-1}$升温速率下首个放热分解峰的$T_p$为309.2℃)的热稳定性[19]。$TATDO^+ClO_4^-$第一阶段迅速且剧烈的放热分解过程可能生成了并未完全分解的中间体，这些中间体会继续缓慢热分解，从而形成了 $TATDO^+ClO_4^-$第二阶段缓慢热解失重过程。因为$TATDO^+ClO_4^-$和$TATDO^{2+}(ClO_4^-)_2$的氧含量高于 TATDO 的氧含量，所以它们热分解的氧化还原反应进行得更彻底，且最终热分解残渣余量明显少于 TATDO 的最终热分解残渣余量(图 4.1)。$TATDO^+ClO_4^-$和$TATDO^{2+}(ClO_4^-)_2$的最终热分解残渣可能是一些与 TATDO 最终热分解残渣类似的碳氮聚合物。

　　表 4.12 给出了$TATDO^+ClO_4^-$和$TATDO^{2+}(ClO_4^-)_2$在不同升温速率下热分解的特征温度及通过 Kissinger 法和 Ozawa 法算得的动力学参数。两种方法对同一产物的$E_a$计算结果相近，且线性相关系数都接近于 1，因此计算结果是可信的。利用得到的$E_a$和$A$并结合式(4.1)～式(4.3)可得，当升温速率为$10℃·min^{-1}$时，在$T_p$处 $TATDO^+ClO_4^-$的$\Delta H^{\neq}$、$\Delta S^{\neq}$和$\Delta G^{\neq}$分别为 $380.27kJ·mol^{-1}$、$406.29J·mol^{-1}·K^{-1}$和 $155.00kJ·mol^{-1}$，$TATDO^{2+}(ClO_4^-)_2$的$\Delta H^{\neq}$、$\Delta S^{\neq}$和$\Delta G^{\neq}$分别为 $280.78kJ·mol^{-1}$、$349.88J·mol^{-1}·K^{-1}$和 $124.30kJ·mol^{-1}$。利用$E_a$、$A$和表 4.12 中的$T_e$可得，$TATDO^+ClO_4^-$的$T_{SADT}$和$T_b$分别为 269.4℃和 275.91℃，$TATDO^{2+}(ClO_4^-)_2$的$T_{SADT}$和$T_b$分别为 166.2℃和 172.0℃。

表 4.12　$TATDO^+ClO_4^-$和$TATDO^{2+}(ClO_4^-)_2$热分解的特征温度和动力学参数

| 化合物 | $\beta/(℃·min^{-1})$ | $T_e/℃$ | $T_p/℃$ | $E_K/E_O$ /[(kJ·mol^{-1})/(kJ·mol^{-1})] | $A_K/s^{-1}$ | $r_K/r_O$ |
|---|---|---|---|---|---|---|
| $TATDO^+ClO_4^-$ | 5.0 | 270.8 | 275.7 | | | |
| | 10.0 | 272.7 | 281.3 | 384.88/374.74 | $10^{34.72}$ | 0.9853/ 0.9860 |
| | 15.0 | 275.2 | 283.2 | | | |
| | 20.0 | 278.4 | 284.3 | | | |
| $TATDO^{2+}(ClO_4^-)_2$ | 5.0 | 168.7 | 170.3 | | | |
| | 10.0 | 171.1 | 174.1 | 284.50/277.61 | $10^{31.68}$ | 0.9999/ 0.9999 |
| | 15.0 | 173.4 | 176.5 | | | |
| | 20.0 | 175.6 | 178.2 | | | |

　　$TATDO^+ClO_4^-$和$TATDO^{2+}(ClO_4^-)_2$的$C_p$曲线如图 4.22 所示，在 283.15～313.15K，其$C_p$方程如下：

$C_p(TATDO^+ClO_4^-,\ J·g^{-1}·K^{-1}) = -7.375614 + (7.491264×10^{-2})T - (2.263360×10^{-4})T^2 + (2.370951×10^{-7})T^3$；

$C_p(TATDO^{2+}(ClO_4^-)_2,\ J·g^{-1}·K^{-1}) = -1.863489×10 + (1.853177×10^{-1})T - (5.856997×10^{-4})T^2 + (6.306545×10^{-7})T^3$。

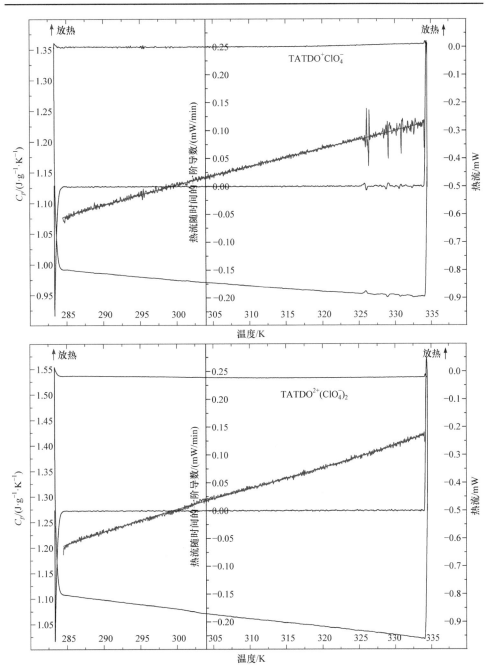

图 4.22　TATDO⁺ClO₄⁻和 TATDO²⁺(ClO₄⁻)₂ 的 $C_p$ 曲线

　　由 $C_p$ 方程计算得到，在 298.15K 下，TATDO⁺ClO₄⁻的比热容和摩尔热容分别为 $1.12J \cdot g^{-1} \cdot K^{-1}$ 和 $289.61J \cdot mol^{-1} \cdot K^{-1}$，TATDO²⁺(ClO₄⁻)₂ 的比热容和摩尔热容

分别为 1.27J · g$^{-1}$ · K$^{-1}$ 和 455.97J · mol$^{-1}$ · K$^{-1}$，以各自 298.15K 下状态为基准的焓变、熵变和吉布斯自由能变如表 4.13 所示。

**表 4.13　TATDO$^+$ClO$_4^-$和 TATDO$^{2+}$(ClO$_4^-$)$_2$ 的热力学数据**

| 化合物 | $T$/K | $H_T - H_{298.15}$/(J · mol$^{-1}$) | $S_T - S_{298.15}$/(J · mol$^{-1}$ · K$^{-1}$) | $G_T - G_{298.15}$/(J · mol$^{-1}$) |
|---|---|---|---|---|
| TATDO$^+$ClO$_4^-$ | 283.15 | −4261.05 | −14.66 | −109.87 |
| | 293.15 | −1442.37 | −4.88 | −12.19 |
| | 303.15 | 1462.92 | 4.87 | −12.17 |
| | 313.15 | 4447.45 | 14.55 | −109.31 |
| | 323.15 | 7507.50 | 24.17 | −302.97 |
| | 333.15 | 10643.06 | 33.73 | −592.50 |
| TATDO$^{2+}$(ClO$_4^-$)$_2$ | 283.15 | −6641.96 | −22.85 | −171.55 |
| | 293.15 | −2255.62 | −7.63 | −19.07 |
| | 303.15 | 2293.82 | 7.63 | −19.08 |
| | 313.15 | 6990.86 | 22.87 | −171.61 |
| | 323.15 | 11833.55 | 38.09 | −476.45 |
| | 333.15 | 16833.56 | 53.33 | −933.53 |

3. TATDO$^+$DNA$^-$ 的热分解和热性质

图 4.23 为 TATDO$^+$DNA$^-$在升温速率为 10℃ · min$^{-1}$时的 DSC 曲线和 TG-DTG 曲线。DSC 曲线显示 TATDO$^+$DNA$^-$在 200~210℃有一个迅速且非常剧烈的放热分解过程，且该放热分解过程的外推始点温度 $T_e$ 为 205.4℃，峰顶温度 $T_p$ 为 205.7℃，放热量约为 1061J · g$^{-1}$。TG 曲线显示 TATDO$^+$DNA$^-$在 200~230℃有一个质量损失约为 49%的快速失重过程，DTG 曲线显示该失重过程的 $T_e$ 为 206.6℃，最大失重速率点对应的温度为 218.9℃。TATDO$^+$DNA$^-$的 DSC 曲线放热分解过程基本对应于其 TG-DTG 曲线显示的快速失重过程。

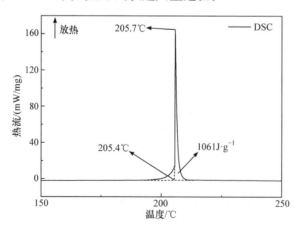

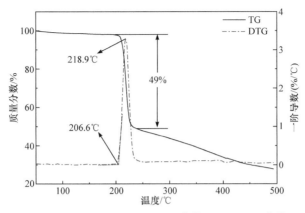

图 4.23　TATDO⁺DNA⁻的 DSC 曲线和 TG-DTG 曲线

　　TATDO⁺DNA⁻的热稳定性明显低于 TATDO($T_p = 315.8℃$)的热稳定性,而且其放热分解过程明显比 TATDO 的放热分解过程(图 4.1)剧烈得多。TATDO⁺DNA⁻中二硝酰胺阴离子是一种热稳定性较差的高能阴离子。事实上,绝大部分二硝酰胺离子的非金属盐热分解温度都在 200℃以下[20],且二硝酰胺铵(热分解温度约为 150℃)的热分解被认为很可能是从二硝酰胺离子的直接分解开始的[21]。因此,TATDO⁺DNA⁻的热分解很可能也是从二硝酰胺离子的直接热分解开始的。因为二硝酰胺离子的热稳定性较差,所以 TATDO⁺DNA⁻的热稳定性显著低于 TATDO 的热稳定性。二硝酰胺离子的高能热分解碎片又可与 TATDO⁺发生剧烈的氧化还原反应,并瞬间释放大量的热,因此,TATDO⁺DNA⁻的放热分解过程要比 TATDO 的放热分解过程剧烈得多。TATDO⁺DNA⁻的热稳定性比绝大部分已报道的二硝酰胺离子的非金属盐热稳定性都好,与著名二硝酰胺类含能化合物 N-脒基脲二硝酰胺盐(FOX-12,热分解温度约为 205℃)的热稳定性相当[20]。从晶体结构可知,TATDO⁺DNA⁻的二硝酰胺离子与周围 TATDO⁺之间有大量氢键和弱 σ 非共价相互作用,这些相互作用能较好地稳定二硝酰胺离子,使其硝基的氧原子不易转移和 N—N 更加稳定[21],从而最终使 TATDO⁺DNA⁻的热稳定性高于一般的二硝酰胺类非金属盐的热稳定性。TATDO⁺DNA⁻放热分解刚结束时的热分解残渣余量约为 49%。TATDO⁺DNA⁻的氧含量比 TATDO 的氧含量高,TATDO⁺DNA⁻热分解的氧化还原反应进行得更彻底,从而使 TATDO⁺DNA⁻的最终热分解残渣余量明显少于 TATDO 的最终热分解残渣余量(图 4.1)。TATDO⁺DNA⁻的最终热分解残渣可能是一些与 TATDO 最终热分解残渣类似的碳氮聚合物。

　　表 4.14 给出了 TATDO⁺DNA⁻在不同升温速率下热分解的特征温度及用 Kissinger 法和 Ozawa 法算得的动力学参数。通过两种方法获得的 TATDO⁺DNA⁻ 的 $E_a$ 值相近,且线性相关系数都接近于 1,因此计算结果是可信的。利用得到的 $E_a$

和 $A$ 并结合式(4.1)～式(4.3)可得，当升温速率为 10℃·min⁻¹ 时，TATDO⁺DNA⁻ 在 $T_p$ 处的 $\Delta H^{\neq}$、$\Delta S^{\neq}$ 和 $\Delta G^{\neq}$ 分别为 182.64kJ·mol⁻¹、97.38J·mol⁻¹·K⁻¹ 和 136.01kJ·mol⁻¹。利用 $E_a$、$A$ 和表 4.14 中的 $T_e$ 并结合式(4.4)～式(4.6)可得，TATDO⁺DNA⁻ 的 $T_{SADT}$ 和 $T_b$ 分别为 194.3℃ 和 204.5℃。

表 4.14　TATDO⁺DNA⁻ 的热分解的特征温度和动力学参数

| $\beta/(℃·min^{-1})$ | $T_e/℃$ | $T_p/℃$ | $E_K/E_O$ $/[(kJ·mol^{-1})/(kJ·mol^{-1})]$ | $A_K/s^{-1}$ | $r_K/r_O$ |
|---|---|---|---|---|---|
| 5.0 | 200.5 | 201.1 | | | |
| 10.0 | 205.4 | 205.7 | 186.62/185.07 | $10^{18.52}$ | 0.9805/0.9821 |
| 15.0 | 209.7 | 210.1 | | | |
| 20.0 | 214.1 | 214.7 | | | |

　　TATDO⁺DNA⁻ 的 $C_p$ 曲线如图 4.24 所示，在 283.15～313.15K，其 $C_p$ 方程如下：

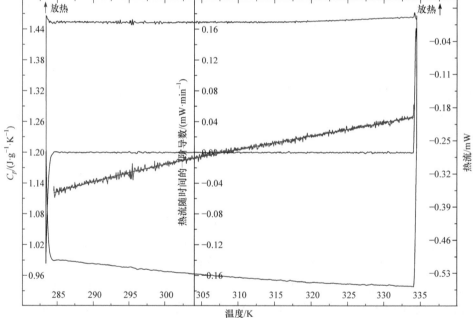

图 4.24　TATDO⁺DNA⁻ 的 $C_p$ 曲线

$$C_p(J·g^{-1}·K^{-1}) = -1.358362\times10 + (1.338314\times10^{-1})T - (4.105077\times10^{-4})T^2 + (4.280197\times10^{-7})T^3。$$

　　由 $C_p$ 方程计算得到，其在 298.15K 下的比热容和摩尔热容分别为 1.17J·g⁻¹·K⁻¹ 和 310.23J·mol⁻¹K⁻¹，以 298.15K 下状态为基准的焓变、熵变和吉布斯自由能变如表 4.15 所示。

表 4.15　**TATDO⁺DNA⁻的热力学数据**

| $T/K$ | $H_T - H_{298.15}/(J \cdot mol^{-1})$ | $S_T - S_{298.15}/(J \cdot mol^{-1} \cdot K^{-1})$ | $G_T - G_{298.15}/(J \cdot mol^{-1})$ |
|---|---|---|---|
| 283.15 | −4551.83 | −15.66 | −117.40 |
| 293.15 | −1541.33 | −5.21 | −13.03 |
| 303.15 | 1562.51 | 5.20 | −13.00 |
| 313.15 | 4745.02 | 15.53 | −116.69 |
| 323.15 | 7998.34 | 25.75 | −323.16 |
| 333.15 | 11321.41 | 35.88 | −631.38 |

# 4.3　DAOTO 系列含能化合物热分解和热性质

## 4.3.1　DAOTO 热分解和热性质

图 4.25 为 DAOTO 在升温速率为 10℃ · min⁻¹ 时的 DSC 曲线和 TG-DTG 曲线。

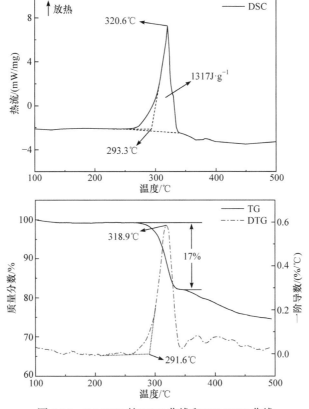

图 4.25　DAOTO 的 DSC 曲线和 TG-DTG 曲线

DSC 曲线显示 DAOTO 在 260～340℃有一个明显的放热分解峰,该放热分解峰的外推始点温度 $T_e$ 为 293.3℃,峰顶温度 $T_p$ 为 320.6℃,放热量约为 1317J·$g^{-1}$。TG 曲线显示 DAOTO 在 260～340℃有一个质量损失约为 17%的快速失重过程,DTG 曲线显示该失重过程的 $T_e$ 为 291.6℃,最大失重速率点对应的温度为 318.9℃。DAOTO 的 DSC 曲线放热分解过程基本对应于其 TG-DTG 曲线显示的快速失重过程。DAOTO 在放热分解过程刚结束时的热分解残渣余量约为 82%。

图 4.26(a)为 DAOTO 热分解过程中气相产物的 IR 图谱,在 290～330℃检测到了明显的 DAOTO 热分解气相产物 IR 信号。DAOTO 热分解峰温处的 IR 图谱[图 4.26(b)]显示,DAOTO 的热分解气相产物在 3515$cm^{-1}$、3333$cm^{-1}$、2355$cm^{-1}$、2284$cm^{-1}$、2251$cm^{-1}$、1627$cm^{-1}$、964$cm^{-1}$、930$cm^{-1}$、714$cm^{-1}$ 和 669$cm^{-1}$ 处有明显的吸收峰,这些吸收峰与 TATDO 热分解气相产物的 IR 吸收峰基本一致(图 4.2),同样表明生成了气相产物 $H_2O$(3500～4000$cm^{-1}$)、$NH_3$[约 3340(m)、1640(m)、970(s)、920(s)和 620(m)$cm^{-1}$]、CO[约 2190(s)和 2110(s)$cm^{-1}$]和 $CO_2$[约 2360(s)$cm^{-1}$][5]。图 4.27 为在 DAOTO 热分解过程中出现的气相产物质荷比($m/z$)信号,在 295～340℃出现了相对较弱的 $m/z$ 信号 12、14、15、26、27 和相对较强的 $m/z$ 信号 16、17、18、28、30、32、44,表明出现了气相产物 $H_2O$($m/z$ 信号为 16、17 和 18)、$NH_3$($m/z$ 信号为 14、15、16 和 17)、CO($m/z$ 信号为 12、16 和 28)、$CO_2$($m/z$ 信号为 44)、NO($m/z$ 信号为 30)、$O_2$($m/z$ 信号为 32)和 HCN($m/z$ 信号为 26 和 27)[5]。与 TATDO 类似(图 4.2 和图 4.3),DAOTO 热分解气相产物的 IR 图谱中也没有 NO(1860$cm^{-1}$ 和 1788$cm^{-1}$)和 HCN(2009$cm^{-1}$)的吸收峰[6,7],且 DAOTO 的热分解气相产物 NO 和 HCN 的 $m/z$ 信号强度也显著弱于 $H_2O$、$NH_3$ 和 CO 的 $m/z$ 信号强度。因此,质谱检测到的 NO 和 HCN 也可能来源于 $H_2O$、$NH_3$ 和 CO 电离出的 H、C、N 和 O 之间的重新组合;$H_2O$、$NH_3$ 和 CO 的 $m/z$ 信号和 IR 吸收峰强度在 DAOTO 热分解气体产物中也是最强的,它们也是 DAOTO 最主要的热分解气体产物。与 TATDO 的热分解相比(图 4.3),DAOTO 热分解气体产物的 $m/z$ 信号中没有出现 HNCO($m/z$ = 43)的弱信号,但多了 $O_2$($m/z$ = 32)的弱信号。与 TATDO 相比,DAOTO 的氧含量更高,而氮和氢含量更低。因此,DAOTO 的热分解气体产物整体的氧含量会更高,氮和氢含量会更低。与 TATDO 相比,DAOTO 热分解气体产物会电离出更多的 O 和更少的 N、H,从而使 DAOTO 热分解气体产物电离出的原子重新组合为 $O_2$ 的概率上升,而重新组合为 HNCO 的概率下降;同时,这种元素含量的差异也使得当 TATDO 热分解气体产物 $NH_3$ 和 CO 的 $m/z$ 信号强度基本相同时,DAOTO 热分解气体产物 CO 的 $m/z$ 信号强度要强于 $NH_3$ 的 $m/z$ 信号强度(图 4.3)。由于 DAOTO 的氧含量比 TATDO 高,DAOTO 热分解气体产物 CO 和 $CO_2$ 的 $m/z$ 信号强度差别小于 TATDO 的相应 $m/z$ 信号强度差别,DAOTO 依然属于缺氧含能

化合物，因此，DAOTO 热分解气体产物 $CO_2$ 的 $m/z$ 信号和 IR 吸收峰强度依然弱于 CO，这说明 DAOTO 热分解产生的 $CO_2$ 气体数量也少于 CO。

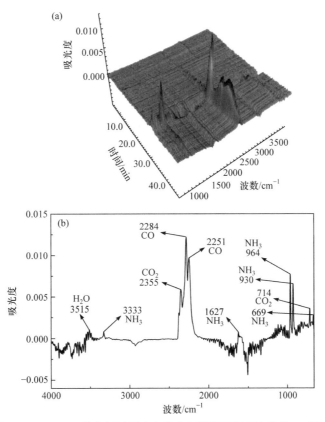

图 4.26  DAOTO 热分解过程中和热分解峰温处气相产物的 IR 图谱
(a) 热分解过程中；(b) 热分解峰温处

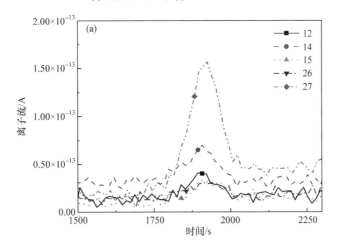

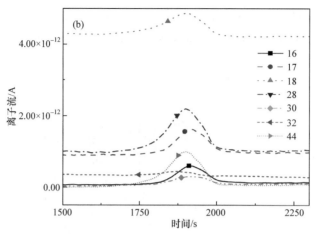

图 4.27　DAOTO 热分解过程中气相产物的 m/z 信号

(a) 较弱 m/z 信号；(b) 较强 m/z 信号

　　将 TATDO 键解离能的计算方法应用于计算 DAOTO 键解离能。DAOTO 的化学键解离示意图如图 4.28 所示，其中 N→O 配位键异裂并生成中性氧原子，其他键都均裂并生成相应的自由基，具体计算结果见表 4.16。与 TATDO 类似，DAOTO 氮氧键的解离能(113.11～196.18kJ·mol$^{-1}$)远低于 C=O 和 C—NH$_2$ 的解离能(453.61～798.89kJ·mol$^{-1}$)，且其热分解气体产物 H$_2$O 离子流的出现时间也相对较

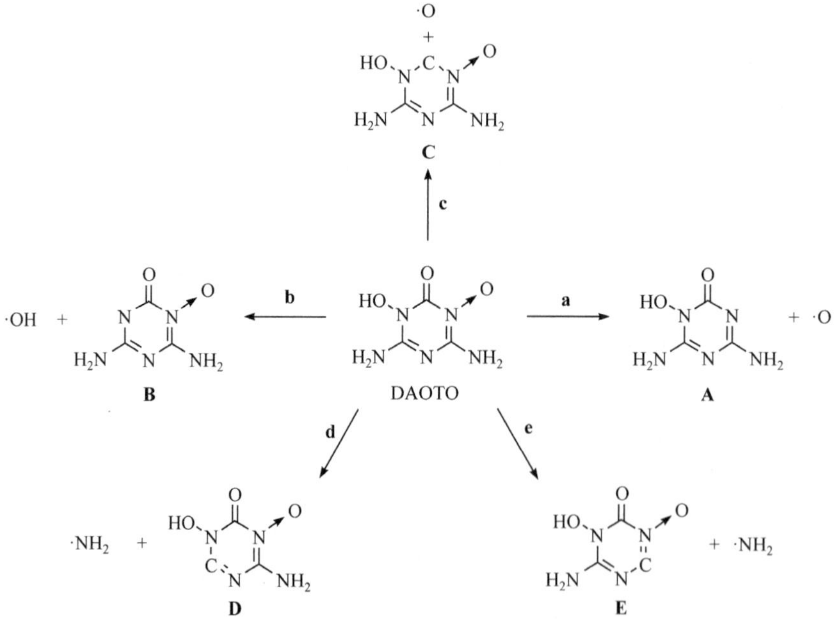

图 4.28　DAOTO 的化学键解离示意图

早，热分解气相产物的 IR 图谱中也没有 NO 的吸收峰。因此，DAOTO 的热分解也可能是氮氧键断裂引发的(图 4.29)。氮氧键断裂生成的羟基自由基和氧原子可以夺取三嗪环上氨基的氢原子，从而生成 $H_2O$ 分子；剩余三嗪环框架破裂后形成链状碎片，羟基自由基和氧原子有机会氧化链状碎片的碳原子，从而生成 CO 和少量的 $CO_2$，并形成胍基脲类和氨基类热解碎片；煅烧三嗪类和胍基脲类化合物可使其发生缩聚并得到氮化碳聚合物[10,11]，DAOTO 的胍基脲类和氨基类基热解碎片可发生类似的缩聚，从而在生成 $NH_3$ 的同时产生一些碳氮聚合物最终热分解残渣。固相 DAOTO 的热分解同样是众多 DAOTO 分子热分解碎片之间相互反应的综合结果，一个 DAOTO 分子的热分解高能碎片可能会促进另一个 DAOTO 分子的热分解。

表 4.16　DAOTO 的键解离能

| 结构代号和自由基 | 内能/Hartree | 解离路径代号 | 键解离能/(kJ · mol$^{-1}$) |
|---|---|---|---|
| A | −541.460696 | a | 196.18 |
| B | −540.829350 | b | 113.11 |
| C | −541.231236 | c | 798.89 |
| D | −560.563818 | d | 453.61 |
| E | −560.551620 | e | 485.65 |
| DAOTO | −616.602990 | — | — |
| ·O | −75.067607 | — | — |
| ·OH | −75.730577 | — | — |
| ·NH$_2$ | −55.866476 | — | — |

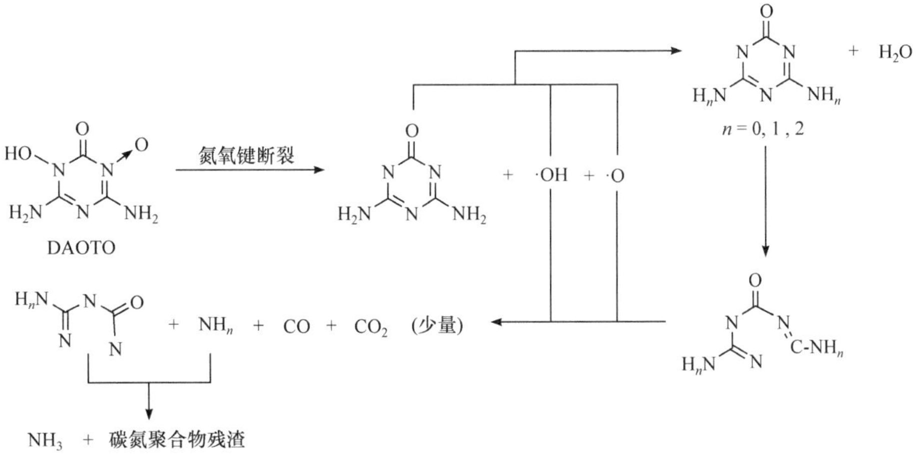

图 4.29　DAOTO 可能的热分解机理

　　表 4.17 给出了 DAOTO 在不同升温速率下热分解的特征温度及通过 Kissinger 法和 Ozawa 法算得的动力学参数。通过两种方法获得的 DAOTO 的 $E_a$ 值相近，且线性相关系数都非常接近于 1，因此计算结果是可信的。利用得到的 $E_a$ 和 $A$ 的值并结合式(4.1)～式(4.3)可得，当升温速率为 10℃ · min$^{-1}$ 时，DAOTO 在 $T_p$ 处的 $\Delta H^{\neq}$、$\Delta S^{\neq}$ 和 $\Delta G^{\neq}$ 分别为 198.71kJ · mol$^{-1}$、47.16J · mol$^{-1}$ · K$^{-1}$ 和 170.71kJ · mol$^{-1}$。利用 $E_a$、$A$ 和表 4.17 中 $T_e$ 可得，DAOTO 的 $T_{SADT}$ 和 $T_b$ 分别为 282.7℃ 和 295.9℃。

表 4.17　DAOTO 的热分解的特征温度和动力学参数

| $\beta/(℃ · min^{-1})$ | $T_e/℃$ | $T_p/℃$ | $E_K/E_O$ /[(kJ · mol$^{-1}$)/(kJ · mol$^{-1}$)] | $A_K/s^{-1}$ | $r_K/r_O$ |
|---|---|---|---|---|---|
| 5.0 | 286.0 | 310.8 | | | |
| 10.0 | 293.3 | 320.6 | 203.65/203.03 | $10^{15.99}$ | 0.9996/0.9996 |
| 15.0 | 299.9 | 325.7 | | | |
| 20.0 | 301.1 | 329.9 | | | |

　　DAOTO 的 $C_p$ 曲线如图 4.30 所示，在 283.15～313.15K，其 $C_p$ 方程如下：

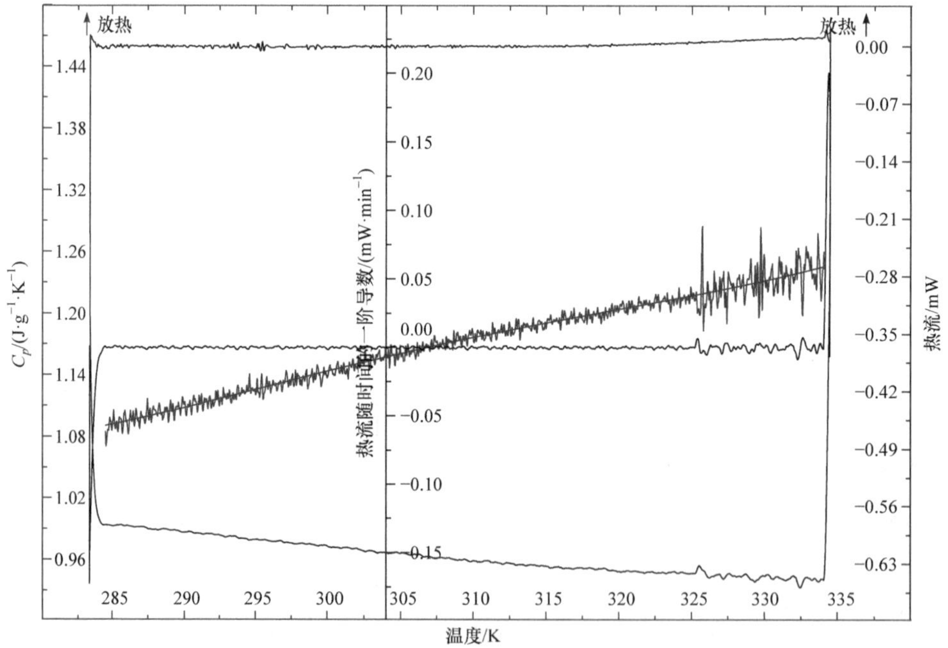

图 4.30　DAOTO 的 $C_p$ 曲线

$$C_p(J · g^{-1} · K^{-1}) = 2.747945 \times 10^2 - 3.578868T + (1.749344 \times 10^{-2})T^2 - (3.790730 \times 10^{-5})T^3 + (3.075274 \times 10^{-8})T^4$$

　　由 $C_p$ 方程计算得到其在 298.15K 下的比热容和摩尔热容分别为 1.14J · g$^{-1}$ · K$^{-1}$

和 181.39J·mol⁻¹·K⁻¹，以 298.15K 下状态为基准的焓变、熵变和吉布斯自由能变如表 4.18 所示。

**表 4.18　DAOTO 的热力学数据**

| $T$/K | $H_T - H_{298.15}$/(J·mol⁻¹) | $S_T - S_{298.15}$/(J·mol⁻¹·K⁻¹) | $G_T - G_{298.15}$/(J·mol⁻¹) |
|---|---|---|---|
| 283.15 | −2651.60 | −9.12 | −68.36 |
| 293.15 | −897.58 | −3.04 | −7.59 |
| 303.15 | 911.73 | 3.03 | −7.58 |
| 313.15 | 2774.49 | 9.08 | −68.16 |
| 323.15 | 4682.96 | 15.08 | −188.98 |
| 333.15 | 6635.25 | 21.03 | −369.52 |

### 4.3.2　DAOTO 去质子化产物热分解和热性质

1. Na⁺DAOTO⁻和[K⁺DAOTO⁻(H₂O)₁.₅]ₙ 的热分解和热性质

图 4.31 和图 4.32 分别为 Na⁺DAOTO⁻和[K⁺DAOTO⁻(H₂O)₁.₅]ₙ 在升温速率为 10℃·min⁻¹时的 DSC 曲线和 TG-DTG 曲线。DSC 曲线显示 Na⁺DAOTO⁻在 310～320℃有一个剧烈且迅速的放热分解过程，该放热分解过程的外推始点温度 $T_e$ 为 316.1℃，峰顶温度 $T_p$ 为 317.4℃，放热量约为 863J·g⁻¹；[K⁺DAOTO⁻(H₂O)₁.₅]ₙ 在 270～300℃有一个剧烈的放热分解峰，该放热分解峰的 $T_e$ 和 $T_p$ 分别为 290.8℃ 和 291.6℃，放热量约为 1021J·g⁻¹。TG 曲线显示 Na⁺DAOTO⁻在 280～330℃有一个质量损失约为 30%的快速失重过程，相应 DTG 曲线显示该失重过程的 $T_e$ 为 308.6℃，最大失重速率点对应的温度为 317.4℃；[K⁺DAOTO⁻(H₂O)₁.₅]ₙ 在 250～300℃有一个质量损失约为 26%的快速失重过程，相应 DTG 曲线显示该失重过程的 $T_e$ 为 275.7℃，最大失重速率点对应的温度为 289.5℃。Na⁺DAOTO⁻和

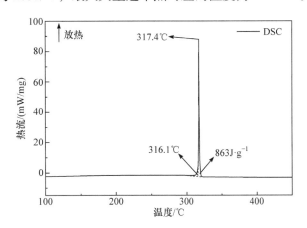

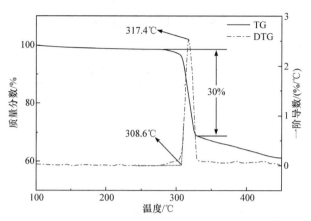

图 4.31　Na$^+$DAOTO$^-$的 DSC 曲线和 TG-DTG 曲线

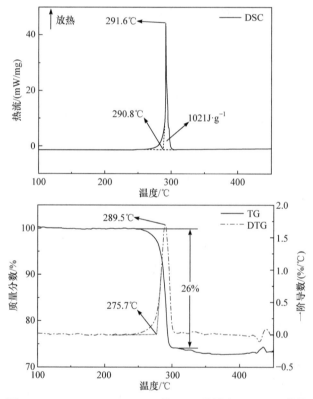

图 4.32　[K$^+$DAOTO$^-$(H$_2$O)$_{1.5}$]$_n$ 的 DSC 曲线和 TG-DTG 曲线

[K$^+$DAOTO$^-$(H$_2$O)$_{1.5}$]$_n$ 的 DSC 曲线放热分解过程基本对应于其 TG-DTG 曲线显示的快速失重过程。

Na$^+$DAOTO$^-$和[K$^+$DAOTO$^-$(H$_2$O)$_{1.5}$]$_n$ 的热稳定性与 DAOTO($T_e$ 和 $T_p$ 分别为

293.3℃和 320.6℃)的热稳定性相当，但它们的放热分解过程比 DAOTO 的放热分解过程更剧烈(图 4.25)。$Na^+DAOTO^-$ 和$[K^+DAOTO^-(H_2O)_{1.5}]_n$ 的热分解可能与 DAOTO 一样，都是由其结构中氮氧键断裂引发的，因此它们具有相当的热稳定性。晶体结构分析表明，$Na^+$和 $K^+$易与 $N$-氧化三嗪类阴离子氮氧键的氧原子配位键形成含能 MOF，$Na^+DAOTO^-$ 和$[K^+DAOTO^-(H_2O)_{1.5}]_n$ 的剧烈热分解过程可能是氮氧键断裂、大量配位键瞬间链式断裂造成的。$Na^+DAOTO^-$ 和$[K^+DAOTO^-(H_2O)_{1.5}]_n$ 在放热分解过程刚结束时的热分解残渣余量分别约为 69%和 74%，它们的最终热分解残渣应该是由相应金属氧化物和与 DAOTO 最终热分解残渣类似的碳氮聚合物组成的。

　　表 4.19 给出了 $Na^+DAOTO^-$ 和$[K^+DAOTO^-(H_2O)_{1.5}]_n$ 在不同升温速率下热分解的特征温度及通过 Kissinger 法和 Ozawa 法算得的动力学参数。两种方法对同一产物的$E_a$ 计算结果相近，且线性相关系数都非常接近于 1，因此计算结果是可信的。利用得到的 $E_a$ 和 $A$ 并结合式(4.1)～式(4.3)可得，当升温速率为 $10℃ \cdot min^{-1}$ 时，在 $T_p$ 处 $Na^+DAOTO^-$ 的$\Delta H^{\neq}$、$\Delta S^{\neq}$和$\Delta G^{\neq}$分别为 $324.45kJ \cdot mol^{-1}$、$265.25J \cdot mol^{-1} \cdot K^{-1}$ 和 $167.81kJ \cdot mol^{-1}$，$[K^+DAOTO^-(H_2O)_{1.5}]_n$ 的$\Delta H^{\neq}$、$\Delta S^{\neq}$和$\Delta G^{\neq}$分别为 $209.68kJ \cdot mol^{-1}$、$84.90J \cdot mol^{-1} \cdot K^{-1}$和 $161.74kJ \cdot mol^{-1}$。利用$E_a$、$A$ 和表 4.19 中的 $T_e$ 可得$Na^+DAOTO^-$ 的 $T_{SADT}$ 和 $T_b$ 分别为 310.2℃和 319.1℃，$[K^+DAOTO^-(H_2O)_{1.5}]_n$ 的 $T_{SADT}$ 和 $T_b$ 分别为 269.2℃和 281.1℃。

**表 4.19　$Na^+DAOTO^-$ 和$[K^+DAOTO^-(H_2O)_{1.5}]_n$ 热分解的特征温度和动力学参数**

| 化合物 | $\beta/(℃ \cdot min^{-1})$ | $T_e/℃$ | $T_p/℃$ | $E_K/E_O$ [/(kJ $\cdot$ mol$^{-1}$)/(kJ $\cdot$ mol$^{-1}$)] | $A_K/s^{-1}$ | $r_K/r_O$ |
|---|---|---|---|---|---|---|
| $Na^+DAOTO^-$ | 5.0 | 310.8 | 312.4 | | | |
| | 10.0 | 316.1 | 317.4 | 329.36/322.55 | $10^{27.38}$ | 0.9944/ 0.9947 |
| | 15.0 | 321.7 | 322.1 | | | |
| | 20.0 | 323.2 | 323.8 | | | |
| $[K^+DAOTO^-(H_2O)_{1.5}]_n$ | 5.0 | 281.3 | 284.0 | | | |
| | 10.0 | 290.8 | 291.6 | 214.38/212.79 | $10^{17.94}$ | 0.9894/ 0.9903 |
| | 15.0 | 296.5 | 298.2 | | | |
| | 20.0 | 297.2 | 299.3 | | | |

　　$Na^+DAOTO^-$ 和$[K^+DAOTO^-(H_2O)_{1.5}]_n$ 的 $C_p$ 曲线如图 4.33 所示，在 283.15～313.15K，其 $C_p$ 方程如下：

　　$C_p(Na^+DAOTO^-, J \cdot g^{-1} \cdot K^{-1}) = -1.577903 \times 10 + (1.515735 \times 10^{-1})T - (4.556140 \times 10^{-4})T^2 + (4.594967 \times 10^{-7})T^3$ ；

　　$C_p([K^+DAOTO^-(H_2O)_{1.5}]_n, J \cdot g^{-1} \cdot K^{-1}) = (3.568360 \times 10^{10})T^{-3} - (3.016875 \times 10^8)T^{-2} +$

$(1.707527 \times 10^4)\,T^{-1} + 5.288993 \times 10^3 - 5.174099\,T - (5.020251 \times 10^{-2})\,T^2 + (9.310635 \times 10^{-5})\,T^3 + (1.043460 \times 10^{-7})\,T^4 - (2.481625 \times 10^{-10})\,T^5$。

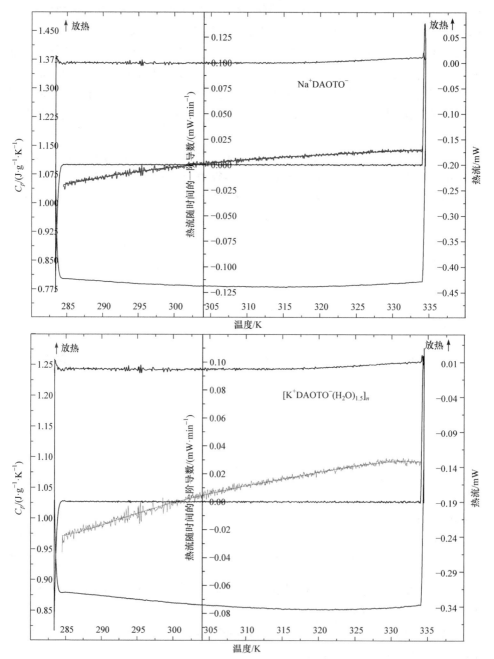

图 4.33　Na⁺DAOTO⁻和[K⁺DAOTO⁻(H₂O)₁.₅]ₙ 的 $C_p$ 曲线

由 $C_p$ 方程计算得到 298.15K 下 $Na^+DAOTO^-$ 的比热容和摩尔热容分别为 1.09J·$g^{-1}$·$K^{-1}$ 和 197.39J·$mol^{-1}$·$K^{-1}$，$[K^+DAOTO^-(H_2O)_{1.5}]_n$ 的比热容和摩尔热容分别为 1.02J·$g^{-1}$·$K^{-1}$ 和 228.70J·$mol^{-1}$·$K^{-1}$。

**2. $GUA^+DAOTO^-$ 的热分解和热性质**

图 4.34 为 $GUA^+DAOTO^-$ 在升温速率为 10℃·$min^{-1}$ 时的 DSC 曲线和 TG-DTG 曲线。$GUA^+DAOTO^-$ 的 DSC 曲线有两个明显的放热分解峰，第一个放热分解峰是出现在 230～270℃的剧烈放热分解峰，该放热分解峰的外推始点温度 $T_e$ 为 243.9℃，峰顶温度 $T_p$ 为 247.9℃，放热量约为 634J·$g^{-1}$；第二个放热分解峰是出现在 290～335℃的小幅放热分解峰，放热分解峰的 $T_p$ 为 317.9℃，放热量约为 124J·$g^{-1}$。TG 曲线显示 $GUA^+DAOTO^-$ 在 225～280℃有一个质量损失约为 37%的快速失重过程，在 280～340℃还有一个质量损失约为 7%的小幅失重过程；相应 DTG 曲线显示第一段失重过程的 $T_e$ 为 233.8℃，最大失重速率点

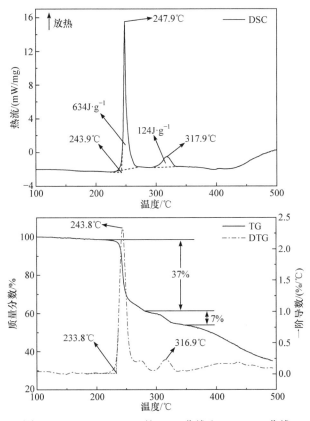

图 4.34　$GUA^+DAOTO^-$ 的 DSC 曲线和 TG-DTG 曲线

对应的温度为 243.8℃，第二段失重过程最大失重速率点对应的温度为 316.9℃。GUA⁺DAOTO⁻的 DSC 曲线放热分解过程基本对应于其 TG-DTG 曲线显示的失重过程。

硝酸胍(10℃·min⁻¹升温速率下放热分解峰的 $T_e$ 为 284℃)的热分解被认为很可能是从离子间氢转移引发的硝酸和胍分子生成开始的[12,13]。DAOTO 是弱酸，DAOTO⁻比 NO₃⁻更容易接收质子，GUA⁺DAOTO⁻的热稳定性显著低于 DAOTO ($T_e$ = 293.3℃)的热稳定性。因此，GUA⁺DAOTO⁻的热分解很可能与硝酸胍的热分解类似，也是从离子间氢转移引发的 DAOTO 和胍分子生成开始的。因为 DAOTO⁻比 NO₃⁻更容易接收质子，所以离子间氢转移在 GUA⁺DAOTO⁻中更容易发生，GUA⁺DAOTO⁻的热分解比硝酸胍的热分解更容易被引发，即 GUA⁺DAOTO⁻的热稳定性低于硝酸胍的热稳定性。此外，DAOTO($pK_a$ = 6.22)的酸性强于 TATDO ($pK_a$ = 9.92)的酸性，TATDO⁻比 DAOTO⁻更容易接收质子。因此，GUA⁺TATDO⁻的热分解比 GUA⁺DAOTO⁻的热分解更容易被引发，即 GUA⁺TATDO⁻($T_p$ = 199.1℃)的热稳定性低于 GUA⁺DAOTO⁻的热稳定性。GUA⁺DAOTO⁻的 DSC 曲线和 TG-DTG 曲线显示，在 317℃左右的小幅放热分解失重过程与 DAOTO($T_p$ = 320.6℃)(图 4.25)放热分解峰的位置基本相符，该小幅热分解过程可能是 GUA⁺DAOTO⁻的离子间氢转移生成 DAOTO 导致的。GUA⁺DAOTO⁻在放热分解过程刚结束时的热分解残渣余量约为 54%。煅烧三嗪类化合物可以制备氮化碳聚合物[10, 22]，硝酸胍的热分解残渣中含有三聚氰胺、氨腈和氰基胍等[13]，因此，GUA⁺DAOTO⁻的最终热分解残渣可能是由氨腈、氰基胍和一些碳氮聚合物等组成的。

表 4.20 给出了 GUA⁺DAOTO⁻在不同升温速率下热分解的特征温度及用 Kissinger 法和 Ozawa 法算得的动力学参数。通过两种方法获得的 GUA⁺DAOTO⁻ 的 $E_a$ 值相近，且线性相关系数都接近于 1，因此计算结果是可信的。利用得到的 $E_a$ 和 $A$ 并结合式(4.1)~式(4.3)可得，当升温速率为 10℃·min⁻¹时，GUA⁺DAOTO⁻ 在 $T_p$ 处的 $\Delta H^{\neq}$、$\Delta S^{\neq}$ 和 $\Delta G^{\neq}$ 分别为 228.72kJ·mol⁻¹、155.06J·mol⁻¹·K⁻¹ 和 147.92kJ·mol⁻¹。利用 $E_a$、$A$ 和表 4.20 中的 $T_e$ 可得，GUA⁺DAOTO⁻的 $T_{SADT}$ 和 $T_b$ 分别为 237.4℃和 247.1℃。

**表 4.20　GUA⁺DAOTO⁻的热分解的特征温度和动力学参数**

| $\beta$/(℃·min⁻¹) | $T_e$/℃ | $T_p$/℃ | $E_K/E_O$ [/(kJ·mol⁻¹)/(kJ·mol⁻¹)] | $A_K$/s⁻¹ | $r_K/r_O$ |
|---|---|---|---|---|---|
| 5.0 | 240.1 | 242.6 | | | |
| 10.0 | 243.9 | 247.9 | 233.05/229.87 | $10^{21.57}$ | 0.9889/ |
| 15.0 | 248.2 | 251.4 | | | 0.9897 |
| 20.0 | 252.4 | 255.8 | | | |

　　GUA$^+$DAOTO$^-$的 $C_p$ 曲线如图 4.35 所示，在 283.15K～313.15K，其 $C_p$ 方程如下：

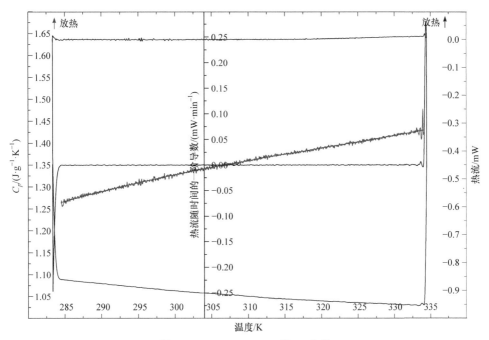

图 4.35　GUA$^+$DAOTO$^-$的 $C_p$ 曲线

　　$C_p(\text{J} \cdot \text{g}^{-1} \cdot \text{K}^{-1}) = -1.595447 \times 10 + (1.566471 \times 10^{-1}) T - (4.797886 \times 10^{-4}) T^2 + (4.988484 \times 10^{-7}) T^3$。

　　由 $C_p$ 方程计算得到其在 298.15K 下的比热容和摩尔热容分别为 1.32J $\cdot$ g$^{-1}$ $\cdot$ K$^{-1}$ 和 288.00J $\cdot$ mol$^{-1}$ $\cdot$ K$^{-1}$。

### 3. [Zn$^{2+}$(DAOTO$^-$)$_2$ $\cdot$ 4H$_2$O]$_n$ 的热分解

　　图 4.36 为在 110℃下干燥后于室温下保存了 1d 的[Zn$^{2+}$(DAOTO$^-$)$_2$ $\cdot$ 4H$_2$O]$_n$ 样品，在升温速率为 10℃ $\cdot$ min$^{-1}$ 时的 DSC 曲线和 TG-DTG 曲线。曲线显示样品在 60～150℃依然有一个明显的质量损失约为 15%的吸热失重过程，且该过程的质量损失接近于[Zn$^{2+}$(DAOTO$^-$)$_2$ $\cdot$ 4H$_2$O]$_n$ 中晶格水的质量分数(15.9%)。这说明 [Zn$^{2+}$(DAOTO$^-$)$_2$]$_n$ 在室温下会重新吸收空气中的水分，并迅速恢复为具有晶格水的[Zn$^{2+}$(DAOTO$^-$)$_2$ $\cdot$ 4H$_2$O]$_n$，[Zn$^{2+}$(DAOTO$^-$)$_2$ $\cdot$ 4H$_2$O]$_n$ 会在约 110℃下失去晶格水并转变为[Zn$^{2+}$(DAOTO$^-$)$_2$]$_n$。曲线显示[Zn$^{2+}$(DAOTO$^-$)$_2$ $\cdot$ 4H$_2$O]$_n$ 在 280～375℃有一个较为剧烈的放热分解失重过程，该放热分解过程的外推始点温度 $T_e$ 为

290.8℃，峰顶温度 $T_p$ 为 295.4℃，放热量约为 972J·$g^{-1}$(按[$Zn^{2+}(DAOTO^-)_2$]$_n$ 的质量计，约为 1156J·$g^{-1}$)。该失重过程的质量损失约为 31%(按[$Zn^{2+}(DAOTO^-)_2$]$_n$ 的质量计，约为 37%)，$T_e$ 为 290.1℃，最大失重速率点对应的温度为 300.4℃。

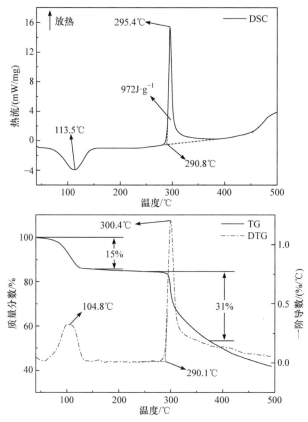

图 4.36　[$Zn^{2+}(DAOTO^-)_2$ · $4H_2O$]$_n$ 的 DSC 曲线和 TG-DTG 曲线

[$Zn^{2+}(DAOTO^-)_2$]$_n$ 的热稳定性与 DAOTO($T_e$ = 293.3℃)的热稳定性相当，但它的放热分解却比 DAOTO 的放热分解更剧烈(图 4.25)。[$Zn^{2+}(DAOTO^-)_2$ · $4H_2O$]$_n$ 的热分解可能与 DAOTO 一样，都是由其结构中氮氧键断裂引发的，因此它们具有相当的热稳定性。[$Zn^{2+}(DAOTO^-)_2$]$_n$ 是一维含能 MOF(详见 3.3.2 小节)，它依靠 DAOTO⁻氮氧键上的氧原子与 $Zn^{2+}$ 间的配位键形成 MOF 结构，其剧烈热分解过程可能是氮氧键断裂、大量配位键瞬间链式断裂造成的。[$Zn^{2+}(DAOTO^-)_2$ · $4H_2O$]$_n$ 在放热分解过程刚结束时的热分解残渣余量约为 54%，它的最终热分解残渣应该是由氧化锌和与 DAOTO 最终热分解残渣类似的碳氮聚合物组成的。

　　表 4.21 给出了[$Zn^{2+}(DAOTO^-)_2$]$_n$ 在不同升温速率下热分解的特征温度及用 Ozawa 法和 Kissinger 法算得的动力学参数。通过两种方法获得的[$Zn^{2+}(DAOTO^-)_2$]$_n$

的 $E_a$ 值相近，且线性相关系数都接近于 1，因此计算结果是可信的。利用得到的 $E_a$ 和 $A$ 并结合式(4.1)~式(4.3)可得，当升温速率为 $10℃ \cdot min^{-1}$ 时，$[Zn^{2+}(DAOTO^-)_2]_n$ 在 $T_p$ 处的 $\Delta H^{\neq}$、$\Delta S^{\neq}$ 和 $\Delta G^{\neq}$ 分别为 $189.20kJ \cdot mol^{-1}$、$44.45J \cdot mol^{-1} \cdot K^{-1}$ 和 $163.93kJ \cdot mol^{-1}$。利用 $E_a$、$A$ 和表 4.21 中的 $T_e$ 可得，$[Zn^{2+}(DAOTO^-)_2]_n$ 的 $T_{SADT}$ 和 $T_b$ 分别为 $284.6℃$ 和 $298.6℃$。

表 4.21　$[Zn^{2+}(DAOTO^-)_2]_n$ 的热分解的特征温度和动力学参数

| $\beta/(℃ \cdot min^{-1})$ | $T_e/℃$ | $T_p/℃$ | $E_K/E_O$ $[/(kJ \cdot mol^{-1})/(kJ \cdot mol^{-1})]$ | $A_K/s^{-1}$ | $r_K/r_O$ |
|---|---|---|---|---|---|
| 5.0 | 285.2 | 289.4 | | | |
| 10.0 | 290.8 | 295.4 | 193.93/193.44 | $10^{15.83}$ | 0.9842/ 0.9856 |
| 15.0 | 297.3 | 303.3 | | | |
| 20.0 | 300.6 | 307.0 | | | |

4. $Cu^{2+}(DAOTO^-)_2NH_3$ 的热分解

图 4.37 为 $Cu^{2+}(DAOTO^-)_2NH_3$ 在升温速率为 $10℃ \cdot min^{-1}$ 时的 DSC 曲线和 TG-DTG 曲线。DSC 曲线显示 $Cu^{2+}(DAOTO^-)_2NH_3$ 在 $230~370℃$ 有一个先温和后剧烈的放热分解过程，该放热分解过程的峰顶温度 $T_p$ 为 $338.5℃$，放热量约为 $1195J \cdot g^{-1}$。TG-DTG 曲线显示 $Cu^{2+}(DAOTO^-)_2NH_3$ 在 $230~365℃$ 有一个先缓慢后快速的质量损失约为 36% 的失重过程，最大失重速率点出现在 $339.0℃$ 处。$Cu^{2+}(DAOTO^-)_2NH_3$ 的 DSC 曲线放热分解峰基本对应于其 TG-DTG 曲线的失重过程。$Cu^{2+}(DAOTO^-)_2NH_3$ 在 $230~280℃$ 的质量损失(约 5.4%)与其分子式中 $NH_3$ 的质量分数(4.3%)相近。因此，与 $Cu^{2+}(TATDO^-)_2NH_3$ 的热分解类似，$Cu^{2+}(DAOTO^-)_2NH_3$ 最开始的缓慢小幅放热分解过程也可能是小分子配体 $NH_3$ 释放引起的。$Cu^{2+}(DAOTO^-)_2NH_3$ 放热分解峰的 $T_p$ 接近于 DAOTO 的 $T_p(320.6℃)$，因此，$Cu^{2+}(DAOTO^-)_2NH_3$ 后续剧烈放热分解过程可能是热分解剩余部分中 $DAOTO^-$ 部分与 DAOTO 起始热分解机理相似的氮氧键断裂引起的。$Cu^{2+}(DAOTO^-)_2NH_3$ 在剧烈放热分解过程刚结束时的热分解残渣余量约为 63%，它的最终热分解残渣应该是由氧化铜和与 DAOTO 最终热分解残渣类似的碳氮聚合物组成的。

5. $Ag^+DAOTO^-$、$Cu^{2+}(DAOTO^-)_2$ 和 $Pb^{2+}(DAOTO^-)_2$ 的热分解

图 4.38 为 $Ag^+DAOTO^-$、$Cu^{2+}(DAOTO^-)_2$ 和 $Pb^{2+}(DAOTO^-)_2$ 在升温速率为 $10℃ \cdot min^{-1}$ 时的 DSC 曲线。$Ag^+DAOTO^-$ 在 $240~375℃$ 有两个连续的放热分解峰，第一个放热分解峰的外推始点温度 $T_e$ 和峰顶温度 $T_p$ 分别为 $264.3℃$ 和 $318.2℃$，第二个放热分解峰的 $T_p$ 为 $352.1℃$，两个峰的放热量共约为 $823J \cdot g^{-1}$。$Cu^{2+}(DAOTO^-)_2$

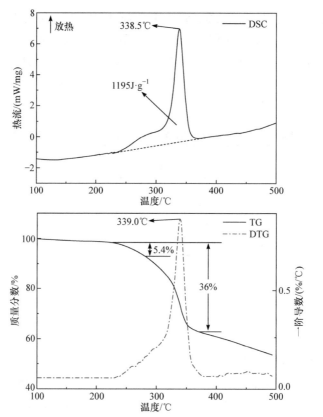

图 4.37  Cu²⁺(DAOTO⁻)₂NH₃ 的 DSC 曲线和 TG-DTG 曲线

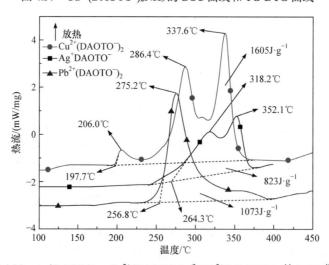

图 4.38  Ag⁺DAOTO⁻、Cu²⁺(DAOTO⁻)₂ 和 Pb²⁺(DAOTO⁻)₂ 的 DSC 曲线

在 195～365℃有三个连续的放热分解峰，第一个放热分解峰的 $T_e$ 和 $T_p$ 分别为

197.7℃和 206.0℃，第二个和第三个放热分解峰的 $T_p$ 分别为 286.4℃和 337.6℃，三个峰的放热量共约为 1605J·g$^{-1}$。Pb$^{2+}$(DAOTO$^-$)$_2$ 在 230~400℃有一个明显的放热分解峰，该放热分解峰的 $T_e$ 和 $T_p$ 分别为 256.8℃和 275.2℃，放热量约为 1073J·g$^{-1}$。DAOTO 上述三种金属盐展现出的热行为迥异。DAOTO 的银盐热稳定性最高，铅盐的热稳定性居中，铜盐的热稳定性最低且是 DAOTO 含金属系列含能材料中最差的，铅盐的热分解放热量(561.60kJ·mol$^{-1}$)与铜盐的热分解放热量(609.48kJ·mol$^{-1}$)相当。根据放热分解峰的 $T_e$，DAOTO 上述三种金属盐的热稳定性都低于 DAOTO($T_e$ = 293.3℃)的热稳定性。

### 4.3.3　DAOTO 质子化产物热分解和热性质

1. DAOTO$^+$NO$_3^-$和 DAOTO$^+$ClO$_4^-$·H$_2$O 的热分解和热性质

图 4.39 和图 4.40 分别为 DAOTO$^+$NO$_3^-$和在 100℃下干燥后于室温下保存了 1d 的 DAOTO$^+$ClO$_4^-$·H$_2$O，在升温速率为 10℃·min$^{-1}$时的 DSC 曲线和 TG-DTG 曲线。曲线显示 DAOTO$^+$NO$_3^-$在 180~210℃有一个剧烈的放热分解失重过程，该放热分解过程的外推始点温度 $T_e$ 为 194.4℃，峰顶温度 $T_p$ 为 195.5℃，放热量约为 1535J·g$^{-1}$。该失重过程的质量损失约为 60%，$T_e$ 为 192.7℃，最大失重速率点对应的温度为 197.0℃。曲线显示 DAOTO$^+$ClO$_4^-$·H$_2$O 样品在 76℃左右有一个明显的质量损失约为 7%的吸热失重过程，该过程的质量损失接近于 DAOTO$^+$ClO$_4^-$·H$_2$O 中结晶水的质量分数(6.5%)。因此，DAOTO$^+$ClO$_4^-$在室温下会重新吸收空气中的水分，快速恢复为具有结晶水的 DAOTO$^+$ClO$_4^-$·H$_2$O，DAOTO$^+$ClO$_4^-$·H$_2$O 会在 76℃下失去结晶水并转变为 DAOTO$^+$ClO$_4^-$。曲线显示 DAOTO$^+$ClO$_4^-$·H$_2$O 在 165~205℃有一个剧烈的放热分解失重过程，该放热分解过程的 $T_e$ 和 $T_p$ 分别为 190.7℃和 193.4℃，放热量约为 1133J·g$^{-1}$(按 DAOTO$^+$ClO$_4^-$的质量计，约为 1212J·g$^{-1}$)。该失重过程的质量损失约为 24%(按 DAOTO$^+$ClO$_4^-$的质量计，约为 26%)，$T_e$ 为 178.0℃，最大失重速率点对应的温度为 191.6℃；此外，DAOTO$^+$ClO$_4^-$·H$_2$O 上述放热分解过程后的剩余产物在 205~350℃还有一个质量损失约为 36%(按 DAOTO$^+$ClO$_4^-$的质量计，约为 38%)的缓慢热分解过程，并在 333.8℃处出现了一个放热量为 325J·g$^{-1}$(按 DAOTO$^+$ClO$_4^-$的质量计，为 348J·g$^{-1}$)的小幅放热分解峰。在显微熔点仪下没有观察到 DAOTO$^+$ClO$_4^-$的熔化过程，且 TG-DTG 曲线显示 DAOTO$^+$ClO$_4^-$·H$_2$O 在 135~160℃没有明显失重现象。因此，DAOTO$^+$ClO$_4^-$·H$_2$O 的 DSC 曲线在 135~160℃的小幅尖锐吸热峰应该是 DAOTO$^+$ClO$_4^-$晶型转变的吸热峰。

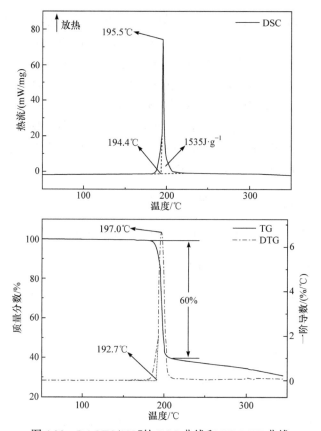

图 4.39　DAOTO⁺NO₃⁻的 DSC 曲线和 TG-DTG 曲线

DAOTO⁺NO₃⁻和 DAOTO⁺ClO₄⁻的热稳定性明显低于 DAOTO($T_p$ = 320.6℃)的热稳定性，而且它们的放热分解过程明显比 DAOTO 的放热分解过程更剧烈(图 4.25)。硝酸铵和高氯酸铵的热分解被认为是从离子间氢转移引发硝酸/高氯酸和

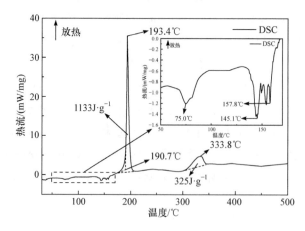

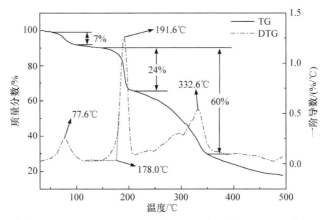

图 4.40　DAOTO⁺ClO₄⁻·H₂O 的 DSC 曲线和 TG-DTG 曲线

氨分子生成开始的，且生成的硝酸/高氯酸和氨分子之间进一步发生了氧化还原反应[16,18]。DAOTO($pK_b = 10.74$)是比氨水($pK_b = 4.75$)更弱的弱碱[17]，DAOTO⁺比 $NH_4^+$ 更容易给出质子。因此，DAOTO⁺$NO_3^-$和 DAOTO⁺$ClO_4^-$的热分解很可能与硝酸铵和高氯酸铵的热分解类似，也是从离子间氢转移引发的 DAOTO 和硝酸/高氯酸生成开始的，且生成的硝酸/高氯酸分子与 DAOTO 的氨基之间可发生剧烈的氧化还原反应，并瞬间释放大量的热量，从而使 DAOTO 的硝酸盐和高氯酸盐的放热分解过程明显比 DAOTO 的放热分解过程更剧烈。DAOTO⁺$NO_3^-$和 DAOTO⁺$ClO_4^-$的离子间氢转移，可能比作为 DAOTO 起始热分解机理的氮氧键断裂更容易发生，因此，DAOTO⁺$NO_3^-$和 DAOTO⁺$ClO_4^-$的热稳定性显著低于 DAOTO 的热稳定性。DAOTO⁺$ClO_4^-$·H₂O 的 DSC 曲线和 TG-DTG 曲线显示，在 333℃左右的小幅放热分解失重过程与 DAOTO($T_p = 320.6$℃) (图 4.25)放热分解峰的位置基本相符，因此，该小幅热分解过程可能是 DAOTO⁺$ClO_4^-$离子间氢转移生成 DAOTO 引起的。DAOTO⁺$NO_3^-$和 DAOTO⁺$ClO_4^-$的氧含量高于 DAOTO，它们热分解的氧化还原反应进行得更彻底，从而使得它们最终热分解残渣余量显著少于 DAOTO 的最终热分解残渣余量(图 4.25)。DAOTO⁺$NO_3^-$和 DAOTO⁺$ClO_4^-$的最终热分解残渣可能是一些与 DAOTO 最终热分解残渣类似的碳氮聚合物。

　　表 4.22 给出了 DAOTO⁺$NO_3^-$和 DAOTO⁺$ClO_4^-$·H₂O 在不同升温速率下热分解的特征温度及通过 Kissinger 法和 Ozawa 法算得的动力学参数。两种方法对同一产物的 $E_a$ 计算结果相近，且线性相关系数都接近于 1，因此计算结果是可信的。利用得到的 $E_a$ 和 $A$ 并结合式(4.1)～式(4.3)可得，当升温速率为 10℃·min⁻¹时，在 $T_p$ 处 DAOTO⁺ $NO_3^-$ 的$\Delta H^{\neq}$、$\Delta S^{\neq}$和$\Delta G^{\neq}$分别为 204.16kJ·mol⁻¹、153.84J·mol⁻¹·K⁻¹ 和 132.07kJ·mol⁻¹，DAOTO⁺$ClO_4^-$·H₂O 的$\Delta H^{\neq}$、$\Delta S^{\neq}$和$\Delta G^{\neq}$分别为 166.37kJ·mol⁻¹、

72.52J·mol$^{-1}$·K$^{-1}$ 和 132.54kJ·mol$^{-1}$。利用 $E_a$、$A$ 和表 4.22 中的 $T_e$ 可得,DAOTO$^+$NO$_3^-$的 $T_{SADT}$ 和 $T_b$ 分别为 177.5℃和 185.9℃,DAOTO$^+$ClO$_4^-$·H$_2$O 的 $T_{SADT}$ 和 $T_b$ 分别为 175.1℃和 185.4℃。

**表 4.22　DAOTO$^+$NO$_3^-$和 DAOTO$^+$ClO$_4^-$·H$_2$O 热分解的特征温度和动力学参数**

| 化合物 | $\beta$/(℃·min$^{-1}$) | $T_e$/℃ | $T_p$/℃ | $E_K/E_O$ [/(kJ·mol$^{-1}$)/(kJ·mol$^{-1}$)] | $A_K$/s$^{-1}$ | $r_K/r_O$ |
|---|---|---|---|---|---|---|
| DAOTO$^+$NO$_3^-$ | 5.0 | 188.1 | 190.3 | 208.06/205.27 | $10^{21.46}$ | 0.9929/ 0.9934 |
| | 10.0 | 194.4 | 195.5 | | | |
| | 15.0 | 197.9 | 198.5 | | | |
| | 20.0 | 200.1 | 202.3 | | | |
| DAOTO$^+$ClO$_4^-$·H$_2$O | 5.0 | 184.9 | 188.4 | 170.25/169.30 | $10^{17.21}$ | 0.9861/ 0.9873 |
| | 10.0 | 190.7 | 193.4 | | | |
| | 15.0 | 194.6 | 198.2 | | | |
| | 20.0 | 198.7 | 202.5 | | | |

DAOTO$^+$NO$_3^-$的 $C_p$ 曲线如图 4.41 所示,在 283.15～313.15K,其 $C_p$ 方程如下:

$$C_p(\text{J·g}^{-1}\text{·K}^{-1}) = -3.039586 \times 10^{-1} + (6.635591 \times 10^{-3})T - (6.062980 \times 10^{-6})T^2 。$$

由 $C_p$ 方程计算得到其在 298.15K 下的比热容和摩尔热容分别为 1.14J·g$^{-1}$·K$^{-1}$ 和 253.22J·mol$^{-1}$·K$^{-1}$。

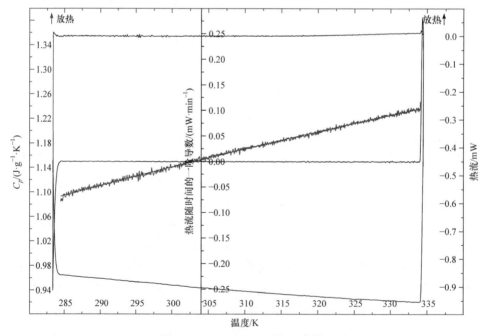

图 4.41　DAOTO$^+$NO$_3^-$的 $C_p$ 曲线

2. 共晶 DAOTO⁺ClO₄⁻·DAOTO 和 DAOTO⁺ClO₄⁻·TATDO 的热分解和热性质

$\qquad$共晶 DAOTO⁺ClO₄⁻·DAOTO、DAOTO⁺ClO₄⁻·TATDO 和 DAOTO⁺ClO₄⁻·H₂O 在升温速率为 $10℃ \cdot min^{-1}$ 时的 DSC 曲线和 TG-DTG 曲线分别如图 4.42 和图 4.43 所示。曲线显示 DAOTO⁺ClO₄⁻·DAOTO 在 $260 \sim 300℃$ 有一个剧烈的放热分解重过程，该放热分解过程的外推始点温度 $T_e$ 为 $286.5℃$，峰顶温度 $T_p$ 为 $289.7℃$，放热量约为 $1544J \cdot g^{-1}$。该失重过程的质量损失约为 $48\%$，$T_e$ 为 $277.9℃$，最大失重速率点对应的温度为 $290.5℃$。曲线显示 DAOTO⁺ClO₄⁻·TATDO 在 $240 \sim 285℃$ 有一个剧烈的放热分解失重过程，该放热分解过程的 $T_e$ 为 $265.5℃$，$T_p$ 为 $270.6℃$，放热量约为 $1453J \cdot g^{-1}$。该失重过程的质量损失约为 $43\%$，$T_e$ 为 $261.3℃$，最大失重速率点对应的温度为 $270.3℃$。共晶 DAOTO⁺ClO₄⁻·DAOTO 和共晶 DAOTO⁺ClO₄⁻·TATDO 都没有出现 DAOTO⁺ClO₄⁻·H₂O 在约 $76℃$ 处的结晶水逃逸吸热失重现象和 $135 \sim 160℃$ 的晶型转变吸热现象(图 4.40)，这说明在共晶中 DAOTO⁺ClO₄⁻ 和 DAOTO/TATDO 通过分子间相互作用形成紧密有序排列，既可以消除 DAOTO⁺ClO₄⁻ 对结晶水分子的吸引，又

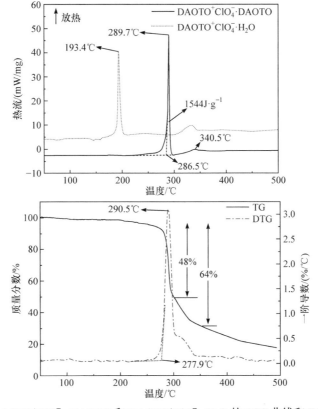

图 4.42　DAOTO⁺ClO₄⁻·DAOTO 和 DAOTO⁺ClO₄⁻·H₂O 的 DSC 曲线和 TG-DTG 曲线

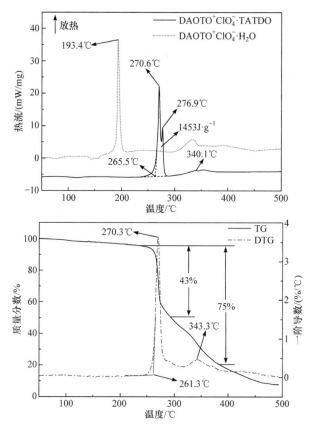

图 4.43　DAOTO$^+$ClO$_4^-$ · TATDO 和 DAOTO$^+$ClO$_4^-$ · H$_2$O 的 DSC 曲线和 TG-DTG 曲线

可以使 DAOTO$^+$ClO$_4^-$不再发生晶型转变。此外，两种共晶在约 340℃处都还有一个与 DAOTO$^+$ClO$_4^-$在约 333℃处小幅放热分解(图 4.40)类似的小幅放热分解失重过程，共晶的小幅热解失重过程可能也是离子间氢转移生成 DAOTO 或共晶热解后残留的 DAOTO($T_p$ = 320.6℃)和 TATDO ($T_p$ = 315.8℃)热分解引发的。

　　根据图 4.42 和图 4.43，共晶 DAOTO$^+$ClO$_4^-$ · DAOTO 和 DAOTO$^+$ClO$_4^-$ · TATDO 在保持与 DAOTO$^+$ClO$_4^-$热分解类似的剧烈放热分解现象的同时，热分解温度分别比 DAOTO$^+$ClO$_4^-$的热分解温度升高了约 96℃和 77℃，更接近于 DAOTO($T_e$ = 293.3℃)和 TATDO($T_e$ = 295.2℃)的热分解温度。因此，与 DAOTO/TATDO 的共结晶极大地提高了 DAOTO$^+$ClO$_4^-$的热稳定性。根据前述对 DAOTO$^+$ClO$_4^-$热分解的讨论，DAOTO$^+$ClO$_4^-$热分解很可能是从离子间氢转移引发 DAOTO 和高氯酸分子生成开始的。DAOTO$^+$的 OH$^+$基团所处的环境，对 DAOTO$^+$ClO$_4^-$及其参与形成的两种共晶的热稳定性有关键的影响。

　　图 4.44 为 DAOTO$^+$ClO$_4^-$ · H$_2$O 和 DAOTO$^+$ClO$_4^-$ · DAOTO 晶体中 DAOTO$^+$的

OH 基团所处的环境。在晶体 DAOTO⁺ClO₄⁻ · H₂O 中，DAOTO⁺的两个 OH 基团都与结晶水 H₂O(8)的氧原子形成了氢键相互作用(两个 OH 基团的 H 到 O(8)的距离分别为 1.849Å 和 1.880Å，详细氢键信息见表 3.2)，而与高氯酸根离子的氧原子相距较远(两个 OH 基团的 H 与最近 ClO₄⁻的氧原子距离分别为 2.689Å 和 2.809Å)。在共晶 DAOTO⁺ClO₄⁻ · DAOTO 中，DAOTO⁺的两个 OH 基团都与 DAOTO 分子 N→O(4)键的氧原子形成了很强的氢键相互作用(两个 OH 基团的 H 到 O(4) 的距离分别为 1.641Å 和 1.692Å，详细氢键信息见表 3.3)，而与 ClO₄⁻的氧原子相距很远(两个 OH 基团的 H 与最近 ClO₄⁻的氧原子距离分别为 2.839Å 和 3.499Å)。DAOTO⁺ ClO₄⁻ · DAOTO 中 DAOTO⁺的两个 OH 基团与 DAOTO 分子 N→O(4)键的氧原子形成的两种氢键相互作用，非常接近于强氢键相互作用的范围(一般强氢键相互作用中 H 到受体的距离为 1.2～1.5Å，供体到受体的距离为 2.2～2.5Å，键角为 175°～180°)[23, 24]，这两种氢键[O(1)—H(10)···O(4)和 O(2)—H(9)···O(4)] 的详细信息见表 3.3。为了计算这两种强氢键的键能，将相互之间具有 O(1)— H(10)···O(4)氢键相互作用的一个 DAOTO⁺和一个 DAOTO 分子的整体记为构造 **A**，将相互之间具有 O(2)—H(9)···O(4)氢键相互作用的一个 DAOTO⁺和一个 DAOTO 分子的整体记为构造 **B**。为了真实反映共晶中氢键相互作用的情况，使用 Gaussian 09(D.01 版)量子化学计算软件在 B3LYP/6-31 + G** 水平上直接对共晶的晶体结构中 DAOTO 分子、DAOTO⁺和构造 **A**、**B** 的原始构型进行能量计算[9]，而不对它们进行结构优化。用 DAOTO 分子和 DAOTO⁺在 0K 下的内能(单点能与零点能之和) 总和与构造 **A** 或 **B** 在 0K 下的内能之差表征相应氢键的键能，具体计算结果见表 4.23，理论计算得到的这两种氢键的键能为 122.74kJ · mol⁻¹ 和 115.30 kJ · mol⁻¹。

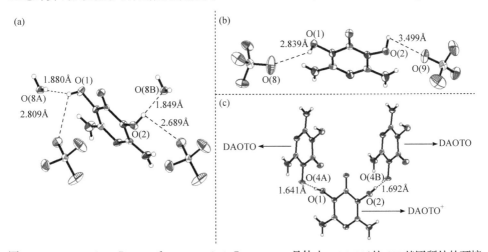

图 4.44　DAOTO⁺ClO₄⁻ · H₂O 和 DAOTO⁺ClO₄⁻ · DAOTO 晶体中 DAOTO⁺的 OH 基团所处的环境
(a) DAOTO⁺ClO₄⁻ · H₂O；(b)、(c) DAOTO⁺ClO₄⁻ · DAOTO

表 4.23　共晶 DAOTO⁺ClO₄⁻ · DAOTO 中的内能与氢键键能

| 指标 | 数值 |
|---|---|
| 构造 A 内能/hartree | −1233.317802 |
| 构造 B 内能/hartree | −1233.314967 |
| DAOTO 分子内能/hartree | −616.468926 |
| DAOTO⁺离子内能/hartree | −616.802146 |
| O(1)—H(10)···O(4)氢键键能/(kJ · mol⁻¹) | 122.74 |
| O(2)—H(9)···O(4)氢键键能/(kJ · mol⁻¹) | 115.30 |

1g DAOTO⁺ClO₄⁻ · H₂O 可溶于约 50mL 乙醇中，TATDO 和 DAOTO 都难溶于乙醇，根据两种共晶的制备方法，两种共晶中的 DAOTO⁺ClO₄⁻都变得难溶于乙醇。由 DAOTO⁺ClO₄⁻ · DAOTO 的晶体结构可知，共晶中的 DAOTO 与 DAOTO⁺ClO₄⁻之间存在大量高强度的氢键和其他多种弱分子间相互作用，这些分子间相互作用可以有效阻碍共晶中的 DAOTO⁺ClO₄⁻与乙醇分子间形成氢键相互作用，并由此降低了 DAOTO⁺ClO₄⁻ 在 乙 醇 中 的 溶 解 度 。 类 似 于 DAOTO⁺ClO₄⁻ · DAOTO ，DAOTO⁺ClO₄⁻ · TATDO 中的DAOTO⁺ClO₄⁻与TATDO 之间也会存在高强度的分子间相互作用。图 4.45 显示 DAOTO⁺ClO₄⁻ · H₂O 的 N—OH 基团在 3541cm⁻¹ 处的 IR 吸收峰，在共晶 DAOTO⁺ClO₄⁻ · TATDO 中明显红移至 3422cm⁻¹ 处[25]。TATDO 分子含有两个具有较强质子亲和力的 N→O 键，而 DAOTO 分子只含有一个 N→O 键。因此，类似于共晶 DAOTO⁺ClO₄⁻ · DAOTO，在共晶 DAOTO⁺ClO₄⁻ · TATDO 中，DAOTO⁺的 OH 基团也很可能与 TATDO 的 N→O 键氧原子形成了强氢键相互作用[24]。

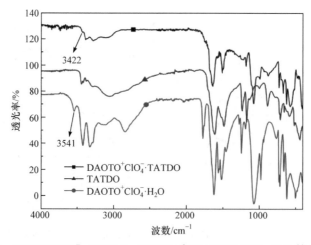

图 4.45　DAOTO⁺ClO₄⁻ · TATDO、TATDO 和 DAOTO⁺ClO₄⁻ · H₂O 的 IR 图谱

　　基于以上信息，对共晶 DAOTO$^+$ClO$_4^-$ · DAOTO 和共晶 DAOTO$^+$ClO$_4^-$ · TATDO 显著高于 DAOTO$^+$ClO$_4^-$的热稳定性，可以有以下两种解释[24]。

　　解释一：DAOTO$^+$ClO$_4^-$及其参与形成的两种共晶，热分解都是从 DAOTO$^+$ClO$_4^-$离子间氢转移引发 DAOTO 和高氯酸分子生成开始的。虽然 DAOTO$^+$ClO$_4^-$ · H$_2$O 晶体中 DAOTO$^+$的两个 OH 基团都与结晶水的氧原子形成了氢键相互作用，但 DAOTO$^+$ClO$_4^-$ · H$_2$O 的结晶水会在 100℃以前完全逃逸(图 4.40)，而且余下的 DAOTO$^+$ClO$_4^-$会在 135～160℃发生晶型转变。因此，DAOTO$^+$的两个 OH 基团会在晶型转变过程中与具有丰富氢键受体的 ClO$_4^-$离得更近，从而使得从 DAOTO$^+$到 ClO$_4^-$的氢转移更容易发生。对于共晶 DAOTO$^+$ClO$_4^-$ · DAOTO 和共晶 DAOTO$^+$ClO$_4^-$ · TATDO，一方面由于 DAOTO$^+$的两个 OH 基团都与 DAOTO 或 TATDO 分子 N→O 键的氧原子形成了很强的氢键相互作用，从 DAOTO$^+$到 ClO$_4^-$的氢转移首先要克服这种强氢键相互作用；另一方面，共结晶的 DAOTO 或 TATDO 分子不会像结晶水分子一样逃逸，而且两种共晶中的 DAOTO$^+$ClO$_4^-$都不再发生晶型转变，DAOTO 或 TATDO 分子具有隔离 ClO$_4^-$和 DAOTO$^+$的效果，从而使得从 DAOTO$^+$到 ClO$_4^-$的氢转移更难发生。

　　解释二：DAOTO$^+$ClO$_4^-$及其参与形成的两种共晶，热分解都是从 DAOTO$^+$的酸性质子向外转移开始的。对于晶体 DAOTO$^+$ClO$_4^-$ · H$_2$O，DAOTO$^+$的酸性质子只能向 ClO$_4^-$转移，从而形成 DAOTO 和高氯酸并引发它们之间的剧烈氧化还原反应。正如解释一，结晶水的逃逸和晶型转变使 DAOTO$^+$ClO$_4^-$ · H$_2$O 晶体从 DAOTO$^+$到 ClO$_4^-$的酸性质子转移更容易发生。对于两种共晶，DAOTO$^+$的两个 OH 基团都与 DAOTO 或 TATDO 分子 N→O 键的氧原子离得最近，而与 ClO$_4^-$的氧原子离得很远。在水中，DAOTO(p$K_b$ = 10.74)和 TATDO (p$K_b$ = 10.49)都是碱性远强于 ClO$_4^-$ (p$K_b$ = 15.6)碱性的弱碱[17]，它们 N→O 键的氧原子都可以接收质子。因此，当 DAOTO$^+$的酸性质子在共晶的晶格中进行转移时，一方面需要克服解释一的强氢键相互作用，另一方面更容易被 DAOTO 或 TATDO 分子 N→O 键的氧原子捕获，从而形成新 DAOTO$^+$或 TATDO$^+$。对于共晶 DAOTO$^+$ClO$_4^-$ · DAOTO，这种从 DAOTO$^+$到 DAOTO 分子的酸性质子转移，新生成了 DAOTO$^+$ClO$_4^-$离子盐和 DAOTO 分子 [图 4.46(a)]，从而维持了共晶的组成并使共晶能够以一种新的形式继续存在。对于共晶 DAOTO$^+$ClO$_4^-$ · TATDO，这种从 DAOTO$^+$到 TATDO 分子的酸性质子转移，新生成了 TATDO$^+$ClO$_4^-$离子盐和 DAOTO 分子[图 4.46(b)]，化合物 TATDO$^+$ClO$_4^-$ ($T_e$ = 272.7℃)本身的热稳定性就很高，因此该共晶的热稳定性也随之提高[24]。

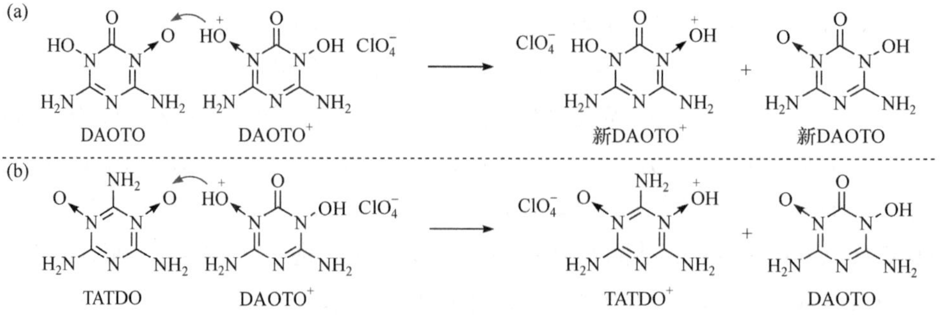

图 4.46 共晶 DAOTO⁺ClO₄⁻ · DAOTO 和 DAOTO⁺ClO₄⁻ · TATDO 中发生的酸性质子转移

(a) DAOTO⁺ClO₄⁻ · DAOTO; (b) DAOTO⁺ClO₄⁻ · TATDO

表 4.24 给出了共晶 DAOTO⁺ClO₄⁻ · DAOTO 和共晶 DAOTO⁺ClO₄⁻ · TATDO 在不同升温速率下热分解的特征温度 $T_e$ 和 $T_p$ 及通过 Kissinger 法和 Ozawa 法算得的动力学参数。两种方法对同一共晶的 $E_a$ 计算结果相近，且线性相关系数都非常接近于 1，因此计算结果是可信的。利用得到的 $E_a$ 和 $A$ 并结合式(4.1)~式(4.3)可得，当升温速率为 10℃ · min⁻¹ 时，在 $T_p$ 处 DAOTO⁺ClO₄⁻ · DAOTO 的 $\Delta H^{\neq}$、$\Delta S^{\neq}$ 和 $\Delta G^{\neq}$ 分别为 310.06kJ · mol⁻¹、268.90J · mol⁻¹ · K⁻¹ 和 158.71kJ · mol⁻¹，DAOTO⁺ClO₄⁻ · TATDO 的 $\Delta H^{\neq}$、$\Delta S^{\neq}$ 和 $\Delta G^{\neq}$ 分别为 272.99kJ · mol⁻¹、219.42J · mol⁻¹ · K⁻¹ 和 153.68kJ · mol⁻¹。利用 $E_a$、$A$ 和表 4.24 中的 $T_e$ 可得，DAOTO⁺ClO₄⁻ · DAOTO 的 $T_{SADT}$ 和 $T_b$ 分别为 279.1℃ 和 287.4℃，DAOTO⁺ClO₄⁻ · TATDO 的 $T_{SADT}$ 和 $T_b$ 分别为 256.9℃ 和 265.6℃。

表 4.24  DAOTO⁺ClO₄⁻ · DAOTO 和 DAOTO⁺ClO₄⁻ · TATDO 热分解的特征温度和动力学参数

| 化合物 | $\beta/(℃ \cdot min^{-1})$ | $T_e/℃$ | $T_p/℃$ | $E_K/E_O$ [/(kJ · mol⁻¹)/(kJ · mol⁻¹)] | $A_K /s^{-1}$ | $r_K/r_O$ |
|---|---|---|---|---|---|---|
| DAOTO⁺ClO₄⁻ · DAOTO | 5.0 | 281.9 | 283.1 | | | |
| | 10.0 | 286.5 | 289.7 | | | |
| | 15.0 | 291.0 | 292.5 | 314.74/308.18 | $10^{27.55}$ | 0.9920/0.9924 |
| | 20.0 | 293.5 | 294.0 | | | |
| DAOTO⁺ClO₄⁻ · TATDO | 5.0 | 261.2 | 264.3 | | | |
| | 10.0 | 265.5 | 270.6 | | | |
| | 15.0 | 269.7 | 273.5 | 277.51/272.49 | $10^{24.95}$ | 0.9987/0.9988 |
| | 20.0 | 273.7 | 276.3 | | | |

共晶 DAOTO⁺ClO₄⁻ · DAOTO 和共晶 DAOTO⁺ClO₄⁻ · TATDO 的 $C_p$ 曲线如图 4.47 所示，在 283.15~313.15K，其 $C_p$ 方程如下：

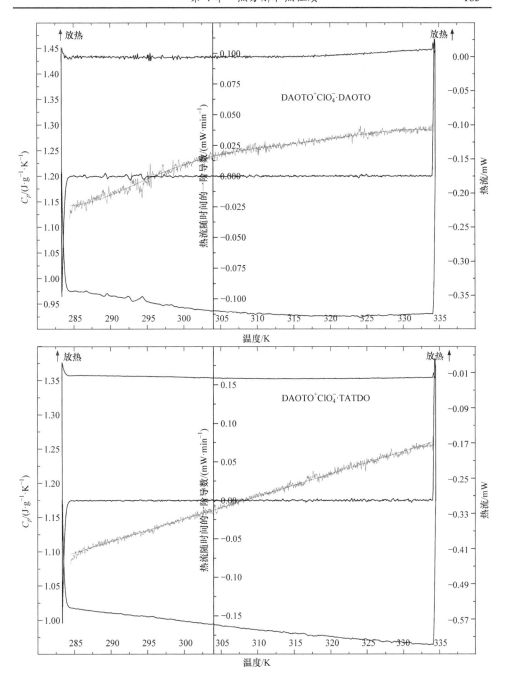

图 4.47　DAOTO⁺ClO₄⁻ · DAOTO 和 DAOTO⁺ClO₄⁻ · TATDO 的 $C_p$ 曲线

$C_p$(DAOTO⁺ClO₄⁻ · DAOTO, J · g⁻¹ · K⁻¹) = (1.010490×10¹¹) $T^{-3}$ − (9.537483× 10⁸) $T^{-2}$ + (1.569652×10⁶) $T^{-1}$ + 6.946129×10³ − 3.759542$T$ − (9.193558×10⁻²) $T^2$ +

$(5.135511\times10^{-5})T^3 + (5.780044\times10^{-7})T^4 - (8.184326\times10^{-10})T^5$ ;

$C_p(\text{DAOTO}^+\text{ClO}_4^- \cdot \text{TATDO}, \text{J} \cdot \text{g}^{-1} \cdot \text{K}^{-1}) = 1.588893\times10^{-1} + (3.296059\times10^{-3})T$。

由 $C_p$ 方程计算得到，在 298.15K 下 DAOTO$^+$ClO$_4^-$ · DAOTO 的比热容和摩尔热容分别为 1.21J · g$^{-1}$ · K$^{-1}$ 和 506.58J · mol$^{-1}$ · K$^{-1}$，DAOTO$^+$ClO$_4^-$ · TATDO 的比热容和摩尔热容分别为 1.14J · g$^{-1}$ · K$^{-1}$ 和 476.16J · mol$^{-1}$ · K$^{-1}$。

# 4.4　DAMTO 系列含能化合物热分解和热性质

### 4.4.1　DAMTO 及其去质子化产物热分解

DAMTO 及其去质子化产物[(K$^+$)$_2$(DAMTO$^-$)$_2$(H$_2$O)$_5$]$_n$、Cu$^{2+}$(DAMTO$^-$)$_2$ 和 Pb$^{2+}$(DAMTO$^-$)$_2$ 在升温速率为 10℃ · min$^{-1}$ 时的 DSC 曲线如图 4.48 所示。由于 DAMTO 的分子结构中只含有一个含能 N→O 键，DAMTO 的能量水平较低，且在高温下有升华现象，所以 DAMTO 未像大多数含能材料一样出现放热分解现象，反而在 290～360℃有一个明显的吸热分解峰。该峰的外推始点温度 $T_e$ 和峰顶温度 $T_p$ 分别为 320.5℃ 和 351.9℃。[(K$^+$)$_2$(DAMTO$^-$)$_2$(H$_2$O)$_5$]$_n$ 在 60～115℃有一段小幅吸热过程，该过程应该是其水分子的逃逸过程；该钾盐的剩余部分在 230～260℃有一个剧烈的吸热分解峰，该吸热分解峰的 $T_e$ 和 $T_p$ 分别为 243.9℃ 和 251.3℃，显微熔点仪的观测结果显示该吸热分解过程伴随着熔化现象。Cu$^{2+}$(DAMTO$^-$)$_2$ 在 330～375℃有一个明显的放热分解峰，该放热分解峰的 $T_e$ 和 $T_p$ 分别为 352.6℃ 和 364.2℃，放热量约为 433J · g$^{-1}$。Pb$^{2+}$(DAMTO$^-$)$_2$ 从约 205℃ 开始逐渐吸热分解，在 249.7℃ 和 298.9℃ 处分别有两个吸热分解峰，最后在 349.3℃处有一个放热量约为 126J · g$^{-1}$ 的放热分解峰。

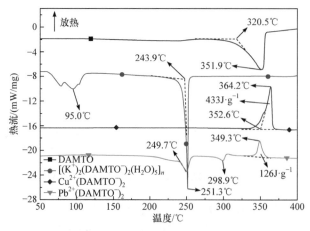

图 4.48　DAMTO 及其去质子化产物的 DSC 曲线

### 4.4.2　DAMTO 质子化产物热分解和热性质

图 4.49 和图 4.50 分别为 DAMTO$^+$NO$_3^-$和 DAMTO$^{2+}$(ClO$_4^-$)$_2$ 在升温速率为 10℃ · min$^{-1}$时的 DSC 曲线和 TG-DTG 曲线。曲线显示 DAMTO$^+$NO$_3^-$在 150～200℃ 有一个剧烈的放热分解失重过程，该放热分解过程的外推始点温度 $T_e$ 为 189.1℃，峰顶温度 $T_p$ 为 189.4℃，放热量约为 684J · g$^{-1}$。该失重过程的质量损失约为 40%，$T_e$ 为 160.1℃，最大失重速率点对应的温度为 172.4℃。DAMTO$^+$NO$_3^-$热分解后的剩余产物在 337.4℃还有一个小幅吸热分解失重过程。曲线显示 DAMTO$^{2+}$(ClO$_4^-$)$_2$ 在 205～255℃有一个剧烈的放热分解失重过程，该放热分解过程的 $T_e$ 和 $T_p$ 分别为 237.0℃和 238.9℃，放热量约为 594J · g$^{-1}$。该失重过程的质量损失约为 65%，$T_e$ 为 207.5℃，最大失重速率点对应的温度为 237.4℃。DAMTO$^{2+}$(ClO$_4^-$)$_2$ 上述放热分解过程后的剩余产物在 255～350℃还有一个小幅缓慢放热分解失重过程，该放热分解过程的 $T_p$ 为 319.8℃，放热量约为 1107J · g$^{-1}$；该失重过程的质量损失约为 17%，最大失重速率点对应的温度为 309.6℃。

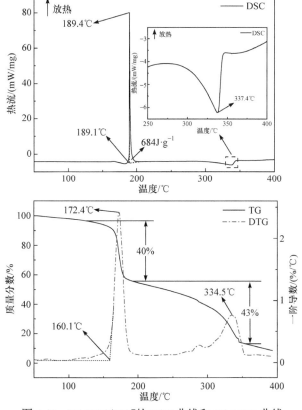

图 4.49　DAMTO$^+$NO$_3^-$的 DSC 曲线和 TG-DTG 曲线

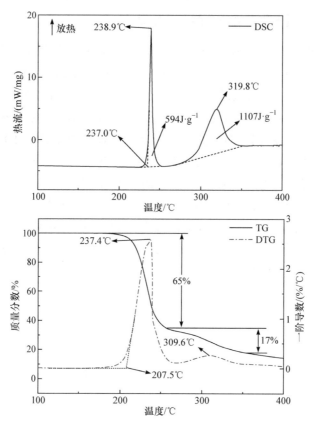

图 4.50    DAMTO$^{2+}$(ClO$_4^-$)$_2$ 的 DSC 曲线和 TG-DTG 曲线

虽然 DAMTO 能量水平较低,未出现放热分解现象(图 4.48),但 DAMTO$^+$NO$_3^-$ 和 DAMTO$^{2+}$(ClO$_4^-$)$_2$ 由于引入含能 NO$_3^-$ 和 ClO$_4^-$,出现剧烈的放热分解现象。DAMTO$^+$NO$_3^-$ 和 DAMTO$^{2+}$(ClO$_4^-$)$_2$ 的热稳定性显著低于 DAMTO($T_e$ = 320.5℃)的热稳定性。硝酸铵和高氯酸铵的热分解被认为很可能是从离子间氢转移引发硝酸/高氯酸和氨分子生成开始的,且生成的硝酸/高氯酸和氨分子之间进一步发生了氧化还原反应[16,18]。DAMTO 的碱性与 TATDO(p$K_b$ = 10.49)和 DAOTO (p$K_b$ = 10.74) 的碱性相当,显著弱于氨水(p$K_b$ = 4.75)的碱性[17],因此 DAMTO 的阳离子比 NH$_4^+$ 更容易给出质子。DAMTO$^+$NO$_3^-$ 和 DAMTO$^{2+}$(ClO$_4^-$)$_2$ 的热分解很可能与硝酸铵和高氯酸铵的热分解类似,也是从离子间氢转移引发相应的 DAMTO 和硝酸/高氯酸生成开始,且生成的硝酸/高氯酸与 DAMTO 的氨基和甲基之间可发生剧烈的氧化还原反应,并瞬间释放大量热量,从而使 DAMTO$^+$NO$_3^-$ 和 DAMTO$^{2+}$(ClO$_4^-$)$_2$ 出现剧烈的放热分解现象。根据前文对 TATDO 和 DAOTO 的硝酸盐和高氯酸盐热分解的分析,上述离子间氢转移较易发生,因此,DAMTO$^+$NO$_3^-$ 和 DAMTO$^{2+}$(ClO$_4^-$)$_2$ 的热稳定性显著低于 DAMTO 的热稳定性。$DAMTO^+NO_3^-$ 的 DSC 曲线和 TG-DTG 曲线显示，在 335℃左右的小幅吸热分解失重过程与 DAMTO($T_p = 351.9℃$)(图 4.48)吸热分解峰的位置基本相符，该小幅吸热分解过程可能是 $DAMTO^+NO_3^-$ 离子间氢转移生成 DAMTO 引发的。

表 4.25 给出了 $DAMTO^+NO_3^-$ 和 $DAMTO^{2+}(ClO_4^-)_2$ 在不同升温速率下热分解的特征温度及通过 Kissinger 法和 Ozawa 法算得的动力学参数。两种方法对同一产物的 $E_a$ 计算结果相近，且线性相关系数都接近于 1，因此计算结果是可信的。利用得到的 $E_a$ 和 $A$ 并结合式(4.1)~式(4.3)可得，当升温速率为 $10℃ \cdot min^{-1}$ 时，在 $T_p$ 处 $DAMTO^+NO_3^-$ 的 $\Delta H^{\neq}$、$\Delta S^{\neq}$ 和 $\Delta G^{\neq}$ 分别为 $198.87kJ \cdot mol^{-1}$、$147.25J \cdot mol^{-1} \cdot K^{-1}$ 和 $130.76kJ \cdot mol^{-1}$，$DAMTO^{2+}(ClO_4^-)_2$ 的 $\Delta H^{\neq}$、$\Delta S^{\neq}$ 和 $\Delta G^{\neq}$ 分别为 $252.46kJ \cdot mol^{-1}$、$210.34J \cdot mol^{-1} \cdot K^{-1}$ 和 $144.76kJ \cdot mol^{-1}$。利用 $E_a$、$A$ 和表 4.25 中的 $T_e$ 可得，$DAMTO^+NO_3^-$ 的 $T_{SADT}$ 和 $T_b$ 分别为 183.4℃和 192.3℃，$DAMTO^{2+}(ClO_4^-)_2$ 的 $T_{SADT}$ 和 $T_b$ 分别为 227.4℃和 235.8℃。

表 4.25  $DAMTO^+NO_3^-$ 和 $DAMTO^{2+}(ClO_4^-)_2$ 热分解的特征温度和动力学参数

| 化合物 | $\beta/(℃ \cdot min^{-1})$ | $T_e/℃$ | $T_p/℃$ | $E_K/E_O$ [/(kJ \cdot mol^{-1})/(kJ \cdot mol^{-1})] | $A_K/s^{-1}$ | $r_K/r_O$ |
|---|---|---|---|---|---|---|
| $DAMTO^+NO_3^-$ | 5.0 | 184.5 | 185.3 | | | |
| | 10.0 | 189.1 | 189.4 | 202.72/200.11 | $10^{21.11}$ | 0.9862/ 0.9872 |
| | 15.0 | 193.9 | 194.6 | | | |
| | 20.0 | 195.6 | 196.4 | | | |
| $DAMTO^{2+}(ClO_4^-)_2$ | 5.0 | 233.3 | 234.1 | | | |
| | 10.0 | 237.0 | 238.9 | 256.72/252.24 | $10^{24.45}$ | 0.9965/ 0.9967 |
| | 15.0 | 239.9 | 242.7 | | | |
| | 20.0 | 243.4 | 245.5 | | | |

$DAMTO^+NO_3^-$ 和 $DAMTO^{2+}(ClO_4^-)_2$ 的 $C_p$ 曲线如图 4.51 所示，在 283.15~313.15K，其 $C_p$ 方程如下：

$C_p(DAMTO^+NO_3^-, J \cdot g^{-1} \cdot K^{-1}) = -(1.793840 \times 10^5)T^{-1} + 2.377907 \times 10^3 - (1.181733 \times 10)T + (2.611962 \times 10^{-2})T^2 - (2.164034 \times 10^{-5})T^3$；

$C_p(DAMTO^{2+}(ClO_4^-)_2, J \cdot g^{-1} \cdot K^{-1}) = -3.936851 \times 10^{-1} + (6.869558 \times 10^{-3})T - (5.996940 \times 10^{-6})T^2$。

由 $C_p$ 方程计算得到，在 298.15K 下 $DAMTO^+NO_3^-$ 的比热容和摩尔热容分别为 $1.23J \cdot g^{-1} \cdot K^{-1}$ 和 $251.10J \cdot mol^{-1} \cdot K^{-1}$，$DAMTO^{2+}(ClO_4^-)_2$ 的比热容和摩尔热容分别为 $1.12J \cdot g^{-1} \cdot K^{-1}$ 和 $383.08J \cdot mol^{-1} \cdot K^{-1}$。

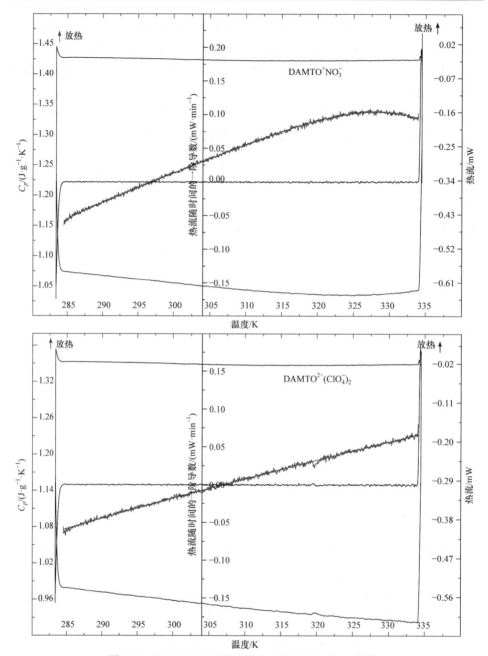

图 4.51　DAMTO⁺NO₃⁻和 DAMTO²⁺(ClO₄⁻)₂ 的 $C_p$ 曲线

# 4.5　PAHAPE · 2H₂O 热分解

图 4.52 为在 100℃下干燥后于室温下保存了 1d 的 PAHAPE · 2H₂O 样品，在

升温速率为 10℃·min$^{-1}$ 时的 DSC 曲线和 TG-DTG 曲线。曲线显示样品在 60～
115℃依然有一个明显的质量损失约为 14%的吸热失重过程,该质量损失接近于
PAHAPE·2H$_2$O 中结晶水的质量分数(14.5%),这说明 PAHAPE 在室温下会重新
吸收空气中的水分,快速恢复为具有结晶水的 PAHAPE·2H$_2$O,而 PAHAPE·2H$_2$O
会在100℃左右失去结晶水并转变为 PAHAPE。曲线显示 PAHAPE·2H$_2$O 在185～
205℃有一个较为剧烈的放热分解失重过程,该放热分解过程的外推始点温度 $T_e$
为193.3℃,峰顶温度 $T_p$ 为197.0℃,放热量约为 466J·g$^{-1}$(按 PAHAPE 的质量计,
约为 545J·g$^{-1}$),该失重过程的质量损失约为 13%(按 PAHAPE 的质量计,约为
15%),$T_e$ 为189.1℃,最大失重速率点对应的温度为196.2℃。

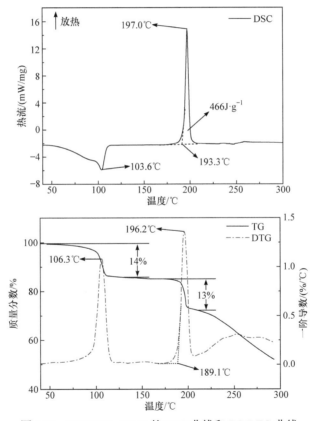

图 4.52　PAHAPE·2H$_2$O 的 DSC 曲线和 TG-DTG 曲线

表 4.26 给出了 PAHAPE 在不同升温速率下热分解的特征温度及通过 Kissinger
法和 Ozawa 法算得的动力学参数。通过两种方法获得的 $E_a$ 值相近,且线性相关
系数都接近于 1,因此计算结果是可信的。利用得到的 $E_a$ 和 $A$ 并结合式(4.1)～
式(4.3)可得,当升温速率为 10℃·min$^{-1}$ 时,PAHAPE 在 $T_p$ 处的$\Delta H^{\neq}$、$\Delta S^{\neq}$和$\Delta G^{\neq}$

分别为 176.72kJ·mol$^{-1}$、91.98J·mol$^{-1}$·K$^{-1}$ 和 133.48kJ·mol$^{-1}$。同时，利用 $E_a$、$A$ 和表 4.26 中的 $T_e$ 可得，PAHAPE 的 $T_{SADT}$ 和 $T_b$ 分别为 184.5℃和 194.6℃[26-29]。

表 4.26 PAHAPE 热分解的特征温度和动力学参数

| $\beta/$(℃·min$^{-1}$) | $T_p/$℃ | $T_p/$℃ | $E_K/E_O$ [/(kJ·mol$^{-1}$)/(kJ·mol$^{-1}$)] | $A_K/s^{-1}$ | $r_K/r_O$ |
|---|---|---|---|---|---|
| 5.0 | 187.2 | 192.2 | | | |
| 10.0 | 193.3 | 197.0 | 180.63/179.23 | $10^{18.23}$ | 0.9890/0.9899 |
| 15.0 | 199.6 | 202.4 | | | |
| 20.0 | 202.9 | 205.4 | | | |

## 4.6 热行为规律

通过 N-氧化反应,惰性富氮三嗪化工原料三聚氰胺转变成了耐热 N-氧化含能化合物 TATDO 和 DAOTO。TATDO 和 DAOTO 及它们的离子化产物都出现放热分解现象。甲代三聚氰胺的 N-氧化产物 DAMTO 及其去质子化产物(金属盐)，由于能量水平较低，出现吸热或小幅放热分解现象，但 DAMTO 的高能质子化产物都发生剧烈放热分解。当升温速率为 10℃·min$^{-1}$ 时,TATDO、DAOTO 和 DAMTO 热分解峰的外推始点温度 $T_e$ 为 293.3～320.5℃，它们的离子化产物首个热分解峰的 $T_e$ 为 171.1～352.6℃。此外，PAHAPE 从 190℃左右开始剧烈放热分解[30]。

TATDO 和 DAOTO 的热分解可能都是氮氧键断裂引发的，与它们热稳定性相近的含金属去质子化产物热分解，也可能是氮氧键断裂引发的，而热稳定性明显更低的含金属去质子化产物热分解可能是金属离子参与的配位键断裂引发的。TATDO、DAOTO 和 DAMTO 非金属离子化产物的热稳定性都相对较低。二硝酰胺盐 TATDO$^+$DNA$^-$ 的热分解可能是从不稳定的高能二硝酰胺离子直接分解开始的，其余所有非金属离子化产物的热分解都可能是从离子间氢转移引发的相应电中性分子生成开始的。TATDO$^+$DNA$^-$ 中的氢键和弱 σ 非共价相互作用能较好地稳定其二硝酰胺离子。由于强氢键相互作用与空间隔离对离子间氢转移的阻碍作用，以及 DAOTO/TATDO 分子可接收质子的性质,DAOTO$^+$ClO$_4^-$ 与 DAOTO 和 TATDO 共晶的热分解温度分别比 DAOTO$^+$ClO$_4^-$高了 96℃和 77℃[30]。

合成的 MOF 型含能化合物都依靠金属离子与氮氧键的氧原子配位键形成 MOF 结构，氮氧键断裂可导致 MOF 中大量配位键的瞬间链式断裂，从而使合成的 MOF 型含能化合物的热分解过程都较剧烈。合成的非 MOF 型含能配合物的较大初始热分解碎片之间会进行复杂且漫长的反应，因此它们的热分解过程较温和。由于离子间氢转移生成的硝酸/高氯酸和 TATDO/DAOTO/DAMTO 分子间可发生剧烈的氧化还原反应，合成的硝酸盐和高氯酸盐都出现剧烈的放热分解现象。合成的质子化产物氧含量高于 TATDO、DAOTO、DAMTO 及其去质子化产物的氧含量，合成的质子化产物热分解的氧化还原反应进行得更彻底，它们的最终热分解残渣余量往往更少。

　　基于 N-氧化三嗪化合物 TATDO、DAOTO 和 DAMTO 两性性质合成的系列离子型含能化合物展现出丰富的热行为，这说明两性含能化合物有助于性质各异含能材料的开发。

**参 考 文 献**

[1] KISSINGER H E. Reaction kinetics in differential thermal analysis[J]. Analytical Chemistry, 1957, 29(11): 1702-1706.

[2] OZAWA T. A new method of analyzing thermogravimetric data[J]. Bulletin of the Chemical Society of Japan, 1965, 38(11): 1881-1886.

[3] FLYNN J H, WALL L, QUICK A A. Direct method for the determination of activation energy from thermogravimetric data[J]. Journal of Polymer Science Part B: Polymer Letters, 1966, 4(5): 323-328.

[4] 胡荣祖, 高胜利, 赵凤起, 等. 热分析动力学[M]. 2 版. 北京: 科学出版社, 2008.

[5] 丁延伟. 热分析基础[M]. 合肥: 中国科学技术大学出版社, 2020.

[6] DINERMAN C E, EWING G E. Infrared spectrum, structure, and heat of formation of gaseous $(NO)_2$[J]. The Journal of Chemical Physics, 1970, 53(2): 626-631.

[7] GEORGIEVA M K, VELCHEVA E A. Computational and experimental studies on the IR spectra and structure of the simplest nitriles ($C_1$ and $C_2$), their anions, and radicals[J]. International Journal of Quantum Chemistry, 2006, 106(6): 1316-1322.

[8] ZABARDASTI A, SOLIMANNEJAD M. Theoretical study and AIM analysis of hydrogen bonded clusters of water and isocyanic acid[J]. Journal of Molecular Structure: THEOCHEM, 2007, 819(1-3): 52-59.

[9] FRISCH M J, TRUCKS G W, SCHLEGEL H B, et al. Gaussian 09 (Revision D.01)[CP/DK]. Gaussian, Inc., Wallingford CT, 2013.

[10] 李师, 王毅. 石墨相氮化碳的制备和应用进展[J]. 皮革与化工, 2020, 37(3): 22-32.

[11] 李良. 硫酸胍制备多孔石墨型氮化碳及其光催化降解苯酚[J]. 工业催化, 2016, 24(2): 51-56.

[12] 王学志. 硝酸胍热失控机理研究[D]. 青岛: 中国石油大学(华东), 2017.

[13] OXLEY J C, SMITH J L, NAIK S, et al. Decompositions of urea and guanidine nitrates[J]. Journal of Energetic Materials, 2008, 27(1): 17-39.

[14] FENG Z, WANG X, XU K, et al. Three unexpected cadmium(Ⅱ)-based energetic metal-organic frameworks derived from 2-(dinitromethylene)-1,3-diazacyclopentane[J]. Polyhedron, 2018, 153: 163-172.

[15] XU K, SONG J, YANG X, et al. Molecular structure, theoretical calculation and thermal behavior of 2-(1,1-dinitromethylene)-1,3-diazepentane[J]. Journal of Molecular Structure, 2008, 891(1-3): 340-345.

[16] OXLEY J C, SMITH J L, WANG W. Compatibility of ammonium nitrate with monomolecular explosives. 2. Nitroarenes[J]. The Journal of Physical Chemistry, 1994, 98(14): 3901-3907.

[17] DEAN J A. Lange's Handbook of Chemistry[M]. 15th ed. New York: McGraw-Hill, Inc., 1999.

[18] BOLDYREV V V. Thermal decomposition of ammonium perchlorate[J]. Thermochimica Acta, 2006, 443(1): 1-36.

[19] WANG J, WANG J, WANG S, et al. High-energy Al/graphene oxide/$CuFe_2O_4$ nanocomposite fabricated by

self-assembly: Evaluation of heat release, ignition behavior, and catalytic performance[J]. Energetic Materials Frontiers, 2021, 2(1): 22-31.

[20] 许诚, 毕福强, 刘愆, 等. 基于二硝酰胺阴离子的非金属含能离子盐研究进展[J]. 化学试剂, 2014, 36(5): 423-427.

[21] VYAZOVKIN S, WIGHT C A. Ammonium dinitramide: Kinetics and mechanism of thermal decomposition[J]. The Journal of Physical Chemistry A, 1997, 101(31): 5653-5658.

[22] 付永胜, 黄婷, 汪信, 等. 一种胍基脲硝酸盐制备的石墨相氮化碳及其方法和应用: 201810825045.0[P]. 2020-02-07.

[23] BU R, XIONG Y, WEI X, et al. Hydrogen bonding in CHON-containing energetic crystals: A review[J]. Crystal Growth & Design, 2019, 19(10): 5981-5997.

[24] FENG Z, CHEN S, LI Y, et al. Amphoteric ionization and cocrystallization synergistically applied to two melamine-based N-oxides: Achieving regulation for comprehensive performance of energetic materials[J]. Crystal Growth & Design, 2022, 22: 513-523.

[25] 傅时雨, 李静, 詹怀宇, 等. 苯基羟胺的合成及其波谱分析[J]. 广州化学, 1999, 4: 10-13.

[26] FENG Z, ZHANGY, LI J, et al. Aromatic nucleophilic substitution via chlorinated nitrated benzene derivatives: Four energetic ring-substituted furazans[J]. Propellants, Explosives, Pyrotechnics, 2019, 44: 821-829.

[27] LI C, FENG Z, WANG H, et al. Aromatic nucleophilic substitution of FOX-7: Synthesis and properties of 1-amino-1-picrylamino-2,2-dinitroethylene (APDE) and its potassium salt [K(APDE)][J]. ChemPlusChem, 2019, 84: 794-801.

[28] ZHANG Y, WU H, XU K, et al. Thermolysis, non-isothermal decomposition kinetics, specific heat capacity and adiabatic time-to-explosion of $[Cu(NH_3)_4](DNANT)_2$ (DNANT = dinitroacetonitrile)[J]. The Journal of Physical Chemistry A, 2014, 118:1168-1174.

[29] ZHANG W, HUANG J, XU K, et al. Thermolysis, specific heat capacity and adiabatic time-to-explosion of 2,3-dihydro-4-nitro-3-(dinitromethylene)-1H-pyrazol-5-amine potassium salt[J]. Journal of Analytical and Applied Pyrolysis, 2013, 104: 703-706.

[30] 冯治存. 两性 N-氧化三嗪含能化合物的合成及结构性质关系研究[D]. 西安: 西北大学, 2022.

# 第5章 应用性能

## 5.1 含能特性

### 5.1.1 燃烧爆炸相关理论

通过氧弹量热仪测量化合物的恒容燃烧热($Q_V$)。产物的燃烧方程式约定[1-6]:碳元素都转变为 $CO_2(g)$;氢元素都转变为 $H_2O(l)$;硝酸根离子和二硝酰胺根离子的硝基中氮元素无论是分解为亚硝酸根离子、NO 还是 $NO_2$,由于氧弹中有充足的氧气和水,最终会转变为 $HNO_3(aq)$,其他氮元素被氧化为 $N_2(g)$;高氯酸根离子中的氯元素无论是分解为氯离子还是 $Cl_2$,由于高温的氧弹中有充足的水,最终会转变为 $HCl(aq)$;钠元素和钾元素无论是转变为 $Na_2O/K_2O$、$Na_2O_2/K_2O_2$ 还是 $NaO_2/KO_2$,由于样品燃烧会产生足够的 $H_2O$,最终会分别转变为 $NaOH(s)$ 和 $KOH(s)$;锌元素、镉元素和铜元素分别转变为 $ZnO(s)$、$CdO(s)$ 和 $CuO(s)$。产物样品在 298.15K 下的标准摩尔燃烧焓 $\Delta_c H_m^\ominus$(样品,s)的计算方程为

$$\Delta_c H_m^\ominus(样品,s) = Q_V + \Delta nRT \tag{5.1}$$

式中,$Q_V$ 为恒容燃烧热($J \cdot mol^{-1}$);$\Delta n$ 为燃烧方程式前后气体的物质的量之差;$R$ 为气体常数($8.314 J \cdot mol^{-1} \cdot K^{-1}$);$T$ 取 298.15K。

根据盖斯(Hess)定律,可从燃烧方程式推导出产物样品在 298.15K 下的标准摩尔生成热($\Delta_f H_m^\ominus$)为

$$\Delta_f H_m^\ominus(样品,s) = \sum \Delta_f H_m^\ominus(燃烧产物) - \Delta_c H_m^\ominus(样品,s) \tag{5.2}$$

式中,$\sum \Delta_f H_m^\ominus$(燃烧产物) 为样品的燃烧产物在 298.15K 下的标准摩尔生成热之和(需要考虑燃烧方程式中的化学计量数)($kJ \cdot mol^{-1}$);$\Delta_c H_m^\ominus$(样品,s)为样品在 298.15K 下的标准摩尔燃烧焓($kJ \cdot mol^{-1}$)[1-6]。

对于 CNOH 类含能材料,按照 Kamlet-Jacobs 方程计算它们的爆压($P$)和爆速($D$)[7],其爆炸反应方程式约定:氮元素生成 $N_2(g)$;氧元素先与氢元素生成 $H_2O(g)$,然后与碳元素生成 $CO_2(g)$,若氧元素还有剩余则生成 $O_2(g)$,若氧元素不足以氧化全部氢元素和碳元素,则会有 $H_2(g)$ 和 $C(s)$ 生成。计算 CNOH 类含能材料 $P$ 和 $D$ 的 Kamlet-Jacobs 方程为

$$P = 1.558\varphi\rho^2 \tag{5.3}$$

$$D = 1010\varphi^{0.5}(1 + 1.30\rho) \tag{5.4}$$

$$\varphi = 0.489N(M_g Q_d)^{0.5} \tag{5.5}$$

式中，$P$ 为爆压(GPa)；$D$ 为爆速(m·s$^{-1}$)；$\rho$ 为样品密度(g·cm$^{-3}$)；$N$ 为每克炸药爆炸产生的气态产物物质的量(mol·g$^{-1}$)；$M_g$ 为气态爆轰产物的平均摩尔质量(g·mol$^{-1}$，需要考虑爆炸反应方程式中的化学计量数)；$Q_d$ 为样品的爆热(J·g$^{-1}$)。

式(5.5)中爆热($Q_d$)的表达式为

$$Q_d = -\left[\sum \Delta_f H_m^{\ominus}(\text{爆炸产物}) - \Delta_f H_m^{\ominus}(\text{样品,s})\right] \div M_s \tag{5.6}$$

式中，$\sum \Delta_f H_m^{\ominus}$(爆炸产物) 为样品的爆炸产物在 298.15K 下的标准摩尔生成热之和(kJ·mol$^{-1}$，需要考虑爆炸反应方程式中的化学计量数)；$\Delta_f H_m^{\ominus}$(样品, s)为样品在 298.15K 下的标准摩尔生成热(kJ·mol$^{-1}$)；$M_s$ 为样品的相对分子质量。

对于含金属含能材料，同样按照式(5.3)～式(5.6)计算其 $P$ 和 $D$，爆炸反应方程式按下述方法给出[8]：若金属元素氧化物的 $\Delta_f H_m^{\ominus}$ 大于 $H_2O(g)$的 $\Delta_f H_m^{\ominus}$，则金属元素生成相应的金属单质；若金属元素氧化物的 $\Delta_f H_m^{\ominus}$ 小于 $H_2O(g)$的 $\Delta_f H_m^{\ominus}$，则氧元素先与金属元素生成相应的金属氧化物，再与氢元素生成 $H_2O(g)$，最后与碳元素生成 $CO_2(g)$，剩余氧元素生成 $O_2(g)$，氮元素生成 $N_2(g)$；若氧元素不足，剩余金属元素生成相应金属单质，剩余氢元素与氮元素生成 $NH_3(g)$[剩余氮元素生成 $N_2(g)$]，剩余碳元素生成 $C(s)$。

对于含氯元素含能材料，其爆炸反应方程式约定[9,10]：氮元素生成 $N_2(g)$；氢元素先与氯元素生成 $HCl(g)$，然后与氧元素生成 $H_2O(g)$；氧元素先与碳元素生成 $CO(g)$，然后与氢元素生成 $H_2O(g)$，若还有剩余氧元素，则将生成的 $CO(g)$继续氧化为 $CO_2(g)$，最后多余的氧元素生成 $O_2(g)$；若氧元素不足以氧化全部氢元素和碳元素，则会有 $H_2(g)$和 $C(s)$生成。含氯元素含能材料 $P$ 和 $D$ 的表达式为[9,10]

$$P = 0.7762N(M_g Q_d)^{0.5}\rho^2 - 1.117 \tag{5.7}$$

$$D = 972.4N^{0.5}(M_g Q_d)^{0.25}\rho + 2045 \tag{5.8}$$

式中，各符号的含义和单位同式(5.3)～式(5.6)。

对于式(5.3)、式(5.4)、式(5.7)和式(5.8)中样品的密度$\rho$，若样品的结构与其晶体结构一致，则 $\rho$ 采用其晶体的理论计算密度，其余情况下 $\rho$ 采用通过真密度仪测定的真密度。表 5.1 总结了本书涉及的燃烧和爆炸反应产物在 298.15K 下的标准摩尔生成热[11,12]。

**表 5.1 反应产物在 298.15K 下的标准摩尔生成热 $\Delta_f H_m^\ominus$**

| 产物 | $\Delta_f H_m^\ominus$ /(kJ·mol⁻¹) | 产物 | $\Delta_f H_m^\ominus$ /(kJ·mol⁻¹) | 产物 | $\Delta_f H_m^\ominus$ /(kJ·mol⁻¹) |
|---|---|---|---|---|---|
| $H_2O(g)$ | −241.83 | $H_2O(l)$ | −285.83 | $CO(g)$ | −110.53 |
| $CO_2(g)$ | −393.51 | $NH_3(g)$ | −45.94 | $HCl(g)$ | −92.31 |
| $HCl(aq)$ | −167.08 | $HNO_3(aq)$ | −206.85 | $NaOH(s)$ | −425.93 |
| $KOH(s)$ | −424.72 | $Na_2O(s)$ | −417.98 | $K_2O(s)$ | −363.17 |
| $ZnO(s)$ | −350.46 | $CdO(s)$ | −258.35 | $CuO(s)$ | −156.06 |

对于含能材料 $C_aH_bN_cM_dCl_eO_f$(M 代表金属元素)，基于 CO 的氧平衡($OB_{CO}$)的计算式为

$$OB_{CO} = 1600[f-a-(b-e)/2-d/2]/M_w \quad (\text{M 为一价金属离子}) \quad (5.9)$$

$$OB_{CO} = 1600[f-a-(b-e)/2-d]/M_w \quad (\text{M 为二价金属离子}) \quad (5.10)$$

式中，$OB_{CO}$ 为基于 CO 的氧平衡(%)；$M_w$ 为含能材料的相对分子质量。

使用产物升温速率为 5℃·min⁻¹ 的 DSC 曲线上首个热分解峰的外推始点温度 $T_e$，表征所合成产物的热分解温度 $T_d$。使用 2.0kg 的落锤测试产物的撞击感度(IS)，落锤的落高为 0.0~1.2m，用特性落高($H_{50}$)对应的撞击能($E_{50}$)表征产物的撞击感度，采用升降法测定 $H_{50}$。$E_{50}$ 的值越大，产物的撞击感度越低，产物的安全性能越高。$E_{50}$ 的表达式为

$$E_{50} = mgH_{50} \quad (5.11)$$

式中，$E_{50}$ 为撞击能(J)；$H_{50}$ 为特性落高(m)；$m$ 取 2.0kg；$g$ 取 9.80m·s⁻²。

### 5.1.2 TATDO 系列含能化合物含能特性

根据燃烧方程式书写原则，TATDO 系列含能化合物的燃烧方程式如下。

TATDO：

$$C_3H_6N_6O_2(s) + 3.5O_2(g) \longrightarrow 3CO_2(g) + 3H_2O(l) + 3N_2(g)$$

$Na^+TATDO^-$：

$$C_3H_5N_6O_2Na(s) + 3.5O_2(g) \longrightarrow 3CO_2(g) + 2H_2O(l) + 3N_2(g) + NaOH(s)$$

$[K^+TATDO^-]_n$：

$$C_3H_5N_6O_2K(s) + 3.5O_2(g) \longrightarrow 3CO_2(g) + 2H_2O(l) + 3N_2(g) + KOH(s)$$

$GUA^+TATDO^-$：

$$C_4H_{11}N_9O_2(s) + 5.75O_2(g) \longrightarrow 4CO_2(g) + 5.5H_2O(l) + 4.5N_2(g)$$

$Zn^{2+}(TATDO^-)_2NH_3$：

$$C_6H_{13}N_{13}O_4Zn(s) + 7.75O_2(g) \longrightarrow 6CO_2(g) + 6.5H_2O(l) + 6.5N_2(g) + ZnO(s)$$

$(Cd^{2+})_2(TATDO^-)_4(NH_3)_2$：

$$C_{12}H_{26}N_{26}O_8Cd_2(s) + 15.5O_2(g) \longrightarrow 12CO_2(g) + 13H_2O(l) + 13N_2(g) + 2CdO(s)$$

$Cu^{2+}(TATDO^-)_2NH_3$：

$$C_6H_{13}N_{13}O_4Cu(s) + 7.75O_2(g) \longrightarrow 6CO_2(g) + 6.5H_2O(l) + 6.5N_2(g) + CuO(s)$$

$TATDO^+NO_3^-$：

$$C_3H_7N_7O_5(s) + 3.5O_2(g) \longrightarrow 3CO_2(g) + 3H_2O(l) + 3N_2(g) + HNO_3(aq)$$

$TATDO^{2+}(NO_3^-)_2$：

$$C_3H_8N_8O_8(s) + 3.5O_2(g) \longrightarrow 3CO_2(g) + 3H_2O(l) + 3N_2(g) + 2HNO_3(aq)$$

$TATDO^+ClO_4^-$：

$$C_3H_7N_6O_6Cl(s) + 1.5O_2(g) \longrightarrow 3CO_2(g) + 3H_2O(l) + 3N_2(g) + HCl(aq)$$

$TATDO^{2+}(ClO_4^-)_2$：

$$C_3H_8N_6O_{10}Cl_2(s) \longrightarrow 3CO_2(g) + 3H_2O(l) + 3N_2(g) + 2HCl(aq) + 0.5O_2(g)$$

$TATDO^+DNA^-$：

$$C_3H_7N_9O_6(s) + 4.25O_2(g) \longrightarrow 3CO_2(g) + 2.5H_2O(l) + 3.5N_2(g) + 2HNO_3(aq)$$

TATDO 系列含能化合物测定的恒容燃烧热 $Q_V$、根据燃烧方程式计算出的 298.15K 下标准摩尔燃烧焓 $\Delta_c H_m^{\ominus}$ 和标准摩尔生成热 $\Delta_f H_m^{\ominus}$ 如表 5.2 所示。

表 5.2　TATDO 系列含能化合物的恒容燃烧热、标准摩尔燃烧焓和标准摩尔生成热(298.15K)

| 化合物 | $-Q_V / -Q_V /[(J \cdot g^{-1})/(kJ \cdot mol^{-1})]$ | $-\Delta_c H_m^{\ominus} /(kJ \cdot mol^{-1})$ | $\Delta_f H_m^{\ominus} /(kJ \cdot mol^{-1})$ |
|---|---|---|---|
| TATDO | 12181/1926.06 | 1919.86 | −118.16 |
| $Na^+TATDO^-$ | 10806/1946.16 | 1939.96 | −238.16 |
| $[K^+TATDO^-]_n$ | 9517/1867.33 | 1861.13 | −315.78 |
| $GUA^+TATDO^-$ | 14233/3091.27 | 3084.45 | −61.66 |
| $Zn^{2+}(TATDO^-)_2NH_3$ | 11953/4741.04 | 4729.27 | 159.86 |
| $(Cd^{2+})_2(TATDO^-)_4(NH_3)_2$ | 11149/9892.95 | 9869.40 | 914.79 |
| $Cu^{2+}(TATDO^-)_2NH_3$ | 10876/4293.84 | 4282.07 | −92.95 |
| $TATDO^+NO_3^-$ | 8373/1851.52 | 1845.32 | −399.55 |
| $TATDO^{2+}(NO_3^-)_2$ | 7985/2268.94 | 2262.74 | −188.98 |
| $TATDO^+ClO_4^-$ | 7683/1986.67 | 1975.52 | −229.58 |
| $TATDO^{2+}(ClO_4^-)_2$ | 6601/2369.96 | 2353.85 | −18.33 |
| $TATDO^+DNA^-$ | 7918/2099.46 | 2093.88 | −214.93 |

根据爆炸反应方程式书写原则，TATDO 系列含能化合物的爆炸反应方程式如下。

TATDO：

$$C_3H_6N_6O_2(s) \longrightarrow 2H_2O(g) + H_2(g) + 3N_2(g) + 3C(s)$$

Na$^+$TATDO$^-$：

$$C_3H_5N_6O_2Na(s) \longrightarrow 0.5Na_2O(s) + 1.5H_2O(g) + 2/3NH_3(g) + 8/3N_2(g) + 3C(s)$$

[K$^+$TATDO$^-$]$_n$：

$$C_3H_5N_6O_2K(s) \longrightarrow 0.5K_2O(s) + 1.5H_2O(g) + 2/3NH_3(g) + 8/3N_2(g) + 3C(s)$$

GUA$^+$TATDO$^-$：

$$C_4H_{11}N_9O_2(s) \longrightarrow 2H_2O(g) + 3.5H_2(g) + 4.5N_2(g) + 4C(s)$$

Zn$^{2+}$(TATDO$^-$)$_2$NH$_3$：

$$C_6H_{13}N_{13}O_4Zn(s) \longrightarrow ZnO(s) + 3H_2O(g) + 7/3NH_3(g) + 16/3N_2(g) + 6C(s)$$

(Cd$^{2+}$)$_2$(TATDO$^-$)$_4$(NH$_3$)$_2$：

$$C_{12}H_{26}N_{26}O_8Cd_2(s) \longrightarrow 2CdO(s) + 6H_2O(g) + 14/3NH_3(g) + 32/3N_2(g) + 12C(s)$$

Cu$^{2+}$(TATDO$^-$)$_2$NH$_3$：

$$C_6H_{13}N_{13}O_4Cu(s) \longrightarrow 4H_2O(g) + 5/3NH_3(g) + 17/3N_2(g) + 6C(s) + Cu(s)$$

TATDO$^+$NO$_3^-$：

$$C_3H_7N_7O_5(s) \longrightarrow 3.5H_2O(g) + 0.75CO_2(g) + 3.5N_2(g) + 2.25C(s)$$

TATDO$^{2+}$(NO$_3^-$)$_2$：

$$C_3H_8N_8O_8(s) \longrightarrow 4H_2O(g) + 2CO_2(g) + 4N_2(g) + C(s)$$

TATDO$^+$ClO$_4^-$：

$$C_3H_7N_6O_6Cl(s) \longrightarrow HCl(g) + 3N_2(g) + 3H_2O(g) + 3CO(g)$$

TATDO$^{2+}$(ClO$_4^-$)$_2$：

$$C_3H_8N_6O_{10}Cl_2(s) \longrightarrow 2HCl(g) + 3N_2(g) + 3H_2O(g) + 3CO_2(g) + 0.5O_2(g)$$

TATDO$^+$DNA$^-$：

$$C_3H_7N_9O_6(s) \longrightarrow 3.5H_2O(g) + 1.25CO_2(g) + 4.5N_2(g) + 1.75C(s)$$

TATDO 系列含能化合物爆炸反应方程式中 $N$、$M_g$ 和 $Q_d$ 的值如表 5.3 所示。TATDO 系列含能化合物的密度 $\rho$、爆压 $P$、爆速 $D$、热分解温度 $T_d$、氧平衡 OB$_{CO}$ 和撞击感度 IS 见表 5.4，表中还列出了 TNT、RDX 和三聚氰胺二硝酸盐(MDN) 的含能特性以作对比。TATDO($P = 19.6$GPa，$D = 6689$m · s$^{-1}$)的爆轰性能稍弱于 TNT($P = 20.7$GPa，$D = 7014$m · s$^{-1}$)。含能材料的爆炸过程可以看作是其分子内部可燃组分(如碳原子和氢原子)与氧化剂组分(如硝基和高氯酸根离子等)之间的剧烈氧化还原反应过程。TATDO 分子只含有两个配位氧原子，具有较低的氧平衡(–40.5%)，其分子内部的氧化剂组分不能充分氧化其内部的可燃组分。由爆炸反应方程式的书写原则可知，低氧平衡性质会导致含能材料的 C 和 H 在爆炸过程中倾向于以单质的形式释放，势必会导致含能材料的低爆热($Q_d$)，即导致含能材料的爆炸做功能力低。此外，由式(5.3)~式(5.8)也可得低爆热会导致含能材料的爆轰性能低。因此，TATDO 的低氧平衡限制了其爆轰性能。

表 5.3　TATDO 系列含能化合物爆炸反应方程式对应的 *N*、$M_g$ 和 $Q_d$ 的值

| 化合物 | $N$/(mol · g$^{-1}$) | $M_g$/(g · mol$^{-1}$) | $Q_d$/(J · g$^{-1}$) |
|---|---|---|---|
| TATDO | 0.03795 | 20.35 | 2312 |
| Na$^+$TATDO$^-$ | 0.02684 | 23.40 | 2022 |
| [K$^+$TATDO$^-$]$_n$ | 0.02463 | 23.40 | 1321 |
| GUA$^+$TATDO$^-$ | 0.04604 | 16.92 | 1943 |
| Zn$^{2+}$(TATDO$^-$)$_2$NH$_3$ | 0.02689 | 22.80 | 3386 |
| (Cd$^{2+}$)$_2$(TATDO$^-$)$_4$(NH$_3$)$_2$ | 0.02404 | 22.80 | 3259 |
| Cu$^{2+}$(TATDO$^-$)$_2$NH$_3$ | 0.02871 | 22.87 | 2409 |
| TATDO$^+$NO$_3^-$ | 0.03505 | 25.05 | 3355 |
| TATDO$^{2+}$(NO$_3^-$)$_2$ | 0.03519 | 27.21 | 5509 |
| TATDO$^+$ClO$_4^-$ | 0.03867 | 25.86 | 3557 |
| TATDO$^{2+}$(ClO$_4^-$)$_2$ | 0.03203 | 31.22 | 5772 |
| TATDO$^+$DNA$^-$ | 0.03489 | 26.39 | 4237 |

表 5.4　TATDO 系列含能化合物及 TNT、RDX 和 MDN 的含能特性

| 化合物 | $\rho$/(g · cm$^{-3}$) | $T_d$/℃ | OB$_{CO}$/% | $P$/GPa | $D$/(m · s$^{-1}$) | IS/J |
|---|---|---|---|---|---|---|
| TATDO | 1.77 | 292 | −40.5 | 19.6 | 6689 | >23.5 |
| Na$^+$TATDO$^-$ | 1.94 | 318 | −35.5 | 16.7 | 6010 | >23.5 |
| [K$^+$TATDO$^-$]$_n$ | 1.96 | 282 | −32.6 | 12.7 | 5215 | >23.5 |
| GUA$^+$TATDO$^-$ | 1.62 | 184 | −55.3 | 16.7 | 6338 | >23.5 |
| Zn$^{2+}$(TATDO$^-$)$_2$NH$_3$ | 2.01 | 238 | −38.3 | 23.0 | 6975 | >23.5 |
| (Cd$^{2+}$)$_2$(TATDO$^-$)$_4$(NH$_3$)$_2$ | 2.10 | 285 | −34.3 | 22.0 | 6744 | >23.5 |
| Cu$^{2+}$(TATDO$^-$)$_2$NH$_3$ | 2.00 | 228 | −38.5 | 20.5 | 6600 | >23.5 |
| TATDO$^+$NO$_3^-$ | 1.73 | 219 | −10.9 | 23.2 | 7315 | 6.9 |
| TATDO$^{2+}$(NO$_3^-$)$_2$ | 1.78 | 236 | +5.6 | 32.9 | 8639 | 12.7 |
| TATDO$^+$ClO$_4^-$ | 1.92 | 271 | 0 | 32.4 | 8439 | 5.9 |

| 化合物 | $\rho/(\text{g}\cdot\text{cm}^{-3})$ | $T_d/°C$ | $OB_{CO}/\%$ | $P/\text{GPa}$ | $D/(\text{m}\cdot\text{s}^{-1})$ | IS/J |
|---|---|---|---|---|---|---|
| $TATDO^{2+}(ClO_4^-)_2$ | 1.99 | 169 | +17.8 | 40.7 | 9180 | 11.8 |
| $TATDO^+DNA^-$ | 1.84 | 201 | −3.0 | 30.1 | 8183 | 2.0 |
| TNT[a] | 1.65 | 224 | −24.7 | 20.7 | 7014 | 15 |
| RDX[a] | 1.82 | 208 | 0 | 35.1 | 8864 | 7.4 |
| MDN[b] | 1.85 | 177 | −6.3 | — | — | >30.0 |

注：[a]数据来源于表 1.1；[b]数据来源于文献[13]。

离子化 TATDO 以合成其含能离子化合物，提供了调节 TATDO 系列含能化合物氧平衡的途径。对于去质子化产物 $GUA^+TATDO^-$($P = 16.7\text{GPa}$, $D = 6338\text{m}\cdot\text{s}^{-1}$)，由于引入的胍离子依然属于可燃组分，其氧平衡(− 55.3%)比 TATDO 的氧平衡更低，而且密度也较小，因此其爆轰性能比 TATDO 的爆轰性能更差。对于 TATDO 系列含金属去质子化产物，金属离子的存在使得它们具有较大的相对分子质量。因此，虽然金属离子和氨分子也属于可燃组分，但 TATDO 系列含金属去质子化产物的氧平衡(−38.5%～− 32.6%)比 TATDO 的氧平衡略高。由于缺氧化剂组分的性质未发生本质改变，其爆轰性能($P$ 为 12.7～23.0GPa，$D$ 为 5215～6975m·s⁻¹)相比 TATDO 的爆轰性能也未发生本质性提高。由式(5.3)～式(5.8)可知，含能材料的低生成热同样会使含能材料具有低爆热($Q_d$)和低爆轰性能。在 TATDO 的系列含金属去质子化产物中，由于 $Na^+TATDO^-$(−238.16kJ·mol⁻¹)和$[K^+TATDO^-]_n$(−315.78kJ·mol⁻¹)的标准摩尔生成热显著低于 TATDO(−118.16kJ·mol⁻¹)和 TATDO 三种金属–氨型去质子化产物的标准摩尔生成热(−92.95～914.79kJ·mol⁻¹)(表 5.2)；$Na^+TATDO^-$ 和 $[K^+TATDO^-]_n$ 的爆轰性能($P$ 为 16.7GPa 和 12.7GPa，$D$ 为 6010m·s⁻¹ 和 5015m·s⁻¹)也显著低于 TATDO 和 TATDO 的三种金属–氨型去质子化产物的爆轰性能($P$ 为 20.5～23.0GPa，$D$ 为 6600～6975m·s⁻¹)。

对于 TATDO 的质子化产物，由于引入的硝酸根离子、高氯酸根离子和二硝酰胺根离子都属于氧化剂组分，因此其氧平衡(−10.9%～+17.8%)明显高于 TATDO 及其系列去质子化产物的氧平衡。TATDO 系列质子化产物的分子内部可以进行更充分的氧化还原反应，其爆热(3355～5772J·g⁻¹)普遍大于 TATDO 及其系列去质子化产物的爆热(1321～3386J·g⁻¹)，其爆轰性能($P$ 为 23.2～40.7GPa，$D$ 为 7315～9180m·s⁻¹)也普遍明显高于 TATDO 及其系列去质子化产物的爆轰性能。在 TATDO 的系列质子化产物中，除了氧平衡和生成热最低的 $TATDO^+NO_3^-$，其他质子化产物的爆压和爆速都分别大于 30.0GPa 和 8000m·s⁻¹，其中 $TATDO^{2+}(ClO_4^-)_2$ 的爆轰性能 ($P = 40.7\text{GPa}$，$D = 9180\text{m}\cdot\text{s}^{-1}$) 显著高于 RDX 的爆轰性能

$(P = 35.1\text{GPa}，D = 8864\text{m} \cdot \text{s}^{-1})$。

与 MDN 相比，质子化产物 $TATDO^{2+}(NO_3^-)_2$ 的分子结构只多了 2 个配位氧原子，因此，比较它们的性能可提供一个探究含能 N→O 键对三嗪类含能化合物性能影响的途径。由于现有文献中缺乏 MDN 的生成热数据，统一通过文献[14]报道的一种预测 CNOH 类炸药爆速的简单方法比较 $TATDO^{2+}(NO_3^-)_2$ 和 MDN 的爆轰性能，得到 $TATDO^{2+}(NO_3^-)_2$ 和 $MDN(OB_{CO} = -6.3\%)$ 在理论最大密度下的爆速分别为 $9.19\text{km} \cdot \text{s}^{-1}$ 和 $8.86\text{km} \cdot \text{s}^{-1}$。另外，$TATDO^{2+}(NO_3^-)_2(T_d = 236℃)$ 发生剧烈放热分解，而 $MDN(T_d = 177℃)$ 只发生吸热分解[13]。N→O 键的引入不仅使得 $TATDO^{2+}(NO_3^-)_2$ 的氧平衡和爆轰性能优于 MDN，而且改变了含能化合物的热分解性质，使 $TATDO^{2+}(NO_3^-)_2$ 在具有相对较高热稳定性的同时呈现出含能材料的放热分解特性。此外，与 $MDN(\rho = 1.85\text{g} \cdot \text{cm}^{-3}，\text{IS} > 30\text{J})$ 相比，$TATDO^{2+}(NO_3^-)_2$ 的密度和撞击感度 $(\rho = 1.78\text{g} \cdot \text{cm}^{-3}，\text{IS} = 12.7\text{J})$ 分别有所下降和上升。MDN 的晶体结构呈现出氢键辅助的规则平面堆积结构[13]，每一分子层的所有原子基本处于同一平面。这种堆积模式可以增加晶体的密实度，有助于晶体的剪切滑移[14]，可能是 MDN 的密度和机械感度相对更优的原因。

TATDO 系列含能化合物的氧平衡与爆轰性能($P$ 与 $D$)的关系如图 5.1(a)所示，TATDO 系列含能化合物的爆轰性能有随着 $OB_{CO}$ 的升高而升高的明显趋势。位于 TNT 左边的点代表着低爆轰性能的点全部来自于低氧平衡的 TATDO 及其系列去质子化产物，氧平衡较高的 TATDO 系列质子化产物的点全部位于 TNT 点的右边，且呈现出爆轰性能随 $OB_{CO}$ 的升高而升高的现象。$TATDO^{2+}(ClO_4^-)_2$ 的点位于右上角，表明其具有 TATDO 系列含能化合物中最高的 $OB_{CO}$ 和最高的爆轰性能。$TATDO^+ClO_4^-$、$TATDO^{2+}(NO_3^-)_2$ 和 $TATDO^{2+}(ClO_4^-)_2$ 基于 CO 的氧平衡都大于或等于零。$TATDO^+ClO_4^-$ 和 $TATDO^{2+}(NO_3^-)_2$ 基于 $CO_2$ 的氧平衡(分别为-18.6%和-11.3%)依然为负值[将式(5.9)和式(5.10)中的 $a$ 替换为 $2a$ 即可得到基于 $CO_2$ 的氧平衡]，且小于 $TATDO^{2+}(ClO_4^-)_2$ 基于 $CO_2$ 的正氧平衡(+4.5%)。因此，$TATDO^{2+}(ClO_4^-)_2$ 分子在爆炸时能进行比 $TATDO^+ClO_4^-$ 和 $TATDO^{2+}(NO_3^-)_2$ 更为充分的分子内部氧化还原反应，从而使 $TATDO^{2+}(ClO_4^-)_2$ 的爆轰性能比 $TATDO^+ClO_4^-$ 和 $TATDO^{2+}(NO_3^-)_2$ 的爆轰性能($P$ 为 32.4GPa 和 32.9GPa，$D$ 为 8439m · s$^{-1}$ 和 8639m · s$^{-1}$)更高。

TATDO 系列含能化合物的热分解温度与爆轰性能的关系如图 5.1(b)所示。$T_d$ 有随着爆轰性能下降而升高的趋势，但这个趋势的规律性不强，这主要是因为 TATDO 系列含能化合物的起始热分解机理不一致。在图 5.1(b)中，右下角化合物 $T_d$ 大于 280℃ 的点全部来自于爆轰性能相对较低的 TATDO 及其含金属去质子化产物，一方面是因为这些化合物具有较低的氧平衡，另一方面它们的热分解可能都是

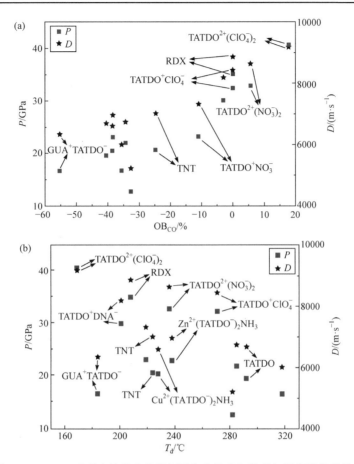

图 5.1 TATDO 系列含能化合物的氧平衡和热分解温度与爆轰性能的关系

(a) 氧平衡与爆轰性能的关系；(b) 热分解温度与爆轰性能的关系

由较难发生的氮氧键断裂引发的；最上面一行爆轰性能最高但 $T_d$ 都小于 280℃的点全部来自于 TATDO 的质子化产物，这些化合物具有高氧平衡，同时它们的热分解可能都是由比氮氧键断裂更易发生的离子间氢转移引发的。TATDO$^{2+}$(ClO$_4^-$)$_2$ 的点位于图 5.1(b)的左上角，虽然其具有 TATDO 系列含能化合物中最高的爆轰性能，但其 $T_d$ 是最低的(169℃)。GUA$^+$TATDO$^-$ 的点位于图 5.1(b)的左下角，它的爆轰性能和 $T_d$ 都很低(184℃)，这是因为其氧平衡最低，且 TATDO 具有弱酸性，GUA$^+$TATDO$^-$起始热分解机理的离子间氢转移很容易发生。Zn$^{2+}$(TATDO$^-$)$_2$NH$_3$ 和 Cu$^{2+}$(TATDO$^-$)$_2$NH$_3$ 的点位于图 5.1(b)中间偏下的区域，这是因为它们的氧平衡也较低，其热分解可能都是由金属离子参与的配位键断裂引发的。此外，爆轰性能较高的 TATDO$^+$ClO$_4^-$($T_d$ = 271℃)和 TATDO$^{2+}$(NO$_3^-$)$_2$($T_d$ = 236℃)的热分解温度都高于 TNT($T_d$ = 224℃)和 RDX($T_d$ = 208℃)的热分解温度。

表 5.4 中爆轰性能相对较低的 TATDO 及其去质子化产物的撞击感度都很低 (> 23.5J)，且都低于 TNT 的撞击感度(15J)，而高爆轰性能的 TATDO 系列质子化产物的撞击感度(2.0～12.7J)则相对较高。TATDO 和$(Cd^{2+})_2(TATDO^-)_4(NH_3)_2$ 既耐热$(T_d > 280℃)$又钝感(IS > 23.5J)，而且具有与 TNT 相当的爆轰性能，可用作耐热钝感炸药。$TATDO^+ClO_4^-$(IS = 5.9J)和 $TATDO^{2+}(NO_3^-)_2$(IS = 12.7J)的撞击感度接近和低于 RDX(IS = 7.4J)的撞击感度，而且热稳定性$(T_d > 235℃)$和爆轰性能优于和接近于 RDX，因此是综合性能较好的猛炸药。虽然 $GUA^+TATDO^-$ 的爆轰性能不高，但其作为富氮化合物可用作气体发生剂[15,16]。$TATDO^+DNA^-$ 的撞击感度(2.0J)比二硝基重氮酚(DDNP)的撞击感度(1.0J)稍低一点，热稳定性$(T_d = 201℃)$和爆轰性能$(P = 30.1GPa，D = 8183m \cdot s^{-1})$都比 DDNP$(T_d = 157℃，P = 24.2GPa，D = 6900m \cdot s^{-1})$高[17]，而且 $TATDO^+DNA^-$ 不含卤素和重金属离子，又不易吸湿，因此其可用作绿色起爆药。$TATDO^{2+}(ClO_4^-)_2$ 的撞击感度(11.8J)低于 RDX，虽然热稳定性比 RDX 差，但爆轰性能比 RDX 高，且 $TATDO^{2+}(ClO_4^-)_2$ 基于 CO 和 $CO_2$ 的氧平衡都为正。文献[18]的研究也表明，用 $TATDO^{2+}(ClO_4^-)_2$ 代替固体推进剂中的高氯酸铵可提高固体推进剂的比冲。因此，$TATDO^{2+}(ClO_4^-)_2$ 可用作高爆炸药或固体推进剂的氧化剂。此外，银盐 $Ag^+TATDO^-$(IS > 23.5J)在阳光直射 6h 后可从淡黄色变为与其热分解残渣颜色相同的墨绿色(图 5.2)，且该过程伴随着约 22%的质量损失。因此，$Ag^+TATDO^-$ 对可见光敏感，可发生光致分解。

刚过滤出时        刚避光烘干时        淡绿色        墨绿色
(淡黄色)         (淡黄棕色)

图 5.2    $Ag^+TATDO^-$ 的光致分解

### 5.1.3    DAOTO 系列含能化合物含能特性

DAOTO 系列含能化合物的燃烧方程式如下。

DAOTO：

$$C_3H_5N_5O_3(s) + 2.75O_2(g) \longrightarrow 3CO_2(g) + 2.5H_2O(l) + 2.5N_2(g)$$

$Na^+DAOTO^-$：

$$C_3H_4N_5O_3Na(s) + 2.75O_2(g) \longrightarrow 3CO_2(g) + 1.5H_2O(l) + 2.5N_2(g) + NaOH(s)$$

$[K^+DAOTO^-(H_2O)_{1.5}]_n$：

$$C_3H_7N_5O_{4.5}K(s) + 2.75O_2(g) \longrightarrow 3CO_2(g) + 3H_2O(l) + 2.5N_2(g) + KOH(s)$$

GUA$^+$DAOTO$^-$：

$$C_4H_{10}N_8O_3(s) + 5O_2(g) \longrightarrow 4CO_2(g) + 5H_2O(l) + 4N_2(g)$$

[Zn$^{2+}$(DAOTO$^-$)$_2$·4H$_2$O]$_n$：

$$C_6H_{16}N_{10}O_{10}Zn(s) + 5.5O_2(g) \longrightarrow 6CO_2(g) + 8H_2O(l) + 5N_2(g) + ZnO(s)$$

Cu$^{2+}$(DAOTO$^-$)$_2$NH$_3$：

$$C_6H_{11}N_{11}O_6Cu(s) + 6.25O_2(g) \longrightarrow 6CO_2(g) + 5.5H_2O(l) + 5.5N_2(g) + CuO(s)$$

DAOTO$^+$NO$_3^-$：

$$C_3H_6N_6O_6(s) + 2.75O_2(g) \longrightarrow 3CO_2(g) + 2.5H_2O(l) + 2.5N_2(g) + HNO_3(aq)$$

DAOTO$^+$ClO$_4^-$·H$_2$O：

$$C_3H_8N_5O_8Cl(s) + 0.75O_2(g) \longrightarrow 3CO_2(g) + 3.5H_2O(l) + 2.5N_2(g) + HCl(aq)$$

DAOTO$^+$ClO$_4^-$·DAOTO：

$$C_6H_{11}N_{10}O_{10}Cl(s) + 3.5O_2(g) \longrightarrow 6CO_2(g) + 5H_2O(l) + 5N_2(g) + HCl(aq)$$

DAOTO$^+$ClO$_4^-$·TATDO：

$$C_6H_{12}N_{11}O_9Cl(s) + 4.25O_2(g) \longrightarrow 6CO_2(g) + 5.5H_2O(l) + 5.5N_2(g) + HCl(aq)$$

DAOTO 系列含能化合物测定的恒容燃烧热($Q_V$)、根据燃烧方程式计算出 298.15K 下的标准摩尔燃烧焓($\Delta_c H_m^\ominus$)和标准摩尔生成热($\Delta_f H_m^\ominus$)，如表 5.5 所示。

表 5.5  DAOTO 系列含能化合物的恒容燃烧热、标准摩尔燃烧焓和标准摩尔生成热(298.15K)

| 化合物 | $-Q_V/-Q_V$ /[(J·g$^{-1}$)/(kJ·mol$^{-1}$)] | $-\Delta_c H_m^\ominus$ /(kJ·mol$^{-1}$) | $\Delta_f H_m^\ominus$ /(kJ·mol$^{-1}$) |
|---|---|---|---|
| DAOTO | 9764/1553.55 | 1546.73 | −348.38 |
| Na$^+$DAOTO$^-$ | 7782/1409.24 | 1402.42 | −632.79 |
| [K$^+$DAOTO$^-$(H$_2$O)$_{1.5}$]$_n$ | 7599/1703.85 | 1697.03 | −765.71 |
| GUA$^+$DAOTO$^-$ | 11947/2606.60 | 2599.16 | −404.03 |
| [Zn$^{2+}$(DAOTO$^-$)$_2$·4H$_2$O]$_n$ | 7573/3435.34 | 3421.71 | −1576.45 |
| Cu$^{2+}$(DAOTO$^-$)$_2$NH$_3$ | 9368/3716.94 | 3703.93 | −385.26 |
| DAOTO$^+$NO$_3^-$ | 6400/1421.57 | 1414.75 | −687.21 |
| DAOTO$^+$ClO$_4^-$·H$_2$O | 5596/1553.28 | 1541.51 | −806.51 |
| DAOTO$^+$ClO$_4^-$·DAOTO | 9083/3802.69 | 3784.10 | −173.19 |
| DAOTO$^+$ClO$_4^-$·TATDO | 8591/3588.29 | 3570.32 | −529.89 |

DAOTO 系列含能化合物的爆炸反应方程式如下。

DAOTO：

$$C_3H_5N_5O_3(s) \longrightarrow 2.5H_2O(g) + 0.25CO_2(g) + 2.5N_2(g) + 2.75C(s)$$

Na$^+$DAOTO$^-$：

$$C_3H_4N_5O_3Na(s) \longrightarrow 0.5Na_2O(s) + 2H_2O(g) + 0.25CO_2(g) + 2.5N_2(g) + 2.75C(s)$$

[K$^+$DAOTO$^-$(H$_2$O)$_{1.5}$]$_n$：

$$C_3H_7N_5O_{4.5}K(s) \longrightarrow 0.5K_2O(s) + 3.5H_2O(g) + 0.25CO_2(g) + 2.5N_2(g) + 2.75C(s)$$

GUA$^+$DAOTO$^-$：

$$C_4H_{10}N_8O_3(s) \longrightarrow 3H_2O(g) + 2H_2(g) + 4N_2(g) + 4C(s)$$

[Zn$^{2+}$(DAOTO$^-$)$_2$ · 4H$_2$O]$_n$：

$$C_6H_{16}N_{10}O_{10}Zn(s) \longrightarrow ZnO(s) + 8H_2O(g) + 0.5CO_2(g) + 5N_2(g) + 5.5C(s)$$

Cu$^{2+}$(DAOTO$^-$)$_2$NH$_3$：

$$C_6H_{11}N_{11}O_6Cu(s) \longrightarrow 5.5H_2O(g) + 0.25CO_2(g) + 5.5N_2(g) + 5.75C(s) + Cu(s)$$

DAOTO$^+$NO$_3^-$：

$$C_3H_6N_6O_6(s) \longrightarrow 3H_2O(g) + 1.5CO_2(g) + 3N_2(g) + 1.5C(s)$$

DAOTO$^+$ClO$_4^-$ · H$_2$O：

$$C_3H_8N_5O_8Cl(s) \longrightarrow HCl(g) + 2.5N_2(g) + 3.5H_2O(g) + 1.5CO(g) + 1.5CO_2(g)$$

DAOTO$^+$ClO$_4^-$ · DAOTO：

$$C_6H_{11}N_{10}O_{10}Cl(s) \longrightarrow HCl(g) + 5N_2(g) + 4H_2O(g) + 6CO(g) + H_2(g)$$

DAOTO$^+$ClO$_4^-$ · TATDO：

$$C_6H_{12}N_{11}O_9Cl(s) \longrightarrow HCl(g) + 5.5N_2(g) + 3H_2O(g) + 6CO(g) + 2.5H_2(g)$$

DAOTO 系列含能化合物爆炸反应方程式中 $N$、$M_g$ 和 $Q_d$ 的值如表5.6所示。DAOTO 系列含能化合物及 TNT、RDX 的密度 $\rho$、爆压 $P$、爆速 $D$、热分解温度 $T_d$、氧平衡 OB$_{CO}$ 和撞击感度 IS 见表5.7。DAOTO 的爆轰性能($P = 20.1$GPa，$D = 6669$m · s$^{-1}$)稍弱于 TNT 的爆轰性能($P = 20.7$GPa，$D = 7014$m · s$^{-1}$)。另外，DAOTO 中只含有两个氮氧键，其分子内部的氧化剂组分也不能充分氧化其内部的可燃组分，因此低氧平衡(–25.1%)也限制了 DAOTO 的爆炸做功能力和爆轰性能。此外，虽然 DAOTO 的氧平衡比 TATDO 的氧平衡(–40.5%)高，但由于羰基不属于爆炸性基团，所以 DAOTO 与 TATDO 的爆轰性能($P = 19.6$GPa，$D = 6689$m · s$^{-1}$)相当。

表 5.6　DAOTO 系列含能化合物爆炸反应方程式对应的 $N$、$M_g$ 和 $Q_d$ 的值

| 化合物 | $N$/(mol · g$^{-1}$) | $M_g$/(g · mol$^{-1}$) | $Q_d$/(J · g$^{-1}$) |
|---|---|---|---|
| DAOTO | 0.03300 | 24.01 | 2228 |
| Na$^+$DAOTO$^-$ | 0.02623 | 24.65 | 874 |
| [K$^+$DAOTO$^-$(H$_2$O)$_{1.5}$]$_n$ | 0.02787 | 23.06 | 1608 |

| 化合物 | $N/(\text{mol} \cdot \text{g}^{-1})$ | $M_g/(\text{g} \cdot \text{mol}^{-1})$ | $Q_d/(\text{J} \cdot \text{g}^{-1})$ |
|---|---|---|---|
| GUA$^+$DAOTO$^-$ | 0.04125 | 18.90 | 1473 |
| [Zn$^{2+}$(DAOTO$^-$)$_2$ · 4H$_2$O]$_n$ | 0.02976 | 22.68 | 1996 |
| Cu$^{2+}$(DAOTO$^-$)$_2$NH$_3$ | 0.02835 | 23.48 | 2629 |
| DAOTO$^+$NO$_3^-$ | 0.03377 | 27.21 | 2830 |
| DAOTO$^+$ClO$_4^-$ · H$_2$O | 0.03603 | 27.76 | 3200 |
| DAOTO$^+$ClO$_4^-$ · DAOTO | 0.04061 | 24.63 | 3701 |
| DAOTO$^+$ClO$_4^-$ · TATDO | 0.04310 | 23.20 | 2277 |

表 5.7 DAOTO 系列含能化合物及 TNT、RDX 的含能特性

| 化合物 | $\rho/(\text{g} \cdot \text{cm}^{-3})$ | $T_d/℃$ | OB$_{CO}$/% | $P$/GPa | $D/(\text{m} \cdot \text{s}^{-1})$ | IS/J |
|---|---|---|---|---|---|---|
| DAOTO | 1.86 | 286 | −25.1 | 20.1 | 6669 | >23.5 |
| Na$^+$DAOTO$^-$ | 1.95 | 311 | −22.1 | 11.2 | 4899 | >23.5 |
| [K$^+$DAOTO$^-$(H$_2$O)$_{1.5}$]$_n$ | 1.91 | 281 | −17.8 | 14.9 | 5699 | >23.5 |
| GUA$^+$DAOTO$^-$ | 1.66 | 240 | −44.0 | 14.4 | 5851 | >23.5 |
| [Zn$^{2+}$(DAOTO$^-$)$_2$ · 4H$_2$O]$_n$ | 1.87 | 285 | −17.6 | 16.9 | 6098 | >23.5 |
| Cu$^{2+}$(DAOTO$^-$)$_2$NH$_3$ | 2.03 | 230 | −26.2 | 22.1 | 6821 | >23.5 |
| DAOTO$^+$NO$_3^-$ | 1.84 | 188 | 0 | 24.2 | 7334 | 6.9 |
| DAOTO$^+$ClO$_4^-$ · H$_2$O | 1.88 | 185 | +8.6 | 28.3 | 8036 | 18.6 |
| DAOTO$^+$ClO$_4^-$ · DAOTO | 1.86 | 282 | −3.8 | 31.8 | 8378 | 19.6 |
| DAOTO$^+$ClO$_4^-$ · TATDO | 1.82 | 261 | −9.6 | 25.0 | 7482 | >23.5 |
| TNT | 1.65 | 224 | −24.7 | 20.7 | 7014 | 15.0 |
| RDX | 1.82 | 208 | 0 | 35.1 | 8864 | 7.4 |

与 TATDO 系列含能化合物类似, 离子化 DAOTO 以合成其系列含能离子化合物提供了调节 DAOTO 系列含能化合物氧平衡的途径。对于去质子化产物 GUA$^+$DAOTO$^-$ ($P = 14.4$GPa, $D = 5851$m · s$^{-1}$), 由于引入的胍离子依然属于可燃组分, 其氧平衡 (−44.0%) 比 DAOTO 更低, 而且密度也较低, 因此其爆轰性能比 DAOTO 的爆轰性能更差。对于 DAOTO 的系列含金属去质子化产物, 由于金属离子和部分产物中的水分子提高了相对分子质量, 其整体氧平衡 (−26.2% ~ −17.6%) 比 DAOTO 的氧平衡略有提高, 金属离子和氨分子也属于可燃组分, 缺氧化剂组分的性质未发生本质改变, 其爆轰性能 ($P$ 为 11.2 ~ 22.1GPa, $D$ 为 4899 ~ 6821m · s$^{-1}$) 相比 DAOTO 也未发生本质性提高。由于 Na$^+$DAOTO$^-$ 和

[K$^+$DAOTO$^-$(H$_2$O)$_{1.5}$]$_n$ 的标准摩尔生成热(−632.79kJ · mol$^{-1}$ 和−765.71kJ · mol$^{-1}$)显著低于 DAOTO 和 Cu$^{2+}$(DAOTO$^-$)$_2$NH$_3$ 的标准摩尔生成热(−348.38kJ · mol$^{-1}$ 和−385.26kJ · mol$^{-1}$),因此它们的爆轰性能(*P* 为 11.2GPa 和 14.9GPa,*D* 为 4899m · s$^{-1}$ 和 5699m · s$^{-1}$)也显著低于 DAOTO 和 Cu$^{2+}$(DAOTO$^-$)$_2$NH$_3$ 的爆轰性能(*P* 为 20.1GPa 和 22.1GPa,*D* 为 6669m · s$^{-1}$ 和 6821m · s$^{-1}$)。此外,虽然晶格水在爆炸反应前后不发生化学变化,不会明显影响含能材料爆炸时的放热量,但其会通过提高相对分子质量降低含能材料的爆热(*Q*$_d$),而且降低材料的密度。因此,[Zn$^{2+}$(DAOTO$^-$)$_2$ · 4H$_2$O]$_n$ 的爆轰性能(*P* = 16.9GPa,*D* = 6098m · s$^{-1}$)被其难以除去的晶格水严重束缚。

　　对于 DAOTO 的质子化产物,由于引入的硝酸根离子和高氯酸根离子都属于氧化剂组分,其氧平衡(−9.6%～+8.6%)都明显高于 DAOTO 及其系列去质子化产物的氧平衡。由于 DAOTO 的系列质子化产物在爆炸时可以进行更充分的氧化还原反应,其爆热(2277～3701J · g$^{-1}$)普遍高于 DAOTO 及其系列去质子化产物的爆热(874～2629J · g$^{-1}$),爆轰性能(*P* 为 24.2～31.8GPa,*D* 为 7334～8378m · s$^{-1}$)也明显高于 DAOTO 及其系列去质子化产物的爆轰性能。在 DAOTO 的系列质子化产物中,DAOTO$^+$ClO$_4^-$ · H$_2$O 的生成热包含了结晶水的生成热,DAOTO$^+$NO$_3^-$的标准摩尔生成热 −687.21kJ · mol$^{-1}$ 实际上是最低的,因此它的爆轰性能(*P* = 24.2GPa,*D* = 7334m · s$^{-1}$)也最低。尽管结晶水会通过降低含能材料爆热和密度的方式限制含能材料的爆轰性能,但 DAOTO$^+$ClO$_4^-$ · H$_2$O(*P* = 28.3GPa,*D* = 8036m · s$^{-1}$)依然展现出较高的爆轰性能。DAOTO$^+$ClO$_4^-$ · TATDO(*P* = 25.0GPa,*D* = 7482m · s$^{-1}$)像一般含能共晶一样展现出介于高能和低能组分之间的折中爆轰性能[19],共晶 DAOTO$^+$ClO$_4^-$ · DAOTO(*P* = 31.8GPa,*D* = 8378m · s$^{-1}$)却展示出了比 DAOTO$^+$ClO$_4^-$ · H$_2$O 更高且接近于 RDX 的爆轰性能。

　　共晶 DAOTO$^+$ClO$_4^-$ · DAOTO 展现出没有被其低能组分 DAOTO 拖累的爆轰性能,对于含能共晶来说是一种非常特殊的现象。将含能化合物与其他化合物共结晶,是一种近十年来调节含能材料性能的手段[19]。共晶可以改变含能化合物的溶解性和吸湿性,提高含能化合物的安全性能,但也往往会导致高能共晶组分的爆轰性能被低能共晶组分拖累,即含能共晶的爆轰性能往往介于其高能组分和低能组分的爆轰性能之间[19-22]。目前,已有文献只报道过一例由二硝酰胺铵(ADN)和吡嗪-1,4-二氧化物以 2∶1 的物质的量比组成的含能共晶,实现了共晶的爆轰性能高于其高能组分的爆轰性能[20]。共晶 DAOTO$^+$ClO$_4^-$ · DAOTO 的爆轰性能高于 DAOTO$^+$ClO$_4^-$ · H$_2$O 可从生成热、氧平衡和密度三个方面综合分析。

　　因为结晶水在燃烧反应前后不发生化学变化,所以可假设 DAOTO$^+$ClO$_4^-$ · H$_2$O 和 DAOTO$^+$ClO$_4^-$的标准摩尔燃烧焓 $\Delta_c H_m^{\ominus}$ 近似相等,但 DAOTO$^+$ClO$_4^-$ · DAOTO 的

$-\Delta_c H_m^\ominus$ (3784.10kJ·mol$^{-1}$)比 DAOTO$^+$ClO$_4^-$·H$_2$O 和 DAOTO 的 $-\Delta_c H_m^\ominus$ 之和(约 3088kJ·mol$^{-1}$)高。共晶 DAOTO$^+$ClO$_4^-$·TATDO 也有类似现象,其$-\Delta_c H_m$ 比其组分的 $-\Delta_c H_m^\ominus$ 之和高了约 110kJ·mol$^{-1}$。根据对 DAOTO$^+$ClO$_4^-$·DAOTO 和 DAOTO$^+$ClO$_4^-$·H$_2$O 晶体结构的相关讨论可知,DAOTO$^+$ClO$_4^-$·DAOTO 中较大电中性的 DAOTO 分子起到了比 DAOTO$^+$ClO$_4^-$·H$_2$O 中结晶水分子更好的隔离高氯酸根离子和DAOTO$^+$的 OH$^+$基团的作用。因此,DAOTO$^+$ClO$_4^-$·DAOTO 中 DAOTO$^+$ClO$_4^-$离子键强度比 DAOTO$^+$ClO$_4^-$·H$_2$O 中 DAOTO$^+$ClO$_4^-$离子键强度弱。共晶 DAOTO$^+$ClO$_4^-$·DAOTO 在燃烧时破坏其离子键所需的能量要低于破坏 DAOTO$^+$ClO$_4^-$·H$_2$O 离子键所需的能量,从而在燃烧产物相同的情况下共晶可释放更多的能量,即共晶的$-\Delta_c H_m^\ominus$比其组分的$-\Delta_c H_m^\ominus$之和高。$-\Delta_c H_m^\ominus$越高,标准摩尔生成热$\Delta_f H_m^\ominus$就越高。实际上,DAOTO$^+$ClO$_4^-$·DAOTO 的 $\Delta_f H_m^\ominus$ ($-173.19$kJ·mol$^{-1}$)确实远高于 DAOTO 和 DAOTO$^+$ClO$_4^-$·H$_2$O 的 $\Delta_f H_m^\ominus$ ($-348.38$kJ·mol$^{-1}$ 和 $-806.51$kJ·mol$^{-1}$)。$\Delta_f H_m^\ominus$越高,爆轰性能越高,因此共晶 DAOTO$^+$ClO$_4^-$·DAOTO 具有比 DAOTO$^+$ClO$_4^-$·H$_2$O 更好的爆轰性能。

共晶 DAOTO$^+$ClO$_4^-$·DAOTO(OB$_{CO}$ = $-3.8\%$) 由氧平衡为一负一正的 DAOTO (OB$_{CO}$ = $-25.1\%$) 和 DAOTO$^+$ClO$_4^-$(OB$_{CO}$ = $+9.2\%$)组成,其氧平衡比两种组分的氧平衡都更接近于零。基于 CO,该共晶中 DAOTO$^+$ClO$_4^-$的多余氧量可以继续用于氧化缺氧分子 DAOTO,从而使共晶在爆炸时的氧化还原反应能释放比 DAOTO$^+$ClO$_4^-$·H$_2$O 的氧化还原反应更多的能量,即共晶的爆热会较高。事实上,共晶 DAOTO$^+$ClO$_4^-$·DAOTO 的爆热($Q_d$)确实是 DAOTO 系列质子化产物中最高的。高爆热会导致高爆轰性能,因此共晶 DAOTO$^+$ClO$_4^-$·DAOTO 的爆轰性能比 DAOTO$^+$ClO$_4^-$·H$_2$O 的爆轰性能高。此外,DAOTO$^+$ClO$_4^-$·DAOTO($\rho$ = 1.86g·cm$^{-3}$) 与 DAOTO$^+$ClO$_4^-$·H$_2$O($\rho$ = 1.88g·cm$^{-3}$)的密度差距很小,DAOTO$^+$ClO$_4^-$·H$_2$O 的爆轰性能又受到结晶水的限制,这些客观条件也可促使 DAOTO$^+$ClO$_4^-$·DAOTO 的爆轰性能高于 DAOTO$^+$ClO$_4^-$·H$_2$O 的爆轰性能。

值得注意的是,已有文献报道的唯一一例实现了共晶爆轰性能高于其高能组分爆轰性能的含能共晶,也是由含能离子盐(二硝酰胺铵)和非离子型含能化合物(吡嗪-1,4-二氧化物)构成的[20],该含能共晶的氧平衡(0)也比其共晶组分二硝酰胺铵(OB$_{CO}$ = $+25.8\%$)和吡嗪-1,4-二氧化物的氧平衡($-57.1\%$)更接近于零,且其与高能组分(二硝酰胺铵)密度的差距(0.03g·cm$^{-3}$)也很小。因此,氧平衡比组分的氧平衡更接近于零的离子型与非离子型含能化合物的含能共晶,或许可以成为突破含能共晶爆轰性能折中缺点的最佳选择。

　　DAOTO 系列含能化合物的氧平衡与爆轰性能的关系如图 5.3(a)所示。DAOTO 系列含能化合物的爆轰性能有较为明显的随着 $OB_{CO}$ 升高而升高的趋势，而且位于图 5.3(a)中虚线上下的点可形成两条近似平行的变化趋势线，其中位于虚线下方的点代表爆轰性能受到了低生成热或结晶水的负面影响。$GUA^+DAOTO^-$ 的点位于图 5.3(a)的左下角，其 $OB_{CO}$ 是 DAOTO 系列含能化合物中最低的，因此其爆轰性能也很低。具有较高氧平衡和爆轰性能的 DAOTO 系列质子化产物的点全部位于 TNT 点的右上方。$DAOTO^+ClO_4^- \cdot TATDO$ 的点位于 DAOTO 和 $DAOTO^+ClO_4^- \cdot H_2O$ 点的连线中点附近，呈现出一般含能共晶的爆轰性能折中现象；共晶 $DAOTO^+ClO_4^- \cdot DAOTO$ 点位于 $DAOTO^+ClO_4^- \cdot H_2O$ 点的左上方，凸显了其突破含能共晶爆轰性能折中缺点的特性，其爆轰性能也是 DAOTO 系列含能化合物中最高的。虽然 $DAOTO^+NO_3^-(OB_{CO} = 0)$ 和 $DAOTO^+ClO_4^- \cdot H_2O(OB_{CO} = +8.6\%)$ 基于 CO

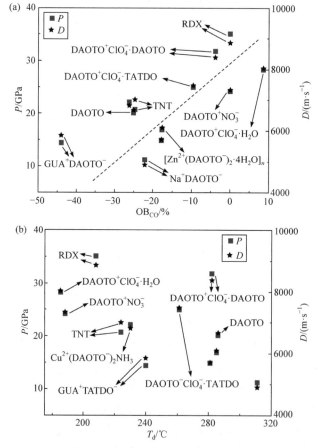

图 5.3　DAOTO 系列含能化合物的氧平衡和热分解温度与爆轰性能的关系
(a) 氧平衡与爆轰性能的关系；(b) 热分解温度与爆轰性能的关系

的氧平衡已都大于或等于零,但它们基于 $CO_2$ 的氧平衡(分别为–21.6%和–8.6%)依然为不相等的负值。因此,DAOTO$^+$ClO$_4^-$ · $H_2O$ 分子在爆炸时能进行比 DAOTO$^+$NO$_3^-$ 更为充分的分子内部氧化还原反应,从而使前者的爆轰性能比后者的爆轰性能更高。

DAOTO 系列含能化合物的热分解温度 $T_d$ 与爆轰性能的关系如图 5.3(b)所示。与 TATDO 系列含能化合物类似,DAOTO 系列含能化合物的 $T_d$ 也有随着爆轰性能下降而升高的大概趋势,这个趋势的规律性同样不强,这主要是因为 DAOTO 系列含能化合物的起始热分解机理不一致。在图 5.3(b)的 DAOTO 系列含能化合物的点中,$T_d$ 小于 250℃、爆轰性能差距较大的系列点来自 Cu$^{2+}$(DAOTO$^-$)$_2$NH$_3$ 和 DAOTO 一些不含金属的离子化产物,一方面是因为这些点代表的含能化合物氧平衡差距较大,另一方面这些含能化合物的热分解可能都是易发生离子间氢转移或金属离子参与配位键断裂引起的。$T_d$ 大于 260℃的点除了爆轰性能较高的两种共晶外,全部来自于爆轰性能较低的 DAOTO 及其含金属去质子化产物。一方面是因为这些 DAOTO 及其含金属去质子化产物具有较低的氧平衡和生成热,另一方面它们的热分解可能都是较难发生的氮氧键断裂引发的,氧平衡较高的两种共晶性质特殊,同时具有较高的爆轰性能和热稳定性。此外,具有较高爆轰性能的 DAOTO$^+$ ClO$_4^-$ · $H_2O$($T_d$ = 185℃)和 DAOTO$^+$NO$_3^-$($T_d$ = 188℃)热稳定性都低于 TNT 和 RDX 的热稳定性,而具有较高爆轰性能的两种共晶 DAOTO$^+$ClO$_4^-$ · DAOTO ($T_d$ = 282℃)和 DAOTO$^+$ClO$_4^-$ · TATDO($T_d$ = 261℃)热稳定性都比 TNT 和 RDX 的热稳定性高。

爆轰性能相对较低的 DAOTO 及其系列去质子化产物的撞击感度(>23.5J)都很低,且都低于 TNT 的撞击感度(15J),而高爆轰性能的 DAOTO 系列质子化产物的撞击感度(6.9~>23.5J)在整体上相对较高。DAOTO$^+$ClO$_4^-$· $H_2O$(IS = 18.6J)由于结晶水的钝化作用,具有明显低于 DAOTO$^+$NO$_3^-$(IS = 6.9J)的撞击感度。两种含能共晶 DAOTO$^+$ClO$_4^-$ · DAOTO(IS = 19.6J)和 DAOTO$^+$ClO$_4^-$ · TATDO(IS > 23.5J)的撞击感度都低于 DAOTO$^+$ClO$_4^-$ · $H_2O$ 的撞击感度,这可能是因为两种共晶中氢键相互作用的强度高于 DAOTO$^+$ClO$_4^-$ · $H_2O$ 中氢键相互作用的强度,从而使得两种共晶比 DAOTO$^+$ClO$_4^-$ · $H_2O$ 更能抵抗外界机械刺激。DAOTO 既耐热($T_d$ = 286℃)又钝感(IS > 23.5J),且具有与 TNT 相当的爆轰性能,可用作耐热钝感炸药。共晶 DAOTO$^+$ClO$_4^-$ · DAOTO 同样耐热($T_d$ = 282℃)且钝感(IS = 19.6J),具有远高于 RDX($T_d$ = 208℃,IS = 7.4J)的安全性能和接近于 RDX 的爆轰性能,是综合性能良好的猛炸药。虽然 GUA$^+$TATDO$^-$ 的爆轰性能($T_d$ = 240℃,IS > 23.5J)不高,但其安全性能较好,且氮含量高,因此它可用作气体发生剂。此外,Ag$^+$DAOTO$^-$ (IS > 23.5J)对光不敏感,不像 Ag$^+$TATDO$^-$一样见光易分解。

### 5.1.4　DAMTO 系列含能化合物和 PAHAPE · 2H₂O 含能特性

DAMTO 系列含能化合物和 PAHAPE · 2H₂O 的燃烧方程式如下。

DAMTO⁺NO₃⁻：

$$C_4H_8N_6O_4(s) + 5.25O_2(g) \longrightarrow 4CO_2(g) + 3.5H_2O(l) + 2.5N_2(g) + HNO_3(aq)$$

DAMTO²⁺(ClO₄⁻)₂：

$$C_4H_9N_5O_9Cl_2(s) + 1.25O_2(g) \longrightarrow 4CO_2(g) + 3.5H_2O(l) + 2.5N_2(g) + 2HCl(aq)$$

PAHAPE · 2H₂O：

$$C_4H_{15}N_{11}O_2(s) + 6.75O_2(g) \longrightarrow 4CO_2(g) + 7.5H_2O(l) + 5.5N_2(g)$$

DAMTO 系列含能化合物和 PAHAPE · 2H₂O 测定的恒容燃烧热 $Q_V$，以及根据燃烧方程式计算的在 298.15K 下标准摩尔燃烧焓 $\Delta_c H_m^{\ominus}$ 和标准摩尔生成热 $\Delta_f H_m^{\ominus}$ 如表 5.8 所示。

表 5.8　DAMTO 系列含能化合物和 PAHAPE · 2H₂O 的恒容燃烧热、标准摩尔燃烧焓和标准摩尔生成热(298.15K)

| 化合物 | $-Q_V / -Q_V$ /[(J·g⁻¹)/(kJ·mol⁻¹)] | $-\Delta_c H_m^{\ominus}$ /(kJ·mol⁻¹) | $\Delta_f H_m^{\ominus}$ /(kJ·mol⁻¹) |
|---|---|---|---|
| DAMTO⁺NO₃⁻ | 11747/2398.15 | 2395.05 | −386.25 |
| DAMTO²⁺(ClO₄⁻)₂ | 7530/2575.56 | 2562.55 | −346.06 |
| PAHAPE · 2H₂O | 14133/3522.51 | 3515.69 | −202.08 |

DAMTO 系列含能化合物和 PAHAPE · 2H₂O 的爆炸反应方程式如下。

DAMTO⁺NO₃⁻：

$$C_4H_8N_6O_4(s) \longrightarrow 4H_2O(g) + 3N_2(g) + 4C(s)$$

DAMTO²⁺(ClO₄⁻)₂：

$$C_4H_9N_5O_9Cl_2(s) \longrightarrow 2HCl(g) + 2.5N_2(g) + 3.5H_2O(g) + 2.5CO(g) + 1.5CO_2(g)$$

PAHAPE · 2H₂O：

$$C_4H_{15}N_{11}O_2(s) \longrightarrow 2H_2O(g) + 5.5H_2(g) + 5.5N_2(g) + 4C(s)$$

DAMTO 系列含能化合物和 PAHAPE · 2H₂O 爆炸反应方程式 $N$、$M_g$ 和 $Q_d$ 的值如表 5.9 所示。DAMTO 系列含能化合物、PAHAPE · 2H₂O、TNT 和 RDX 的密度 $\rho$、爆压 $P$、爆速 $D$、热分解温度 $T_d$、氧平衡 OB_{CO} 和撞击感度 IS 见表 5.10。

表 5.9　DAMTO 系列含能化合物和 PAHAPE · 2H₂O 爆炸反应方程式 $N$、$M_g$ 和 $Q_d$ 的值

| 化合物 | $N$/(mol·g⁻¹) | $M_g$/(g·mol⁻¹) | $Q_d$/(J·g⁻¹) |
|---|---|---|---|
| DAMTO⁺NO₃⁻ | 0.03429 | 22.30 | 2846 |
| DAMTO²⁺(ClO₄⁻)₂ | 0.03508 | 28.50 | 4536 |
| PAHAPE · 2H₂O | 0.05216 | 15.48 | 1130 |

表 5.10　DAMTO 系列含能化合物、PAHAPE · 2H₂O、TNT 和 RDX 的含能特性

| 化合物 | $\rho/(g \cdot cm^{-3})$ | $T_d/℃$ | $OB_{CO}/\%$ | $P/GPa$ | $D/(m \cdot s^{-1})$ | $IS/J$ |
|---|---|---|---|---|---|---|
| DAMTO⁺NO₃⁻ | 1.55 | 185 | −31.3 | 15.8 | 6259 | 21.6 |
| DAMTO²⁺(ClO₄⁻)₂ | 1.91 | 233 | +7.0 | 34.6 | 8641 | 5.9 |
| PAHAPE · 2H₂O | 1.50 | 187 | −61.0 | 11.8 | 5472 | 21.6 |
| TNT | 1.65 | 224 | −24.7 | 20.7 | 7014 | 15.0 |
| RDX | 1.82 | 208 | 0 | 35.1 | 8864 | 7.4 |

DAMTO 具有很低的氧平衡(−73.7%)，严重缺氧，将其质子化以引入氧化剂组分(硝酸根离子和高氯酸根离子)，可以让所得产物内部的可燃组分发生充分的氧化还原反应。质子化产物 DAMTO⁺NO₃⁻ 的氧平衡(−31.3%)显著高于 DAMTO 的氧平衡，但其含氧量依然较低，且密度(1.55g · cm⁻³)也很低，因此 DAMTO⁺NO₃⁻ 的爆轰性能($P = 15.8$GPa，$D = 6259$m · s⁻¹)较低。质子化产物 DAMTO²⁺(ClO₄⁻)₂ 的氧平衡(+7.0%)显著高于 DAMTO 和 DAMTO⁺NO₃⁻ 的氧平衡，其分子内部的可燃组分与氧化剂组分之间可以发生充分的氧化还原反应，并释放出大量能量，因此它的爆热(4536J · g⁻¹)显著高于 DAMTO⁺NO₃⁻ 的爆热(2846J · g⁻¹)(表 5.9)，爆轰性能($P = 34.6$GPa，$D = 8641$m · s⁻¹)也显著高于 DAMTO⁺NO₃⁻ 并接近于 RDX($P = 35.1$GPa，$D = 8864$m · s⁻¹)。PAHAPE 分子不含氧，PAHAPE · 2H₂O 的氧平衡很低(−61.0%)，同时结晶水使得 PAHAPE · 2H₂O 的密度(1.50g · cm⁻³)降低，因此 PAHAPE · 2H₂O 的爆轰性能($P = 11.8$GPa，$D = 5472$m · s⁻¹)很低。DAMTO⁺NO₃⁻ 和 PAHAPE · 2H₂O 的爆轰性能不高，它们的撞击感度(21.6J)也较低。DAMTO²⁺(ClO₄⁻)₂ 的撞击感度(5.9J)稍高于 RDX，但其热稳定性($T_d = 233$℃)比 RDX($T_d = 208$℃)高，且爆轰性能与 RDX 相当，因此 DAMTO²⁺(ClO₄⁻)₂ 是一种综合性能良好的猛炸药。虽然 PAHAPE · 2H₂O 的爆轰性能不高，但氮含量较高(PAHAPE 分子中氮的质量分数高达 72.3%)，因此可用作气体发生剂[16]。

## 5.2　铅铜盐催化性能

### 5.2.1　催化性能相关方法

有机含能化合物的含能金属盐或含能配合物可作为含能燃烧催化剂，促进固体推进剂的分解和燃烧[23]。含能燃烧催化剂不仅能像普通的有机酸金属盐燃烧催化剂一样，利用原位分解形成的金属氧化物催化固体推进剂的分解和燃烧，而且由于其本身也属于含能材料，可降低固体推进剂的能量损失，甚至可进一步提高

固体推进剂的能量水平。从含金属元素的种类来看，含铅和含铜的燃烧催化剂是性能优良且应用最广的两类燃烧催化剂[23]；从含有机物的种类来看，目前对含能燃烧催化剂的研究主要集中于唑类、吡啶类、四嗪类和直链类有机含能化合物的金属盐[24]，罕见对三嗪类有机含能化合物金属盐催化性能的研究。热分析法是研究燃烧催化剂催化活性的重要方法之一，可以考察燃烧催化剂对推进剂组分分解速度、分解放热量和分解反应动力学参数的影响[25-36]。

研究 TATDO、DAOTO 和 DAMTO 的铅铜盐对固体推进剂的主要单质含能组分环三亚甲基三硝胺(RDX)和高氯酸铵(AP)热分解的催化性能，探究它们作为含能燃烧催化剂的应用潜力。将 TATDO、DAOTO 和 DAMTO 的铅铜盐分别与 RDX、AP 以 1∶4 的质量比研磨混合均匀，所得混合样品的代号和组成见表 5.11。通过 DSC 研究铅铜盐对 RDX 和 AP 热分解的催化性能。另外，除了 $Pb^{2+}(TATDO^-)_2$ (IS = 14.7J)以外，TATDO、DAOTO 和 DAMTO 的铅铜盐撞击感度(>23.5J)都非常低。

表 5.11　铅铜盐催化剂与 RDX 和 AP 混合样品的代号和组成(质量分数/%)

| 代号 | TTPb | TTCu | DOPb | DOCu | DMPb | DMCu | RDX | AP |
|------|------|------|------|------|------|------|-----|-----|
| TTPb-R | 20 | — | — | — | — | — | 80 | — |
| TTCu-R | — | 20 | — | — | — | — | 80 | — |
| TTPb-A | 20 | — | — | — | — | — | — | 80 |
| TTCu-A | — | 20 | — | — | — | — | — | 80 |
| DOPb-R | — | — | 20 | — | — | — | 80 | — |
| DOCu-R | — | — | — | 20 | — | — | 80 | — |
| DOPb-A | — | — | 20 | — | — | — | — | 80 |
| DOCu-A | — | — | — | 20 | — | — | — | 80 |
| DMPb-R | — | — | — | — | 20 | — | 80 | — |
| DMCu-R | — | — | — | — | — | 20 | 80 | — |
| DMPb-A | — | — | — | — | 20 | — | — | 80 |
| DMCu-A | — | — | — | — | — | 20 | — | 80 |

注：TTPb 为 $Pb^{2+}(TATDO^-)_2$；TTCu 为 $Cu^{2+}(TATDO^-)_2$；DOPb 为 $Pb^{2+}(DAOTO^-)_2$；DOCu 为 $Cu^{2+}(DAOTO^-)_2$；DMPb 为 $Pb^{2+}(DAMTO^-)_2$；DMCu 为 $Cu^{2+}(DAMTO^-)_2$；R 为 RDX；A 为 AP。

## 5.2.2　对 RDX 热分解的催化效果

图 5.4 为 TATDO、DAOTO 和 DAMTO 铅铜盐催化下 RDX 的热分解 DSC 曲线(10℃·min$^{-1}$)。纯 RDX 及添加了铅铜盐催化剂的 RDX 样品都在约 205℃处有一个明显的熔化吸热峰，所有样品中的 RDX 都在熔化后立即放热分解。纯 RDX

的热分解放热功率(热流变化程度)在熔化后逐渐增加，并在 242.3℃处达到最大值，形成了一个放热分解单峰，且该放热分解峰的面积(放热量)约为 1458J・g$^{-1}$。TTPb-R、DMPb-R 和 DMCu-R 中 RDX 的热分解过程与纯 RDX 类似，它们热分解的放热功率也在熔化后逐渐增加，并分别形成了一个放热量约为 1004J・g$^{-1}$、765J・g$^{-1}$ 和 574J・g$^{-1}$ 的放热分解单峰[33-36]。TTPb-R 放热分解峰的峰顶温度(234.9℃)比纯 RDX 的 $T_p$ 降低了 7.4℃，DMPb-R 和 DMCu-R 的 $T_p$(236.3℃)都比纯 RDX 的 $T_p$ 降低了 6.0℃,这说明 Pb$^{2+}$(TATDO$^-$)$_2$、Pb$^{2+}$(DAMTO$^-$)$_2$ 和 Cu$^{2+}$(DAMTO$^-$)$_2$ 都对 RDX 的后期热分解有促进作用。TTPb-R 的 DSC 曲线在 285.8℃处还有一个放热量约为 60J・g$^{-1}$ 的小幅放热峰，该放热峰的位置与催化剂 Pb$^{2+}$(TATDO$^-$)$_2$ 在 290.8℃处的放热分解峰相符(图 4.16)。DMPb-R 和 DMCu-R 的 DSC 曲线上没有催化剂 Pb$^{2+}$(DAMTO$^-$)$_2$ 在 200~365℃的吸放热分解峰和 Cu$^{2+}$(DAMTO$^-$)$_2$ 在 364.2℃处的放热分解峰，表明其在 RDX 的放热分解过程中已分解(图 4.48)。

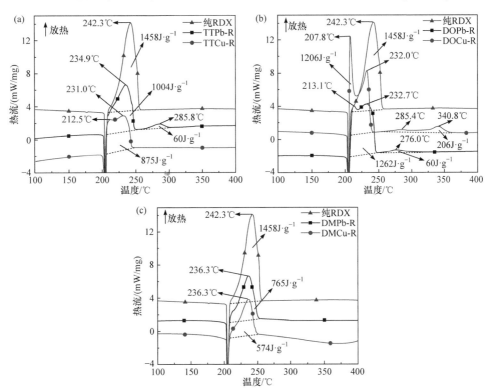

图 5.4  TATDO、DAOTO 和 DAMTO 的铅铜盐对 RDX 热分解的催化效果
(a) TATDO 的铅铜盐；(b) DAOTO 的铅铜盐；(c) DAMTO 的铅铜盐

与纯 RDX、TTPb-R、DMPb-R 和 DMCu-R 不同,TTCu-R、DOPb-R 和 DOCu-R 的 RDX 热分解放热功率在熔化后增长得非常快，且在短时间内就达到第一个峰

值,这说明 $Cu^{2+}(TATDO^-)_2$、$Pb^{2+}(DAOTO^-)_2$ 和 $Cu^{2+}(DAOTO^-)_2$ 很好地加速了 RDX 的前期热分解。DOCu-R 放热分解过程的第一个 $T_p$(207.8℃)最小,而且相应的放热峰强度高且尖锐,因此 $Cu^{2+}(DAOTO^-)_2$ 对 RDX 的前期热分解具有最好的促进作用。在 TTCu-R、DOPb-R 和 DOCu-R 的第一个 $T_p$ 之后,它们的热分解放热功率小幅下降后又继续增加,最终与第一个放热分解峰一起形成了放热分解双峰。TTCu-R、DOPb-R 和 DOCu-R 放热分解过程的第二个 $T_p$ 分别为 231.0℃、232.7℃ 和 232.0℃,分别比纯 RDX 的 $T_p$ 降低了 11.3℃、9.6℃ 和 10.3℃,因此,$Cu^{2+}(TATDO^-)_2$、$Pb^{2+}(DAOTO^-)_2$ 和 $Cu^{2+}(DAOTO^-)_2$ 都具有比 $Pb^{2+}(TATDO^-)_2$、$Pb^{2+}(DAMTO^-)_2$ 和 $Cu^{2+}(DAMTO^-)_2$ 更好的促进 RDX 后期热分解的作用,其中又 $Cu^{2+}(TATDO^-)_2$ 的催化效果最好。TTCu-R、DOPb-R 和 DOCu-R 放热分解双峰的总放热量分别约为 875J · $g^{-1}$、1262J · $g^{-1}$ 和 1206J · $g^{-1}$。DOPb-R 的 DSC 曲线在 276.0℃处还有一个放热量约为 60J · $g^{-1}$ 的小幅放热峰,该放热峰的位置与催化剂 $Pb^{2+}(DAOTO^-)_2$ 在 275.2℃处的放热分解峰相符(图 4.38)。DOCu-R 的 DSC 曲线在 285.4℃和 340.8℃处还有一段放热量共约为 206J · $g^{-1}$ 的连续小幅放热峰,该放热峰的位置与催化剂 $Cu^{2+}(DAOTO^-)_2$ 在 286.4℃和 337.6℃处的连续放热分解峰相符(图 4.38)。TTCu-R 的 DSC 曲线上没有催化剂 $Cu^{2+}(TATDO^-)_2$ 在 253.8℃和 372.9℃处的连续放热分解峰,表明其在 RDX 的放热分解过程中已分解(图 4.16)。

　表 5.12 为铅铜盐催化剂对 RDX 热分解放热量的影响,总结了 RDX、各铅铜盐催化剂和各混合样品的 DSC 曲线(10℃ · $min^{-1}$)上所有热分解峰的总放热量,同时还给出了各混合样品纯组分的放热量按质量分数的加权和,以作对比。TTPb-R、TTCu-R、DMPb-R 和 DMCu-R 的总放热量都明显小于其纯组分放热量的加权和,虽然 TATDO 和 DAMTO 的铅铜盐能促进 RDX 的热分解,但它们会降低 RDX 的热分解放热量。DOPb-R 和 DOCu-R 的总放热量基本等于其纯组分的放热量的加权和,因此,DAOTO 的铅铜盐不仅能促进 RDX 的热分解,而且不会降低 RDX 的热分解放热量。在所有铅铜盐催化剂中,$Cu^{2+}(DAOTO^-)_2$ 不仅对 RDX 的前后期热分解都有很好的促进作用,而且不会降低 RDX 的放热量,对于 RDX 热分解具有最好的综合催化性能。

**表 5.12　铅铜盐催化剂对 RDX 热分解放热量的影响**

| 相关样品 | 放热量/(J · $g^{-1}$) | 相关样品 | 放热量/(J · $g^{-1}$) |
|---|---|---|---|
| RDX($Q_R$) | 1458 | TTCu-R | 875 |
| $Pb^{2+}(TATDO^-)_2$ ($Q_{TTPb}$) | 955 | $0.2Q_{DOPb} + 0.8Q_R$ | 1381 |
| $Cu^{2+}(TATDO^-)_2$ ($Q_{TTCu}$) | 1609 | DOPb-R | 1322 |
| $Pb^{2+}(DAOTO^-)_2$ ($Q_{DOPb}$) | 1073 | $0.2Q_{DOCu} + 0.8Q_R$ | 1487 |
| $Cu^{2+}(DAOTO^-)_2$ ($Q_{DOCu}$) | 1605 | DOCu-R | 1412 |

续表

| 相关样品 | 放热量/(J·g⁻¹) | 相关样品 | 放热量/(J·g⁻¹) |
|---|---|---|---|
| Pb²⁺(DAMTO⁻)₂ ($Q_{DMPb}$) | −182 | $0.2Q_{DMPb} + 0.8Q_R$ | 1130 |
| Cu²⁺(DAMTO⁻)₂ ($Q_{DMCu}$) | 433 | DMPb-R | 765 |
| $0.2Q_{TTPb} + 0.8Q_R$ | 1357 | $0.2Q_{DMCu} + 0.8Q_R$ | 1253 |
| TTPb-R | 1004 | DMCu-R | 574 |
| $0.2Q_{TTCu} + 0.8Q_R$ | 1488 | | |

### 5.2.3　对 AP 热分解的催化效果

在 TATDO、DAOTO 和 DAMTO 铅铜盐的催化下，AP 的热分解 DSC 曲线 (10℃·min⁻¹)如图 5.5 所示。纯 AP 及添加了铅铜盐催化剂的 AP 样品都在约 244℃ 处有一个 AP 的明显晶型转变吸热峰。纯 AP 在晶型转变后不会马上发生放热分解，其第一个放热分解峰的外推始点温度 $T_e$ 为 282.0℃。纯 AP 呈现出两个放热分解阶段。第一个放热分解阶段对应着一个小幅放热分解峰，该峰的峰顶温度 $T_p$

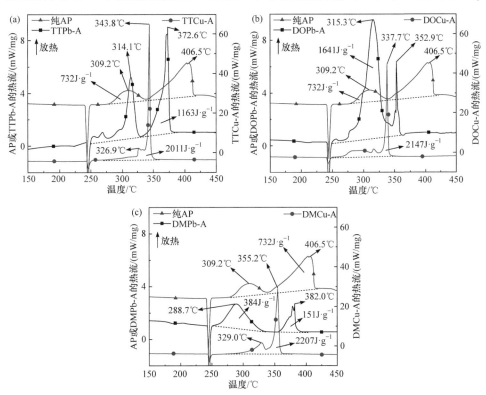

图 5.5　TATDO、DAOTO 和 DAMTO 的铅铜盐对 AP 热分解的催化效果
(a) TATDO 的铅铜盐；(b) DAOTO 的铅铜盐；(c) DAMTO 的铅铜盐

为 309.2℃；第二个放热分解阶段对应着一个大幅放热分解峰，该峰的 $T_p$ 为 406.5℃。两峰的放热量共约为 732J·g$^{-1}$。TTPb-A、DOPb-A 和 DMPb-A 的热行为与纯 AP 的热行为类似，都呈现出两个连续的强度接近的放热分解峰，其中纯 AP 和 DMPb-A 放热分解峰的强度和峰形接近，TTPb-A 和 DOPb-A 的两个放热分解峰与纯 AP 相比，具有更高的强度、更窄的峰宽和更尖锐的峰形[32-34]。TTPb-A、DOPb-A 和 DMPb-A 都在 AP 发生晶型转变后就立刻开始缓慢热分解。虽然只有 DMPb-A 第一个放热分解峰的 $T_p$(288.7℃)比纯 AP 的第一个放热分解峰的 $T_p$ 更低 (降低了 20.5℃)，而 TTPb-A 和 DOPb-A 的第一个 $T_p$(314.1℃和 315.3℃)都比纯 AP 的第一个 $T_p$ 高，但是 TTPb-A、DOPb-A 和 DMPb-A 第二个放热分解峰的 $T_p$(分别为 372.6℃、352.9℃和 382.0℃)都比纯 AP 的第二个放热分解峰的 $T_p$ 更低，且分别降低了 33.9℃、53.6℃和 24.5℃。因此，TATDO、DAOTO 和 DAMTO 的铅盐都对 AP 的热分解有明显的促进作用。TTPb-A、DOPb-A 和 DMPb-A 两个放热分解过程的总放热量分别约为 1163J·g$^{-1}$、1641J·g$^{-1}$ 和 535J·g$^{-1}$。催化剂 Pb$^{2+}$(TATDO$^-$)$_2$、Pb$^{2+}$(DAOTO$^-$)$_2$ 和 Pb$^{2+}$(DAMTO$^-$)$_2$ 都会在 250℃左右发生热分解，这可能是 TTPb-A、DOPb-A 和 DMPb-A 在 AP 发生晶型转变后就立刻开始缓慢热分解的原因。

　　与纯 AP、TTPb-A、DOPb-A 和 DMPb-A 不同，AP 的两个放热分解峰在 TTCu-A、DOCu-A 和 DMCu-A 催化下有融合为一的趋势。TTCu-A、DOCu-A 和 DMCu-A 最靠后的放热分解峰的强度非常高，相比之下，它们在此之前的放热分解过程显得非常温和。如果用 DSC 曲线上放热功率最大的点与其平缓基线某点的放热功率之差来表征样品的最大放热功率，纯 AP、TTCu-A、DOCu-A、DMPb-A、TTCu-A、DOCu-A 和 DMCu-A 的最大放热功率分别约为 3mW·mg$^{-1}$、10mW·mg$^{-1}$、9mW·mg$^{-1}$、2mW·mg$^{-1}$、69mW·mg$^{-1}$、47mW·mg$^{-1}$ 和 33mW·mg$^{-1}$，TTCu-A、DOCu-A 和 DMCu-A 的最大放热功率分别约是纯 AP 的 23 倍、16 倍和 11 倍，而 TTPb-A、DOPb-A 和 DMPb-A 的最大放热功率只为纯 AP 的 1~3 倍。TTCu-A、DOCu-A 和 DMCu-A 最大放热功率分解峰的 $T_p$ 分别为 343.8℃、337.7℃和 355.2℃，分别比纯 AP 的第二个放热分解峰的 $T_p$ 降低了 62.7℃、68.8℃和 51.3℃。因此，TATDO、DAOTO 和 DAMTO 的铜盐在整体上比铅盐具有更好的促进 AP 热分解的作用。TTCu-A、DOCu-A 和 DMCu-A 整个放热分解过程的放热量接近，分别为 2011J·g$^{-1}$、2147J·g$^{-1}$ 和 2207J·g$^{-1}$。从 TTCu-A、DOCu-A 和 DMCu-A 的 DSC 曲线上无法观察到催化剂 Cu$^{2+}$(TATDO$^-$)$_2$ 在 253.8℃和 372.9℃处连续放热分解特征峰、催化剂 Cu$^{2+}$(DAOTO$^-$)$_2$ 在 286.4℃和 337.6℃处连续放热分解特征峰及催化剂 Cu$^{2+}$(DAMTO$^-$)$_2$ 在 364.2℃处放热分解特征峰(图 4.16、图 4.38 和图 4.48)。

　　表 5.13 为铅铜盐催化剂对 AP 热分解放热量的影响，总结了 AP、各铅铜盐

催化剂和各混合样品的 DSC 曲线(10℃·min⁻¹)上所有热分解峰的总放热量,同时还给出了各混合样品纯组分的放热量按质量分数的加权和以作对比。除了 DMPb-A 的总放热量与其纯组分的放热量加权和相当,其他混合样品的总放热量均显著高于它们纯组分的放热量加权和,其中 TTCu-A、DOPb-A 和 DOCu-A 的总放热量都大约是相应加权和的两倍,DMCu-A 的总放热量约是加权和的三倍。因此,TATDO、DAOTO 和 DAMTO 的铅铜盐不仅能显著促进 AP 的热分解,同时还能显著增加 AP 的热分解放热量,从而增大 AP 的热分解反应深度。AP 的氧平衡为+34.0%,因此 AP 分子内氧化剂组分过量,其分子内缺少可燃组分。TATDO、DAOTO 和 DAMTO 的铅铜盐基于 CO 的氧平衡为–60.5%～–15.3%,作为含有过量可燃组分的含能催化剂,可向含有多余氧量的 AP 提供可燃性物质,从而使含有催化剂的 AP 样品能够进行更彻底的氧化还原分解反应,并在短时间内释放更多热量,最终呈现出高强度的放热分解峰。在所有铅铜盐催化剂中,Cu²⁺(TATDO⁻)₂能较好地将 AP 的两个放热分解过程融合为一,显著降低 AP 第二个放热分解峰的峰温,大幅增加 AP 的放热量和放热功率,对于 AP 热分解具有最好的综合催化性能。

**表 5.13　铅铜盐催化剂对 AP 热分解放热量的影响**

| 相关样品 | 放热量/(J·g⁻¹) | 相关样品 | 放热量/(J·g⁻¹) |
|---|---|---|---|
| $AP(Q_A)$ | 732 | TTCu-A | 2011 |
| $Pb^{2+}(TATDO^-)_2\,(Q_{TTPb})$ | 955 | $0.2Q_{DOPb}+0.8Q_A$ | 800 |
| $Cu^{2+}(TATDO^-)_2\,(Q_{TTCu})$ | 1609 | DOPb-A | 1641 |
| $Pb^{2+}(DAOTO^-)_2\,(Q_{DOPb})$ | 1073 | $0.2Q_{DOCu}+0.8Q_A$ | 907 |
| $Cu^{2+}(DAOTO^-)_2\,(Q_{DOCu})$ | 1605 | DOCu-A | 2147 |
| $Pb^{2+}(DAMTO^-)_2\,(Q_{DMPb})$ | −182 | $0.2Q_{DMPb}+0.8Q_A$ | 549 |
| $Cu^{2+}(DAMTO^-)_2\,(Q_{DMCu})$ | 433 | DMPb-A | 535 |
| $0.2Q_{TTPb}+0.8Q_A$ | 777 | $0.2Q_{DMCu}+0.8Q_A$ | 672 |
| TTPb-A | 1163 | DMCu-A | 2207 |
| $0.2Q_{TTCu}+0.8Q_A$ | 907 | | |

## 5.3　应用性能规律

通过 N-氧化反应,惰性富氮三嗪化工原料三聚氰胺,转变成爆轰性能接近于 TNT 的耐热钝感 N-氧化含能化合物 TATDO 和 DAOTO($T_d$>285℃,IS>23.5J),但低氧平衡性质限制了它们的爆轰性能,也阻碍了甲代三聚氰胺的 N-氧化产物

DAMTO 直接作为含能材料的应用[37]。

离子化 TATDO、DAOTO 和 DAMTO 以合成它们的系列离子型含能化合物，提供了调节所得含能材料氧平衡和性能的有效途径。氧平衡、生成热和密度都能对产物的爆轰性能产生影响，其中氧平衡是最主要的影响因素。低生成热对爆热性能和爆轰性能有负面影响，高氧平衡以提高爆热的方式提高爆轰性能。此外，结晶水分子能以降低爆热和密度的方式限制爆轰性能。各系列含能材料的爆轰性能都有随氧平衡升高而升高的明显趋势。由于氧平衡高，合成的质子化产物普遍具有比去质子化产物更高的爆轰性能。合成的 11 种质子化产物中有 10 种产物的爆轰性能高于 TNT，6 种产物的爆压和爆速都分别在 30.0GPa 和 8000m·s$^{-1}$ 以上。

整体上，氧平衡比组分氧平衡更接近于零的离子型与非离子型含能化合物的含能共晶，可在密度不大幅下降的条件下，通过降低离子键强度的方式提高生成热，通过优化氧平衡的方式提高爆热，并由此可能成为突破含能共晶爆轰性能折中缺点的最佳选择。

由于起始热分解机理不一致，各系列含能材料的热分解温度只有随着爆轰性能下降而升高的大概趋势。爆轰性能较低的 TATDO、DAOTO、DAMTO 及其去质子化产物普遍很钝感(IS 为 14.7～>23.5J)，而爆轰性能较高的质子化产物的撞击感度(2.0～>23.5J)相对较高。高强度的氢键相互作用使得 DAOTO$^+$ClO$_4^-$ 与 DAOTO 和 TATDO 共晶的撞击感度都比 DAOTO$^+$ClO$_4^-$·H$_2$O 更低。此外，Ag$^+$TATDO$^-$具有较高的光感度[37]。

TATDO、DAOTO 和 DAMTO 的铅铜盐都能对 RDX 和 AP 的热分解产生明显的催化效果。Cu$^{2+}$(DAOTO$^-$)$_2$ 能在不降低 RDX 放热量的情况下加速 RDX 前后期的热分解，并将 RDX 的热分解峰温降低 10.3℃，具有最好的对 RDX 热分解综合催化性能。相比三种铅盐，三种铜盐都能大幅提升 AP 热分解的放热功率和放热量，其中 Cu$^{2+}$(TATDO$^-$)$_2$ 能将 AP 的放热量提升 2 倍，放热功率提升 23 倍，第二个热分解峰温降低 62.7℃，具有最好的对 AP 热分解综合催化性能。

TATDO、DAOTO 和 DAMTO 及其离子化产物的应用方向可涵盖耐热钝感炸药、猛炸药、固体推进剂的氧化剂、绿色起爆药、气体发生剂和含能燃烧催化剂等，展现了两性含能化合物在提高新型含能材料开发效率方面的巨大潜力。

## 参 考 文 献

[1] FENG Z, CHEN S, LI Y, et al. Amphoteric ionization and cocrystallization synergistically applied to two melamine-based N-oxides: Achieving regulation for comprehensive performance of energetic materials[J]. Crystal Growth & Design, 2022, 22: 513-523.

[2] FENG Z, ZHANG Y, LI Y, et al. Adjacent N→O and C—NH$_2$ groups—A high-efficient amphoteric structure for energetic materials resulting from tautomerization proved by crystal engineering[J]. CrystEngComm, 2021, 23:

1544-1549.

[3] LI C, FENG Z, WANG H, et al. Aromatic nucleophilic substitution of FOX-7: Synthesis and properties of 1-amino-1-picrylamino-2,2-dinitroethylene (APDE) and its potassium salt [K(APDE)][J]. ChemPlusChem, 2019, 84: 794-801.

[4] ZHOU T, LI Y, XU K. et al. The new role of 1,1-diamino-2,2-dinitroethylene (FOX-7): Two unexpected reactions[J]. New Journal of Chemistry, 2017, 41:168-176.

[5] LI Y, ZHAI L, XU K. et al. Energies of combustion and specific heat capacities of diaminofurazan, dinitrofurazan and diaminoazofurazan[J]. Chinese Journal of Explosives & Propellants, 2016, 24(9): 838-841.

[6] SUN Q, LI Y, XU K, et al. Crystal structure and enthalpy of combustion of AEFOX-7[J]. Chinese Journal of Explosives & Propellants, 2015, 23(12): 1235-1239.

[7] KAMLET M J, JACOBS S J. Chemistry of detonations. Ⅰ. A simple method for calculating detonation properties of C-H-N-O explosives[J]. The Journal of Chemical Physics, 1968, 48(1): 23-35.

[8] WANG Y, ZHANG J, SU H, et al. A simple method for the prediction of the detonation performances of metal-containing explosives[J]. The Journal of Physical Chemistry A, 2014, 118(25): 4575-4581.

[9] KESHAVARZ M H, KAMALVAND M, JAFARI M, et al. An improved simple method for the calculation of the detonation performance of CHNOFCl, aluminized and ammonium nitrate explosives[J]. Central European Journal of Energetic Materials, 2016, 13(2): 381-396.

[10] KESHAVARZ M H, POURETEDAL H R. An empirical method for predicting detonation pressure of CHNOFCl explosives[J]. Thermochimica Acta, 2004, 414(2): 203-208.

[11] LINSTROM P J, MALLARD W G. The NIST chemistry webbook: A chemical data resource on the internet[J]. Journal of Chemical & Engineering Data, 2001, 46(5): 1059-1063.

[12] COX J D, WAGMAN D D, MEDVEDEV V A. CODATA Key Values for Thermodynamics[M]. New York: Hemisphere Pub. Corp., 1989.

[13] 牛群钊, 冯瀚星, 蒿银伟. 新型含能材料三聚氰胺二硝酸盐的合成、表征及应用[J]. 化学推进剂与高分子材料, 2014, 12(2): 54-56.

[14] ROTHSTEIN L R, PETERSEN R. Predicting high explosive detonation velocities from their composition and structure[J]. Propellants, Explosives, Pyrotechnics, 1979, 4(3): 56-60.

[15] ZHANG C, JIAO F, LI H. Crystal engineering for creating low sensitivity and highly energetic materials[J]. Crystal Growth & Design, 2018, 18(10): 5713-5726.

[16] 韩志跃, 姜琪, 杜志明, 等. 有机富氮类气体发生剂研究进展[J]. 兵器装备工程学报, 2018, 39(5): 172-178.

[17] DENG M, FENG Y, ZHANG W, et al. A green metal-free fused-ring initiating substance[J]. Nature Communications, 2019, 10(1): 1-8.

[18] SONG S, WANG Y, HE W, et al. Melamine N-oxide based self-assembled energetic materials with balanced energy & sensitivity and enhanced combustion behavior[J]. Chemical Engineering Journal, 2020, 395: 125114.

[19] BENNION J C, MATZGER A J. Development and evolution of energetic cocrystals[J]. Accounts of Chemical Research, 2021, 54(7): 1699-1710.

[20] BELLAS M K, MATZGER A J. Achieving balanced energetics through cocrystallization[J]. Angewandte Chemie International Edition, 2019, 58(48): 17185-17188.

[21] YANG C, CHEN L, WU W, et al. Investigating the stabilizing forces of pentazolate salts[J]. ACS Applied Energy Materials, 2020, 4(1): 146-153.

[22] ZHANG C, CAO Y, LI H, et al. Toward low-sensitive and high-energetic cocrystal Ⅰ: Evaluation of the power and the safety of observed energetic cocrystals[J]. CrystEngComm, 2013, 15(19): 4003-4014.

[23] 赵凤起, 仪建华, 安亭, 等. 固体推进剂燃烧催化剂[M]. 北京: 国防工业出版社, 2016.

[24] 王雅乐, 卫芝贤, 康丽. 固体推进剂用燃烧催化剂的研究进展[J]. 含能材料, 2015, 23(1): 89-98.

[25] 严启龙. 浅谈固体推进剂燃烧催化剂的评判标准[J]. 含能材料, 2019, 27(4): 266-269.

[26] WANG J, LIAN X, CHEN S, et al. Effect of $Bi_2WO_6$/g-$C_3N_4$ composite on the combustion and catalytic decomposition of energetic materials: An efficient catalyst with g-$C_3N_4$ carrier[J]. Journal of Colloid and Interface Science, 2022, 610: 842-853.

[27] WANG J, WANG J, WANG S, et al. High-energy Al/graphene oxide/$CuFe_2O_4$ nanocomposite fabricated by self-assembly: Evaluation of heat release, ignition behavior, and catalytic performance[J]. Energetic Materials Frontiers, 2021, 2(1): 22-31.

[28] WANG W, LI H, YANG Y, et al. Enhanced thermal decomposition, laser ignition and combustion properties of NC/Al/RDX composite fibers fabricated by electrospinning[J]. Cellulose, 2021, 28(10): 6089-6105.

[29] WANG J, CHEN S, TANG Q, et al. Glycerol-controlled synthesis of a series of cobalt acid composites and their catalytic decomposition toward several energetic materials[J]. CrystEngComm, 2021, 23(25): 4522-4533.

[30] WAN C, LI J, CHEN S, et al. In situ synthesis and catalytic decomposition mechanism of $CuFe_2O_4$-g-$C_3N_4$ nanocomposite on AP and RDX[J]. Journal of Analytical and Applied Pyrolysis, 2021, 160: 105372.

[31] MA W, YANG Y, ZHAO F, et al. Effects of metal-organic complex Ni(salen) on thermal decomposition of 1,1-diamino-2,2-dinitroethylene (FOX-7)[J]. RSC Advances, 2020, 10(3): 1769-1775.

[32] WANG J, WANG W, WANG J, et al. In situ synthesis of $MgWO_4$-GO nanocomposites and their catalytic effect on the thermal decomposition of HMX, RDX and AP[J]. Carbon Letters, 2020, 30(4): 425-434.

[33] WANG J, LIAN X, YAN Q, et al. Unusual Cu-Co/GO composite with special high organic content synthesized by an in situ self-assembly approach: Pyrolysis and catalytic decomposition on energetic materials[J]. ACS Applied Materials & Interfaces, 2020, 12(25): 28496-28509.

[34] WANG W, LIU B, XU K, et al. In-situ preparation of $MgFe_2O_4$-GO nanocomposite and its enhanced catalytic reactivity on decomposition of AP and RDX[J]. Ceramics International, 2018, 44(15): 19016-19020.

[35] QIU Q, XU K, YANG S, et al. Syntheses and characterizations of two new energetic copper-amine-DNANT complexes and their effects on thermal decomposition of RDX[J]. Journal of Solid State Chemistry, 2013, 205: 205-210.

[36] WANG J, CHEN S, WANG W, et al. Energetic properties of new nanothermites based on in situ $MgWO_4$-rGO, $CoWO_4$-rGO and $Bi_2WO_6$-rGO[J]. Chemical Engineering Journal, 2022, 431: 133491.

[37] 冯治存. 两性 N-氧化三嗪含能化合物的合成及结构性质关系研究[D]. 西安: 西北大学, 2022.

# 附　录　A

表 A.1　晶体数据

| 参数 | DAOTO⁺CF₃COO⁻ · H₂O | 三聚氰胺二三氟乙酸盐的三水合物 | 三聚氰酸—酰胺硝酸盐 |
|---|---|---|---|
| 化学式 | $C_5H_8F_3N_5O_6$ | $C_7H_{14}F_6N_6O_7$ | $C_3H_5N_5O_5$ |
| 晶系 | 三斜晶系 | 单斜晶系 | 单斜晶系 |
| 空间群 | $P\bar{1}$ | $P2/c$ | $P2_1/n$ |
| $a$/Å | 7.3055(16) | 12.279(2) | 6.236(3) |
| $b$/Å | 7.5036(16) | 8.3447(15) | 4.638(2) |
| $c$/Å | 10.538(2) | 7.5011(14) | 23.810(11) |
| $\alpha$/(°) | 102.138(3) | 90 | 90 |
| $\beta$/(°) | 93.636(3) | 90.054(10) | 93.882(16) |
| $\gamma$/(°) | 104.914(3) | 90 | 90 |
| 晶胞体积/Å³ | 541.5(2) | 768.6(2) | 687.1(5) |
| $Z$ | 2 | 2 | 4 |
| $\rho_{calc}$/(g · cm⁻³) | 1.786 | 1.764 | 1.848 |
| CCDC 编号 | 1999584 | 2144095 | 2144174 |

注：$a$、$b$、$c$ 分别为晶胞中三个单位向量的长度；$\alpha$、$\beta$、$\gamma$ 分别为晶胞中三个单位向量的夹角；$Z$ 为晶胞中分子数；$\rho_{calc}$ 为晶体密度；CCDC 编号为剑桥晶体数据中心化合物储存编号；括号中数字为偏差；下同。

表 A.2　PAHAPE · 2H₂O 的晶体数据

| 参数 | 数据 | 参数 | 数据 |
|---|---|---|---|
| 化学式 | $C_4H_{15}N_{11}O_2$ | $\beta$/(°) | 104.489(2) |
| 晶系 | 单斜晶系 | $\gamma$/(°) | 90 |
| 空间群 | $Pc$ | 晶胞体积/Å³ | 550.93(5) |
| $a$/Å | 4.9524(3) | $Z$ | 2 |
| $b$/Å | 14.1520(8) | $\rho_{calc}$/(g · cm⁻³) | 1.503 |
| $c$/Å | 8.1189(4) | CCDC 编号 | 2151427 |
| $\alpha$/(°) | 90 | | |

表 A.3　图 2.44 和图 2.45 中各分子结构的分子总能量

| 结构代号 | 分子总能量/hartree | 结构代号 | 分子总能量/hartree |
|---|---|---|---|
| DAMTO | −505.514217 | 1O | −537.394742 |
| DAMTO-1 | −505.511831 | 1O-1 | −537.380367 |

| 结构代号 | 分子总能量/hartree | 结构代号 | 分子总能量/hartree |
|---|---|---|---|
| 2O | −496.473188 | 8O-4 | −665.558082 |
| 2O′ | −496.473056 | 9O$_2$-1 | −773.807724 |
| 2O-2 | −496.464337 | 9O$_2$′ | −773.803409 |
| 2O-3 | −496.462392 | 9O$_2$ | −773.803087 |
| 3O | −425.136223 | 10O$_2$ | −854.946232 |
| 3O-1 | −425.129118 | 10O$_2$-1 | −854.946119 |
| 4O | −859.147254 | 10O$_2$′ | −854.939902 |
| 4O-1 | −859.117274 | 11O$_2$ | −1071.426847 |
| 5O$_2$-1 | −557.358432 | 11O$_2$-1 | −1071.419625 |
| 5O$_2$ | −557.356563 | 11O$_2$′ | −1071.405114 |
| 6O$_2$ | −706.483263 | 7O | −683.874813 |
| 6O$_2$-1 | −706.474432 | 7O-1 | −683.855723 |
| 6O$_2$-2 | −706.473849 | 7O-2 | −683.849116 |
| 7O$_2$-1 | −759.043867 | 7O-3 | −683.847044 |
| 7O$_2$ | −759.042913 | 10O | −779.778148 |
| 7O$_2$-2 | −759.042484 | 10O-1 | −779.739392 |
| 7O$_2$-1′ | −759.036613 | 11O | −996.261610 |
| 8O | −665.577795 | 11O-1 | −996.244024 |
| 8O-1 | −665.566177 | 11O-2 | −996.235396 |
| 8O-2 | −665.562440 | 11O-3 | −996.235347 |
| 8O-3 | −665.561882 | | |

### 表 A.4　TATDO 系列含能化合物晶体数据 1

| 参数 | TATDO · 4H$_2$O | TATDO · 2H$_2$O | TATDO · 0.5CH$_3$CH$_2$OH | (Na$^+$)$_2$(TATDO$^-$)$_2$(H$_2$O)$_8$ · 2H$_2$O |
|---|---|---|---|---|
| 化学式 | C$_3$H$_{14}$N$_6$O$_6$ | C$_3$H$_{10}$N$_6$O$_4$ | C$_8$H$_{18}$N$_{12}$O$_5$ | C$_6$H$_{30}$N$_{12}$Na$_2$O$_{14}$ |
| 晶系 | 单斜晶系 | 单斜晶系 | 三斜晶系 | 三斜晶系 |
| 空间群 | $P2_1/n$ | $P2_1/n$ | $P\bar{1}$ | $P\bar{1}$ |
| $a$/Å | 8.972(6) | 4.0471(9) | 8.5164(8) | 7.055(3) |
| $b$/Å | 7.067(5) | 11.869(3) | 9.7362(9) | 8.868(4) |
| $c$/Å | 16.369(10) | 16.879(4) | 9.8044(9) | 9.776(4) |
| $\alpha$/(°) | 90 | 90 | 99.844(3) | 86.644(7) |
| $\beta$/(°) | 94.273(11) | 91.091(4) | 96.347(3) | 69.909(7) |
| $\gamma$/(°) | 90 | 90 | 106.865(3) | 87.122(8) |
| 晶胞体积/Å$^3$ | 1035.0(11) | 810.6(3) | 755.40(12) | 573.1(4) |
| $Z$ | 4 | 4 | 2 | 1 |
| $\rho_{calc}$/(g · cm$^{-3}$) | 1.477 | 1.591 | 1.593 | 1.566 |
| CCDC 编号 | 1967830 | 1967836 | 2145340 | 1972805 |

表 A.5 TATDO 系列含能化合物晶体数据 2

| 参数 | [K⁺TATDO⁻]ₙ | GUA⁺TATDO⁻ · 5.5H₂O | Zn²⁺(TATDO⁻)₂NH₃ · 5.5H₂O |
|---|---|---|---|
| 化学式 | $C_3H_5KN_6O_2$ | $C_8H_{44}N_{18}O_{15}$ | $C_{12}H_{48}N_{26}O_{19}Zn_2$ |
| 晶系 | 正交晶系 | 三斜晶系 | 正交晶系 |
| 空间群 | $Pna2_1$ | $P\bar{1}$ | $Pccn$ |
| $a/Å$ | 13.776(7) | 7.2067(5) | 17.8900(18) |
| $b/Å$ | 3.764(2) | 8.8586(7) | 30.486(3) |
| $c/Å$ | 12.796(6) | 11.4588(8) | 6.7808(8) |
| $\alpha/(°)$ | 90 | 99.369(2) | 90 |
| $\beta/(°)$ | 90 | 90.568(2) | 90 |
| $\gamma/(°)$ | 90 | 101.707(2) | 90 |
| 晶胞体积/$Å^3$ | 663.5(6) | 706.07(9) | 3698.2(7) |
| Z | 4 | 1 | 4 |
| $\rho_{calc}/(g \cdot cm^{-3})$ | 1.964 | 1.488 | 1.781 |
| CCDC 编号 | 1972807 | 2073347 | 2106182 |

表 A.6 TATDO 系列含能化合物晶体数据 3

| 参数 | (Cd²⁺)₂(TATDO⁻)₄(NH₃)₂ · 7H₂O | TATDO⁺NO₃⁻ · H₂O | TATDO²⁺(NO₃⁻)₂ · H₂O |
|---|---|---|---|
| 化学式 | $C_{12}H_{40}Cd_2N_{26}O_{15}$ | $C_3H_9N_7O_6$ | $C_3H_{10}N_8O_9$ |
| 晶系 | 三斜晶系 | 单斜晶系 | 三斜晶系 |
| 空间群 | $P\bar{1}$ | $P2_1/n$ | $P\bar{1}$ |
| $a/Å$ | 6.7152(8) | 6.635(3) | 7.448(3) |
| $b/Å$ | 10.5371(12) | 13.288(6) | 8.709(4) |
| $c/Å$ | 13.0814(14) | 10.347(2) | 10.072(4) |
| $\alpha/(°)$ | 110.601(3) | 90 | 114.164(6) |
| $\beta/(°)$ | 93.346(4) | 96.915(18) | 94.456(6) |
| $\gamma/(°)$ | 98.840(4) | 90 | 107.497(7) |
| 晶胞体积/$Å^3$ | 849.79(17) | 905.6(6) | 553.1(4) |
| Z | 1 | 4 | 2 |
| $\rho_{calc}/(g \cdot cm^{-3})$ | 1.980 | 1.754 | 1.814 |
| CCDC 编号 | 2106183 | 1968247 | 1968249 |

表 A.7 TATDO 和 DAOTO 系列含能化合物晶体数据

| 参数 | TATDO⁺ClO₄⁻ | TATDO⁺DNA⁻ | DAOTO · 0.5H₂O | [Na⁺DAOTO⁻(H₂O)₃ · H₂O]ₙ |
|---|---|---|---|---|
| 化学式 | $C_3H_7ClN_6O_6$ | $C_3H_7N_9O_6$ | $C_6H_{12}N_{10}O_7$ | $C_3H_{12}N_5NaO_7$ |
| 晶系 | 单斜晶系 | 单斜晶系 | 正交晶系 | 单斜晶系 |

续表

| 参数 | TATDO⁺ClO₄⁻ | TATDO⁺DNA⁻ | DAOTO · 0.5H₂O | [Na⁺DAOTO⁻(H₂O)₃ · H₂O]ₙ |
|---|---|---|---|---|
| 空间群 | $P2_1/n$ | $P2_1/c$ | $Pbcn$ | $P2_1/n$ |
| $a$/Å | 5.9786(2) | 7.0884(2) | 13.067(3) | 10.619(2) |
| $b$/Å | 11.7568(4) | 13.1930(3) | 14.398(3) | 7.1380(14) |
| $c$/Å | 12.8720(5) | 10.7708(3) | 6.5342(13) | 14.224(3) |
| $\alpha$/(°) | 90 | 90 | 90 | 90 |
| $\beta$/(°) | 98.1420(10) | 108.3720(10) | 90 | 103.238(3) |
| $\gamma$/(°) | 90 | 90 | 90 | 90 |
| 晶胞体积/Å³ | 895.64(6) | 955.92(4) | 1229.3(4) | 1049.5(4) |
| $Z$ | 4 | 4 | 4 | 4 |
| $\rho_{calc}$/(g · cm⁻³) | 1.918 | 1.843 | 1.817 | 1.602 |
| CCDC 编号 | 2075029 | 2073345 | 1967846 | 1972810 |

表 A.8　DAOTO 系列含能化合物晶体数据 1

| 参数 | [(Na⁺)₂(DAOTO⁻)₂(H₂O)₃ · 2H₂O]ₙ | [K⁺DAOTO⁻(H₂O)₁.₅ · H₂O]ₙ | GUA⁺DAOTO⁻ · 4H₂O |
|---|---|---|---|
| 化学式 | C₆H₁₈N₁₀Na₂O₁₁ | C₆H₁₈K₂N₁₀O₁₁ | C₄H₁₈N₈O₇ |
| 晶系 | 正交晶系 | 正交晶系 | 三斜晶系 |
| 空间群 | $Pbca$ | $Pbcm$ | $P\overline{1}$ |
| $a$/Å | 17.7604(16) | 9.2305(9) | 6.6630(5) |
| $b$/Å | 6.6686(6) | 7.0126(7) | 7.4621(4) |
| $c$/Å | 27.061(2) | 27.175(2) | 14.2335(9) |
| $\alpha$/(°) | 90 | 90 | 75.632(2) |
| $\beta$/(°) | 90 | 90 | 86.210(2) |
| $\gamma$/(°) | 90 | 90 | 65.762(2) |
| 晶胞体积/Å³ | 3205.0(5) | 1759.0(3) | 624.61(7) |
| $Z$ | 8 | 4 | 2 |
| $\rho_{calc}$/(g · cm⁻³) | 1.875 | 1.829 | 1.543 |
| CCDC 编号 | 2150285 | 1977527 | 2106185 |

表 A.9　DAOTO 系列含能化合物晶体数据 2

| 参数 | [Zn²⁺(DAOTO⁻)₂ · 4H₂O]ₙ | DAOTO⁺NO₃⁻ | DAOTO⁺ClO₄⁻ · H₂O | DAOTO⁺ClO₄⁻ · DAOTO |
|---|---|---|---|---|
| 化学式 | C₆H₁₆N₁₀O₁₀Zn | C₃H₆N₆O₆ | C₃H₈ClN₅O₈ | C₆H₁₁ClN₁₀O₁₀ |
| 晶系 | 正交晶系 | 单斜晶系 | 正交晶系 | 单斜晶系 |
| 空间群 | $I4/m$ | $C2/c$ | $P2_12_12_1$ | $P2_1/c$ |

续表

| 参数 | $[Zn^{2+}(DAOTO^-)_2 \cdot 4H_2O]_n$ | $DAOTO^+NO_3^-$ | $DAOTO^+ClO_4^- \cdot H_2O$ | $DAOTO^+ClO_4^- \cdot DAOTO$ |
|---|---|---|---|---|
| $a$/Å | 10.8677(3) | 15.358(6) | 7.5131(5) | 16.8662(5) |
| $b$/Å | 10.8677(3) | 7.426(3) | 11.4248(6) | 7.1831(2) |
| $c$/Å | 13.6427(5) | 15.144(6) | 11.4418(6) | 12.9556(4) |
| $\alpha$/(°) | 90 | 90 | 90 | 90 |
| $\beta$/(°) | 90 | 111.743(7) | 90 | 108.1140(10) |
| $\gamma$/(°) | 90 | 90 | 90 | 90 |
| 晶胞体积/Å³ | 1611.30(11) | 1604.3(11) | 982.11(10) | 1491.80(8) |
| $Z$ | 4 | 8 | 4 | 4 |
| $\rho_{calc}$/(g · cm⁻³) | 1.870 | 1.839 | 1.877 | 1.864 |
| CCDC 编号 | 2106186 | 1968244 | 2106180 | 2106181 |

表 A.10　DAMTO 系列含能化合物晶体数据

| 参数 | DAMTO | $[(K^+)_2(DAMTO^-)_2(H_2O)_5]_n$ | $DAMTO^+NO_3^-$ | $DAMTO^{2+}(ClO_4^-)_2$ |
|---|---|---|---|---|
| 化学式 | $C_4H_7N_5O$ | $C_8H_{22}K_2N_{10}O_7$ | $C_4H_8N_6O_4$ | $C_4H_9Cl_2N_5O_9$ |
| 晶系 | 单斜晶系 | 单斜晶系 | 三斜晶系 | 单斜晶系 |
| 空间群 | $C2/c$ | $P2_1/n$ | $P\bar{1}$ | $P2_1/n$ |
| $a$/Å | 17.956(3) | 7.2585(3) | 5.2124(3) | 7.8392(7) |
| $b$/Å | 14.521(2) | 15.8848(7) | 8.9643(6) | 13.3809(12) |
| $c$/Å | 6.6699(9) | 16.5023(7) | 9.9147(7) | 11.9994(13) |
| $\alpha$/(°) | 90 | 90 | 82.490(3) | 90 |
| $\beta$/(°) | 91.755(6) | 100.004(2) | 78.417(3) | 109.008(4) |
| $\gamma$/(°) | 90 | 90 | 75.123(2) | 90 |
| 晶胞体积/Å³ | 1738.4(4) | 1873.78(14) | 437.09(5) | 1190.1(2) |
| $Z$ | 12 | 4 | 2 | 4 |
| $\rho_{calc}$ /(g · cm⁻³) | 1.618 | 1.590 | 1.551 | 1.909 |
| CCDC 编号 | 2151002 | 2151100 | 2151283 | 2151284 |

## 说明 1——三聚氰胺和甲代三聚氰胺 $N$-氧化前后电子转移分析方法

使用 Gaussian 09(D.01 版)量子化学计算软件在 B3LYP/6-31 + G** 水平上优化 TATDO 和 DAMTO 的结构，并通过频率计算确保所得优化结构无虚频，分子能量达到了全局极小值点或局部极小值点。然后将优化后的结构作为 Gaussian 输入文件以得到波函数文件，TATDO 的输入文件如下：

# B3LYP/6-31+G** out = wfn nosymm

TATDO

0 1

| O | −2.32560100 | 1.07624800 | 0.00003100 |
|---|---|---|---|
| N | −0.00007700 | 2.40837700 | −0.00011100 |
| H | −0.89998400 | 2.87012200 | −0.00046200 |
| H | 0.89968000 | 2.87036600 | −0.00050500 |
| C | 0.00002100 | 1.08100700 | 0.00004800 |
| N | 2.34460000 | −1.55830200 | 0.00035700 |
| H | 2.41161300 | −2.56176900 | −0.00139400 |
| H | 3.15198100 | −0.94647700 | −0.00100500 |
| O | 2.32560800 | 1.07625800 | −0.00012600 |
| C | 1.14098200 | −0.96513300 | 0.00005300 |
| N | −2.34454900 | −1.55839000 | 0.00005100 |
| H | −3.15205300 | −0.94680500 | −0.00049200 |
| H | −2.41134900 | −2.56190700 | −0.00088900 |
| C | −1.14098500 | −0.96509800 | −0.00002500 |
| N | −1.17759300 | 0.40547100 | 0.00024200 |
| N | 1.17759400 | 0.40551300 | 0.00027200 |
| N | 0.00001800 | −1.65241700 | −0.00008900 |

　　DAMTO 的输入文件如下：

# B3LYP/6-31 + G** out = wfn nosymm

DAMTO

0 1

| O | −2.40102500 | 0.00534900 | 0.00983900 |
|---|---|---|---|
| C | 3.09061900 | −0.00468100 | 0.01056300 |
| H | 3.48091400 | 0.80879900 | −0.60558500 |
| H | 3.47782600 | −0.96395300 | −0.33611600 |
| H | 3.44432100 | 0.15988900 | 1.03567900 |
| N | −1.07705800 | 0.00179300 | 0.00445500 |
| C | 1.58894000 | −0.00510600 | −0.01267000 |
| N | 0.96937900 | −1.19294600 | −0.01106100 |
| C | −0.36031400 | 1.16794500 | −0.00219400 |
| N | −1.09872200 | 2.28704000 | −0.00054400 |
| H | −0.64337600 | 3.18410700 | −0.00555800 |

| H | −2.10477200 | 2.17413900 | 0.00397600 |
| C | −0.36691500 | −1.16689200 | −0.00212700 |
| N | −1.10947700 | −2.28322200 | −0.00014200 |
| H | −0.65736300 | −3.18189400 | −0.00692800 |
| H | −2.11510400 | −2.16681500 | 0.00307500 |
| N | 0.97470300 | 1.18666900 | −0.01109200 |

将上述 TATDO(DAMTO)的高斯输入文件中的配位氧原子部分和三聚氰胺(甲代三聚氰胺)部分分别删掉，可得三聚氰胺(甲代三聚氰胺)和配位氧原子的计算波函数文件的 Gaussian 输入文件，计算级别与 TATDO(DAMTO)的计算级别一致，同时使用 nosymm 关键词以避免原子坐标的自动调整。使用 Multiwfn 软件从 TATDO(DAMTO)的波函数文件中减去配位氧原子部分和三聚氰胺(甲代三聚氰胺)部分的电子密度格点数据，就可以得到三聚氰胺(甲代三聚氰胺)在 $N$-氧化前后的电子密度差值格点数据。电子密度差值图通过 VMD 可视化程序获得。

**说明 2——TATDO、DAOTO、DAMTO 及其互变异构体的分子总能量和 NPA 电荷的计算方法**

使用 Gaussian 09(D.01 版)量子化学计算软件在 B3LYP/6-31 + G$^{**}$水平上优化 TATDO、DAOTO、DAMTO 及其互变异构体的结构(图 2.11、图 2.23 和图 2.28)，并通过频率计算确保所得优化结构无虚频，分子能量达到了全局极小值点或局部极小值点。用计算后得到的内能(单点能与热校正后的零点能之和)表征分子的总能量，具体计算结果见表 A.11。使用 Gaussian 09(D.01 版)量子化学计算软件对上述结构优化好的 TATDO、DAOTO 和 DAMTO 在 B3LYP/6-31 + G$^{**}$水平上进行 NPA 电荷计算，可得到它们分子中每个原子的 NPA 电荷值。此外，上述 NPA 电荷值的计算方法还应用于计算甲代三聚氰胺的 NPA 电荷值。

**表 A.11　TATDO、DAOTO、DAMTO 及其互变异构体的分子总能量**

| 化合物 | $E$/hartree | $E$/(kJ · mol$^{-1}$) | 与上一行能量之差/(kJ · mol$^{-1}$) |
|---|---|---|---|
| TATDO | −596.718737 | −1567378.23 | — |
| TATDO′ | −596.703215 | −1567337.46 | 40.77 |
| DAOTO | −616.592593 | −1619580.13 | — |
| DAOTO′ | −616.581292 | −1619550.44 | 29.69 |
| DAMTO | −505.504318 | −1327788.81 | — |
| DAMTO′ | −505.486224 | −1327741.29 | 47.52 |